基于随机过程理论的多状态系统建模与可靠性评估

王丽英　崔利荣　著

科学出版社

北京

内 容 简 介

本书是一本基于随机过程理论的多状态系统建模与可靠性评估方面的专著. 全书共 11 章. 内容包括：多状态系统的基本概念、建模及可靠性评估的基础知识；多运行水平系统建模与可靠性分析；历史相依、环境相依系统建模与可靠性评估；冗余相依、故障相依、空间相依系统建模与可靠性分析.本书内容新颖、全面、系统，可为大型复杂系统的可靠性分析和优化设计提供理论依据.

本书适用于从事可靠性维修性相关研究的学者及可靠性数学、应用数学、管理科学与工程、系统工程等专业的研究生学习使用，也可供从事相关工作的工程师在具体的工程实践中参考.

图书在版编目(CIP)数据

基于随机过程理论的多状态系统建模与可靠性评估/王丽英，崔利荣著.—北京：科学出版社，2017.12

ISBN 978-7-03-055381-2

Ⅰ.①基… Ⅱ. ①王… ②崔… Ⅲ.①随机过程-系统建模②随机过程-系统可靠性-评估 Ⅳ.①O211.6

中国版本图书馆 CIP 数据核字(2017) 第 281381 号

责任编辑：胡庆家／责任校对：邹慧卿
责任印制：张 伟／封面设计：迷底书装

科 学 出 版 社 出版
北京东黄城根北街 16 号
邮政编码：100717
http://www.sciencep.com
北京厚诚则铭印刷科技有限公司 印刷
科学出版社发行 各地新华书店经销
*
2017 年 12 月第 一 版 开本: 720 × 1000 1/16
2023 年 9 月第三次印刷 印张: 12 1/4
字数: 240 000

定价:78.00 元

(如有印装质量问题，我社负责调换)

前　言

复杂系统及其组成元件在寿命周期内往往有明显的退化特性, 故障过程呈现出多状态的特征. 以 “二态” 假设为基础的传统可靠性理论难以描述大多数复杂系统的故障规律. 多状态系统既能表征复杂系统多状态的特点, 也能反映系统与元件之间的关系, 因而成为学术界和工业界所共同关注的热点, 并取得了一定的研究成果.

合理压缩随元件个数增加而急剧增长的状态空间、精确描述系统状态之间及元件之间普遍存在的相依性是多状态系统可靠性研究中亟待解决的重点问题. 近十年来, 作者及合作者一直关注上述问题, 并开展了基于随机过程理论的多状态系统建模与可靠性评估. 本书是作者及合作者已有研究成果的总结.

本书分为 11 章. 第 1 章是应用随机过程理论进行多状态系统建模与可靠性评估所需的基本知识和基础理论. 第 2 章构建多运行水平马尔可夫可修系统模型, 运用聚合随机过程理论压缩状态空间, 给出常用及多状态系统特有的可靠性度量指标计算方法. 第 3, 4 章构建状态历史相依多状态系统模型, 运用马尔可夫、半马尔可夫及离子通道理论对其进行可靠性评估. 第 5, 6 章考虑多状态系统的环境相依性, 构建多运行机制马尔可夫可修系统及二机制半马尔可夫可修系统模型并进行可靠性分析. 第 7, 8 章考虑多状态系统元件间的冗余相依性, 构建冗余相依多状态马尔可夫可修系统及故障相依多状态半马尔可夫可修系统模型, 并进行可靠性评估. 第 9—11 章考虑拓扑结构对多状态系统部件间相依性的影响, 构建空间相依圆形、星形及网格马尔可夫可修系统模型并对其进行可靠性分析.

读者通过本书的学习, 可以掌握运用随机过程理论对多状态系统进行可靠性评估的基本理论和方法, 了解国内外相关研究前沿. 因此, 本书对可靠性数学、应用数学、管理科学与工程、系统工程等相关专业的大学高年级学生和研究生深入学习和掌握多状态系统可靠性的相关理论知识很有帮助, 同时对相关工作的工程师有一定指导意义.

本书第 2—6 章是王丽英和崔利荣教授合作的研究成果. 第 7—11 章是王丽英和杨清、田玉然等合作的研究成果. 在本书的编著过程中, 裴朝娜、杨艳妹、李康乐做了大量的编辑、排版、校订等工作, 在此一并感谢.

本书是在王丽英主持的国家自然科学基金项目 “基于聚合随机过程的元件相依多状态系统可靠性研究”, 河北省自然科学基金项目 “分区载荷共享多状态系统可靠性研究” 及崔利荣教授主持的国家自然科学基金项目 “系统可靠性建模与分析的理论与方法研究” 资助下完成的. 限于作者水平, 遗漏或错误之处在所难免, 恳请读者批评指正.

王丽英　崔利荣

2017 年 8 月

目 录

第 1 章　多状态系统的概念、模型与可靠性分析

1.1　多状态系统概念

传统的可靠性理论认为系统及其组成元件仅存在正常工作和故障两个状态. 然而, 现代工业生产中的许多系统是由有不同运行水平 (Operating Level) 和不同故障模式的多状态元件组成. 元件的不同水平或不同故障模式对整个系统有不同的影响. 这样的系统被称为多状态系统 (Multi-State System, MSS)(Lisnianski, Levitin, 2003). 多状态系统既能真实地表征复杂系统多状态的特点, 又能反映出系统性能与元件性能、系统可靠性与系统性能的关系 (李春洋, 2011), 因而成为学术界和工业界所共同关注的热点问题, 并在机械工程、计算机和网络系统、网格、通讯系统、能源系统、供给系统、城市基础设施、战略和防御等众多领域得到了迅速发展 (刘宇, 2011). 各国学者的不断努力使得多状态系统的建模、表示及定量分析等方面有了很大的发展. Lisnianski 和 Levitin(2003), Zio (2009) 分别对已有研究做了总结和归纳.

1.2　多状态系统建模

1.2.1　多状态系统建模方法

目前, 多状态系统可靠性理论的研究主要集中在三个方面: 多状态系统的可靠性建模及评估、可靠性优化设计以及维修和保修管理策略. 通过可靠性建模与评估可以从可靠性角度出发, 对不同的设计方案进行分析比较, 为设计决策提供依据; 可以定量地预计或评价系统的可靠性, 发现薄弱环节, 为系统设计改进或生产过程控制提供依据; 同时可靠性建模与评估又是进行故障模式、影响及危害性分析的基础 (蒋仁言, 左明健, 1999), 因而多状态系统的可靠性建模及评估是多状态可靠性理论研究的基础. 然而已有的多状态系统可靠性模型存在不能满足实际要求、覆盖面远远不够、模型与实际有一定差距等方面的问题. 本书拟从工程实际出发, 围绕多状态系统可靠性建模及评估来展开.

多状态系统可靠性分析的方法主要有以下四类: 二态布尔代数扩展法、随机过程法 (马尔可夫和半马尔可夫过程)、通用生成函数法 (Universal Generating Function) 和随机模拟法 (Lisnianski, 2007; Soro et al., 2010; Schoenig et al., 2006). 四种

方法的比较如表 1.1 所示.

表 1.1 多状态系统主要研究方法比较

方法名称	优点	存在问题
二态布尔代数扩展法	可参照二态布尔代数法	适用于状态数目较少的系统, 无法描述系统的动态变化过程
随机过程法	理论成熟, 可以得到概率型、时间分布型可靠性度量指标	适用于状态数目较少的系统
通用生成函数法	适用于元件数目多但结构相对简单的系统, 计算速度快	不适用结构、相依模式复杂的系统, 不能得到时间分布型可靠性度量指标
随机模拟法	可以很好地描述复杂系统的动态演化过程	模型的执行和构造费时、造价高, 对系统的状态数目很敏感, 不能得到精确解

1.2.2 多状态系统可靠性研究的"状态空间爆炸"问题

对一个由 n 个元件组成的多状态系统而言, 若元件 $j\,(j=1,2,\cdots,n)$ 有 k_j 个不同的状态, 则系统有 $K=\prod\limits_{j=1}^{n}k_j$ 个基本状态. 例如, 由 8 个三态元件组成的多状态系统有 $3^8=6561$ 个基本状态. 而大多数复杂系统的元件个数远远大于 8 个, 并且每个元件一般有工作、劣化、故障等状态. 由此可见, 即使元件数目相对较小的多状态系统, 基本状态的数目也很大. 这将给可靠性模型的求解、评估指标的选取及计算带来很大的困难. 从表 1.1 也可以看出, 二态布尔代数扩展法、随机过程法、随机模拟法的应用都受到系统状态数目的限制. 因此, 如何合理地进行状态空间压缩, 缓解"状态空间爆炸"带来的诸多问题, 是多状态系统可靠性建模及评估所面临的首要问题.

已有文献给出了一些"降维"的方法. 如宋月 (2006), Jiang (2003) 等运用截断法, 把出现概率较小的状态忽略掉, 以减少状态空间的数目. 该方法在高可靠性系统分析中有很好的效果, 不足之处在于容易把出现概率小, 但破坏性强的状态忽略掉, 从而高估系统的可靠性. Lisniansk 和 Ding (2009) 把随机过程法和通用生成函数法结合起来进行可靠性评估. 这种方法在一定程度上克服了随机过程法受系统状态数目限制的缺点, 但是很难描述元件间的相依关系, 并且只能得到概率型可靠性度量指标. 最近一些学者运用状态聚合法, 开展基于聚合随机过程的系统可靠性研究.

1.2.3 多状态系统可靠性研究的相依问题

2009 年, 国际可靠性工程领域著名学者 Zio 教授, 在可靠性领域著名期刊 *Reliability Engineering and System Safety* 中的《可靠性工程: 老问题和新挑战》

一文中指出"系统状态之间以及各个元件的状态之间存在的相依性,是多状态系统建模困难的原因所在"(Zio, 2009).

目前描述状态之间相依性的系统有马氏相依系统 (Yun et al., 2007)、环境相依系统 (Soszynska, 2010)、历史相依系统等. 描述元件相依性的研究主要集中在共因失效系统 (王正, 谢里阳, 2008)、经济相依系统、冗余相依系统、故障相依系统、空间相依系统等. 东北大学以谢里阳教授为首的科研团队, 在共因失效的机械系统可靠性方面进行了广泛而深入的研究 (王正, 谢里阳, 2008). 李春洋 (2011), 武小悦 (2006), 肖刚和李志忠 (2008), 薛云和曹晋华 (2006) 等也做了大量有意义的工作.

1.3 多状态系统可靠性度量

1.3.1 常用可靠性度量

可靠性是指系统在规定的时间内、规定的条件下, 完成规定功能的概率. 当系统可以进行维修时, 通过修理或更换, 使系统恢复其规定功能, 这种过程称为维修. 在维修工作完成以后, 系统又能继续完成其规定的功能. 可修系统中的部件除了工作状态外, 还可以处于检修状态, 故障的部件经过维修后能再度投入工作, 因此可修系统的可靠性问题比不可修系统要复杂得多. 人们从不同侧面、不同角度出发, 对系统的可靠性进行定量分析. 常用的可靠性指标有: 首次故障前时间、可用度、故障频度、开工时间、停工时间.

可修系统的运行随时间的进程是正常与故障交替出现的. 用 X_i 和 $Y_i(i=1,2,\cdots)$ 分别表示第 i 个周期的开工时间和停工时间. 一般情况下, $X_1, X_2, \cdots$ 或 $Y_1, Y_2, \cdots$ 的分布不同. 系统的首次故障前时间分布指 X_1 的分布. 首次故障前平均时间为

$$\mathrm{MTTFF}=E(X_1)=\int_0^{+\infty} t\mathrm{d}F_1(t).$$

当可修系统的故障产生灾难性后果时, 首次故障前时间分布及其均值是该系统的最重要的可靠性指标.

系统的瞬时可用度 $A(t)$ 是系统在时刻 t 工作的概率. 系统的瞬时可用度 $A(t)$ 只涉及时刻 t 系统是否正常, 并不关心以前是否发生过故障. 在工程实际中, 有时更需要了解系统进入稳定状态后的可用度 $A=\lim\limits_{t\to\infty} A(t)$, 以及 $(0,t]$ 时间内的平均可用度 $\tilde{A}(t)=\dfrac{1}{t}\displaystyle\int_0^t A(u)\mathrm{d}u$. 若极限 $\tilde{A}=\lim\limits_{t\to\infty}\tilde{A}(t)$ 存在, 则称 $\tilde{A}$ 为极限平均可用度. 它的物理解释是描述系统在一个在很长的时间过程内, 能维持运行状态所占的时间份额, 它是衡量系统可用度的重要参数.

令 $N(t)$ 为 $(0,t]$ 时间内系统的故障次数, 系统在时间段 $(0,t]$ 内的平均故障次

数 $M(t)=E\{N(t)\}$. 当 $M(t)$ 的导数存在时, 称 $m(t)=\dfrac{\mathrm{d}}{\mathrm{d}t}M(t)$ 为系统的瞬时故障频度. 在工程应用中, 更感兴趣的是系统的稳态故障频度 $M=\lim\limits_{t\to\infty}\dfrac{M(t)}{t}$. $M(t)$ 和 M 也是重要的可靠性指标. 在更换问题的研究中, 它告诉我们大约需要多少备件 (曹晋华, 程侃, 2006).

平均开工时间 (MUT 或 MTBF) 为 $\lim\limits_{n\to\infty}\dfrac{1}{n}\sum\limits_{i=1}^{n}X_i$, 平均停工时间 MDT= $\lim\limits_{n\to\infty}\dfrac{1}{n}\sum\limits_{i=1}^{n}Y_i$, 平均周期 MCT=MUT+MDT. 除了反映可修系统自身的可靠性指标外, 有时还需要反映修理设备忙闲程度的指标, 如修理设备忙的瞬时概率和修理设备忙的稳态概率等.

还有一些文献从工程实际出发定义了其他可靠性指标 (Rausand, Hoyland, 2003; Gnedenenko, Ushakov, 1995; Csenki, 1995), 如无故障运行概率 (Probability of a Failure-Free Operation)、访问频度 (Visiting Frequency)、平均访问逗留时间 (Mean Duration of a Visit)、区间可用度 (Interval Availability)、区间可靠度 (Interval Reliability)、联合区间可靠度 (Joint Interval Reliability)、运行额外时间资源 (Extra Time Resource for Performance)、可接受空闲时间 (Acceptable Idle Interval) 等.

1.3.2　多状态系统特有可靠性度量

对多状态系统而言, 除了一般的可靠性度量外, 人们更感兴趣的是状态集有关的度量指标. 在工程实践中, 通常把系统的整个状态空间划分成不同的状态集, 并把每个状态集看做一个状态处理, 这种方法称为状态聚合法 (Chan, Asgarpoor, 2006; 蒋仁言, 左明健, 1999). 如按照系统输出能否满足客户需求, 把基本状态分为可接受集和不可接受集两类; 按照系统运行水平的高低, 把基本状态分为完美工作状态集、劣化状态集、警戒状态集及故障等几个集类. 这类系统称为状态聚合系统.

1.4　基于随机过程法的多状态系统建模

1.4.1　马尔可夫和半马尔可夫可修多状态系统

1. 马尔可夫随机过程

设 $\{X(t),t\geqslant 0\}$ 是取值在 $E=\{0,1,\cdots\}$ 或 $E=\{0,1,\cdots,N\}$ 上的一个随机过程. 假设过程在时刻 s 的状态为 $X(s)=i$. 过程在时刻 $s+t$ 将在状态 j 的条件概率为

$$P\{X(t+s)=j\,|X(s)=i,X(u)=x(u),0\leqslant u<s\},$$

其中 $\{x(u), 0 \leqslant u < s\}$ 表示系统到时刻 s 之前, 不包括时刻 s 的历史. 若

$$P\{X(t+s)=j\,|X(s)=i, X(u)=u, 0 \leqslant u < s\} = P\{X(t+s)=j\,|X(s)=i\} \quad (1.1)$$

对所有可能的 $x(u)(0 \leqslant u < s)$ 都成立, 则称该过程具有马尔可夫性 (Rausand, Hoyland, 2003; 曹晋华, 程侃, 2006). 式 (1.1) 可做如下的直观解释: 已知现在状态的条件下, 过程将来的发展和过去独立. 若过程 $\{X(t), t \geqslant 0\}$ 具有马尔可夫性, 则称之为离散状态空间 E 上的连续时间马尔可夫过程.

如果在任意的时刻 t, $u \geqslant 0$ 均有

$$P\{X(t+u)=j|X(u)=i\} = P_{ij}(t)$$

与 u 无关, 则称马尔可夫过程 $\{X(t), t \geqslant 0\}$ 是时齐的 (齐次的). 如果没有特殊声明, 下面的马尔可夫随机过程均是时齐的有限状态空间 E 上的随机过程.

对固定的 $i, j \in E$, 函数 $P_{ij}(t)$ 称为转移概率函数. $|E| \times |E|$ 维矩阵 $\boldsymbol{P}(t) = [P_{ij}(t)](i, j \in E)$ 称为转移概率矩阵. 假定

$$\lim_{t \to 0} P_{ij}(t) = \delta_{ij} = \begin{cases} 1, & \text{如果} i = j, \\ 0, & \text{如果} i \neq j. \end{cases}$$

转移概率函数有如下的性质:

$$P_{ij}(t) \geqslant 0, \quad \sum_{j \in E} P_{ij}(t) = 1, \quad \sum_{k \in E} P_{ik}(u) P_{kj}(v) = P_{ij}(u+v).$$

若令 $p_j(t) = P\{X(t)=j\}(j \in E)$, 它表示时刻 t 系统处于状态 j 的概率, 并且

$$p_j(t) = \sum_{k \in E} p_k(0) P_{kj}(t).$$

对于有限状态空间 E 上的齐次马尔可夫过程有下列重要性质.

(1) 下列极限

$$\begin{cases} \lim\limits_{\Delta t \to 0} \dfrac{P_{ij}(\Delta t)}{\Delta t} = q_{ij}, & i \neq j,\ i, j \in E, \\ \lim\limits_{\Delta t \to 0} \dfrac{1 - P_{ii}(\Delta t)}{\Delta t} = -q_{ii}, & i \in E \end{cases}$$

存在且满足 $\sum\limits_{j \in E} q_{ij} = 0, i \in E$.

(2) 马尔可夫过程在任何状态 i 的逗留时间服从参数为 $-q_{ii}$ 的指数分布, 不依赖于下一个将要转入的状态, 从状态 i 转移到状态 j 的概率为 $q_{ij}/(-q_{ii})$.

定义 $|E| \times |E|$ 维矩阵 $\boldsymbol{Q} = (q_{ij})\,(i,j \in E)$, 称 $\boldsymbol{Q}$ 为马尔可夫过程的转移率矩阵或无穷小生成矩阵. 令 $\boldsymbol{p}(t) = (p_0(t), p_1(t), \cdots, p_N(t))$, $\boldsymbol{P}(t) = (P_{ij}(t)), i,j \in E$, 则有下列两个微分方程组成立:

$$\frac{\mathrm{d}\boldsymbol{p}(t)}{\mathrm{d}t} = \boldsymbol{p}(t)\boldsymbol{Q}, \tag{1.2}$$

$$\frac{\mathrm{d}\boldsymbol{P}(t)}{\mathrm{d}t} = \boldsymbol{P}(t)\boldsymbol{Q}. \tag{1.3}$$

式 (1.2) 称为马尔可夫过程的状态方程组, 用它可以得到系统时刻 t 处于各个状态的概率. 式 (1.3) 称为柯尔莫哥洛夫前进方程组 (Kolmogorov Forward Equations), 通过它可以得到系统的转移概率函数. 通常用 L 变换的方法得到上述方程组的数值解. 有关马尔可夫随机过程的其他性质可参见文献 (Ross, 1996).

2. 半马尔可夫过程

设 $\{(Z_n, R_n), n \geqslant 0\}$ 是一个二维离散时间随机过程. 假设 $R_0 = 0$, 序列 $\{Z_n, n \geqslant 0\}$ 表示系统相继访问的状态, 其状态空间为 E. $\{R_n, n \geqslant 0\}$ 是系统在各个状态的逗留时间, 更精确地说, R_n 表示系统在状态 Z_{n-1} 的逗留时间. 若状态转移时刻用序列 $\{T_n, n \geqslant 0\}$ 表示, 其中 $T_0 = 0$, 则 $T_1 = R_1, \cdots, T_n = \sum_{r=1}^{n} R_r$, $R_n = T_n - T_{n-1}$.

若对所有的 $n = 0, 1, \cdots$, $j \in E$, $t \geqslant 0$, 都有

$$\begin{aligned} &P\{Z_{n+1} = j, R_{n+1} \leqslant t \,|\, Z_0, Z_1, \cdots, Z_n, R_0, R_1, \cdots, R_n\} \\ =&P\{Z_{n+1} = j, R_{n+1} \leqslant t \,|\, Z_n\}, \end{aligned}$$

则称 $\{(Z_n, R_n), n \geqslant 0\}$ 为状态空间 E 上的马尔可夫更新过程 (Janssen, Manca, 2006). 如果对所有 $i, j \in E$, $t \geqslant 0$,

$$P\{Z_{n+1} = j, R_{n+1} \leqslant t \,|\, Z_n\} = Q_{ij}(t)$$

与 n 无关, 则称 $\{(Z_n, R_n), n \geqslant 0\}$ 是时齐的 (齐次的), 称 $\{Q_{ij}(t), i, j \in E\}$ 为半马尔可夫核. 时齐的马尔可夫更新过程的性质由它的半马尔可夫核完全确定. 如果没有特殊声明, 下面的马尔可夫更新过程都是时齐的.

令 $\lim\limits_{t \to \infty} Q_{ij}(t) = P_{ij} (i, j \in E)$, 设 $\boldsymbol{P} = (P_{ij})(i, j \in E)$. 由马尔可夫更新过程的定义可得 $\{Z_n, n \geqslant 0\}$ 是状态空间 E 上具有转移概率矩阵 $\boldsymbol{P}$ 的离散时间马尔可夫链 (Ross, 1996).

若令 $X(t) = Z_n$, 当 $T_n \leqslant t \leqslant T_{n+1}$ 时, 称 $\{X(t), t \geqslant 0\}$ 是与马尔可夫更新过程 $\{(Z_n, R_n), n \geqslant 0\}$ 相联系的半马尔可夫随机过程.

$X(t)$ 可以看成是过程在时刻 t 所处的状态. 过程在时刻 $T_1, T_2, \cdots$ 发生状态转移. 在时刻 T_n 转入状态 Z_n, 在 Z_n 的逗留时间长为 $T_{n+1}-T_n$, 它的分布依赖于正在访问的状态 Z_n 和下一步要访问的状态 Z_{n+1}. 相继访问的状态 $\{Z_n\}$ 组成一个马尔可夫链. 在已知 $Z_n(n=0,1,2,\cdots)$ 的条件下, 相继的状态逗留时间是条件独立的.

在马尔可夫随机过程中, 系统在每个状态的逗留时间服从指数分布. 由于指数分布的无记忆性, 系统在任意时刻 t 都具有马尔可夫性. 在半马尔可夫过程中, 系统在各个状态的逗留时间服从一般分布, 因此不是所有时刻 t 都是再生点, 只在状态转移时刻 $T_n(n \geqslant 0)$ 具有马尔可夫性. 当 $Q_{ij}(t)/P_{ij}(i,j \in E)$ 是仅和 i 有关的指数分布时, 半马尔可夫过程 $\{X(t), t \geqslant 0\}$ 成为马尔可夫过程. 当过程只有一个状态时, $\{R_n, n \geqslant 0\}$ 是独立同分布随机变量序列, 在这个特殊情形下, 马尔可夫更新过程成为更新过程. 因此半尔可夫过程是马尔可夫过程和更新过程完美结合的产物, 它广泛应用于可靠性、风险评估、排队论、社会保险等领域.

在应用半马尔可夫过程解决实际问题时, 通常会遇到马尔可夫更新方程组

$$h_i(t) = g_i(t) + \sum_{j \in E} \int_0^t h_j(t) \mathrm{d}Q_{ij}(u), \quad i,j \in E.$$

当已知 $g_i(t)$ 和 $Q_{ij}(t)$ 的条件下, 通常用 L 变换或 L-S 变换求解上述方程组.

3. 基于马尔可夫和半马尔可夫过程的多状态系统建模

马尔可夫和半马尔可夫可修系统作为两类最主要的可修系统, 一直是可靠性研究的热点. 许多学者把它们引入不同的领域, 进行可靠性评估、生产过程可靠性控制等. 同时结合实际问题和工程背景, 以两类系统为基础, 建立了大量的切合实际的模型.

曹晋华和程侃 (2006) 详细讨论了马尔可夫可修系统的一般模型, 归纳了用马尔可夫过程理论求解马尔可夫可修系统的一般方法, 给出了系统的可用度、可靠度、故障频度、开工时间、停工时间、周期等可靠性指标的计算方法. 同时讨论了单部件系统、串联系统、并联系统、表决系统、冷储备系统、温储备系统等几大类典型系统的可靠性问题, 列出了各种可靠性指标的计算公式. 对马尔可夫可修系统进行可靠性评估的关键步骤有两个：一是如何定义系统的状态以便用马尔可夫随机过程描述其运行过程; 二是如何得到系统的转移率矩阵.

可用马尔可夫更新过程描述的可修系统称为半马尔可夫可修系统. 对半马尔可夫可修系统进行可靠性评估的关键步骤有两个：一是如何定义系统的状态; 二是如何利用半马尔可夫核, 通过马尔可夫更新方程表示可用度、首次故障前时间和故障频度等可靠性指标. 曹晋华和程侃 (2006) 分析了两个同型部件的冷储备系统、两

个不同型部件的冷储备系统、两个不同型部件的并联系统等半马尔可夫可修系统的可靠性.

一些文献研究了不同类型的相依可修系统模型. Zhang 和 Horigome (2001) 构建了一个部件相依、故障率和维修率随时间变化的可修系统模型, 并得到了系统的可用度和可靠度的数值表达式. 所用的可靠性分析方法和求马尔可夫可修系统可靠性指标的方法类似. Cui 和 Li (2007) 研究了结构和故障都相依的一类可修系统, 运用马尔可夫过程理论, 引入多变量 Phase Type 寿命时间分布的单调关联系统描述随机环境下工作部件的运行情况, 得到了系统的一些可靠性度量指标. 为了估计 $k-1$ 步马尔可夫相依 n 中取 k 系统的不可靠性、瞬时不可用度、稳态不可用度、平均首次故障前时间等可靠性指标, Xiao 和 Li (2008) 给出了直接仿真法和条件期望估计两种方法. 这两种方法还可以用来对上述系统进行参数敏感性分析.

一些文献研究了新的马尔可夫可修系统可靠性度量指标. Csenki(2007) 给出了马尔可夫可修系统联合区间可用度的解析表达式, 把所得结论用于单线和双线并联电力传输系统的可靠性评估. Csenki 还把该结论推广到非齐次马尔可夫可修系统情形.

Guo 和 Yang (2008) 给出了一种自动生成马尔可夫模型的新方法. 用该方法生成的马尔可夫模型可以用来估计安全测量系统的安全性和可用度. 模型中包括了许多与安全性相关的因素, 如故障模式、自动诊断、修复、共因失效、表决等. 该方法首先以表决、故障模式、自动诊断为基础产生一个框架结构, 然后把维修、共因失效等因素合并进来产生一个完整的马尔可夫模型, 最后通过状态合并的方法把模型简化. 该方法在一定程度上克服了手工生成马尔可夫模型费力、耗时等缺点, 因而对马尔可夫理论在工程实际中的应用有推动作用.

许多学者结合工程实际建立了大量马尔可夫和半马尔可夫可修系统模型. Wang 和 Trivedi(2007) 用连续时间马尔可夫链和 BDD(Binary Decision Diagram) 描述 PMS (Phased-mission System) 的运行, 并给出了估计系统可靠度的两个算法. 张立欣等 (2007) 利用侯振挺等提出的马尔可夫骨架过程理论讨论了串并联混合系统的可靠性. 该模型有四个不同部件和一个修理工组成, 部件的寿命和修理时间均服从一般分布. 在用于检测人体健康状况的无线人体域网 (Wireless Body Area Networks) 中, 网络可靠性非常重要. 如果不能进行妥善管理, 被检测人的生命将受到威胁. Wang 和 Park (2010) 建立了一个分析无线人体域网节点行为的新模型. 他们根据传导和感知能力把节点分类, 用半马尔可夫过程描述能量缺少和 (或) 受到恶意袭击等情形下节点的行为, 并利用仿真的方法, 分析了系统的可靠性. 为了能够定量评估安全系统的可靠性, 并考虑安全性、可用性等诸多因素的影响, 郭海涛和阳宪惠 (2008) 给出了一种用马尔可夫模型定量计算安全系统可靠性指标的方法. 吴志良和郭晨 (2007) 从船舶电力系统的主要运行方式出发, 提出了基于马尔可夫过程的船舶电力系统可靠性、维修性分析方法, 并得到了系统可用度与可靠度的表达式. 现代大型监控系统通常是一个复杂的硬/软件综合系统, 其可靠性分析对于系统的设计、评估具有重要意义. 于敏等 (2007) 综合考虑硬件、软件的特点以及两者之间的相互作用, 建立了一种基于马尔可夫过程的系统可靠性分析模型. 该模型将系统失效分为硬件失效、软件失效、硬/软件结合失效三类. 为解决实际应用中系统的状态数目较大的问题, 他们利用循环网络方法求解状态转移方程组, 得到了系统处于各状态的瞬时和稳态概率.

Van 等 (2010) 讨论了马尔可夫可靠性模型的敏感性分析问题. DIM(Differential Importance Measure) 是最近兴起的一种以马尔可夫可靠性模型为背景的敏感性分析方法. Van 等把 DIM 推广到交互部件、运行相依或可用马尔可夫模型描述的系统, 给出了一种仅利用单个马尔可夫过程的样本函数对稳态情形的 DIM 值进行估计的方法. 该方法可以用来估计单个部件 (一组部件、一个状态或一组状态) 参数的变化对系统运行的影响. 其优点在于, 只需要给出系统运行的反馈信息数据, 而无需知道部件的可靠性指标 (如故障率、维修率等) 及系统的转移率矩阵.

1.4.2 基于状态聚合的多状态系统建模

1. 离子通道理论

20 世纪 50 年代, 英国科学家 Hodgkin 和 Huxley 最早提出了离子通道理论. 他们利用 “电压钳”(Voltage Clamp) 技术对兴奋的神经细胞细胞膜上的钾离子和钠离子的通透性变化进行了详细分析, 提出了 “离子通道” 概念, 建立了著名的 H-H 方程, 定量地描述了这个变化过程, 并由此获得 1963 年诺贝尔生理学–医学奖. 20 世纪七八十年代, Sakmann 和 Neher 发明了膜片钳 (Patch Clam) 技术, 推动离子通道理论向实体方向发展, 并获得了 1991 年诺贝尔生理学–医学奖. 膜片钳技术为从分子水平上了解生物膜离子通道的开启和关闭、动力学、选择性和通透性等膜信息提供了直接手段 (郑治华, 2009).

大多数离子通道大部分时间是关闭的, 当受到特殊刺激时, 打开的几率才大大增加, 这种现象被称为门控现象. 离子通道只有通过开放和关闭, 才能产生和传导电信号. 因此, 细胞膜离子通道门控机制的研究是近年来发展起来的一个活跃领域. 而建立反映通道门控机制的动力学模型又是这个领域研究的核心课题. 因此, 许多学者致力于离子通道门控机制的研究, 并且用定量方法刻画离子通道开放与关闭的门控行为具有重要的理论和实际意义 (兰同汉等, 2002, 2006).

各国学者提出了许多描述离子通道门控现象的模型, 其中马尔可夫过程模型和分形模型占主导地位. 这些模型从不同的角度对细胞膜离子通道的门控机制作了适当的解释, 虽然存在一些分歧, 但新思想、新方法可以激发人们更深入地探讨门控机制. 本书与离子通道的马尔可夫过程模型相关, 下面将详细介绍其主要内容.

离子通道的马尔可夫模型由 Colquhoun 和 Hawkes 创立于 20 世纪 80 年代, 是目前发展最成熟、应用范围最广的聚合随机过程模型. 该模型认为通道活动表现为少数关闭状态集和开放状态集之间的转移, 状态之间的转移强度仅仅依赖于当前的状态, 不依赖于在该状态已经逗留的时间长短, 因此可以用连续时间的马尔可夫过程描述离子通道的开关过程. 过程的状态分为开状态、短闭合状态和长闭合状态三类, 分别用集合 A, B 和 C 表示. 通道的马尔可夫模型描述的基本马尔可夫过程是不能直接观察到的, 单通道记录只能显示在记录过程中通道何时开放、何时关闭, 而不能显示实际所经历的基本马尔可夫过程的关闭和开放状态. 具体地说, 观测到的过程由脉冲 (Burst) 和脉冲间隙 (Gap Between Bursts) 相互交替而成. 一个脉冲由若干个过程在开状态集 A 和短闭合状态集 B 的来回 "震荡"(Ossiciation) 组成. 脉冲间隙由若干个过程在短闭合状态集 B 和长闭合状态集 C 的来回 "震荡" 组成. 图 1.1 是用马尔可夫过程描述的离子通道开关过程的样本图 (Colquhoun, Hawkes, 1982, 1990; Colquhoun et al., 1997; Jalali, Hawkes, 1992a, 1992b, 1996).

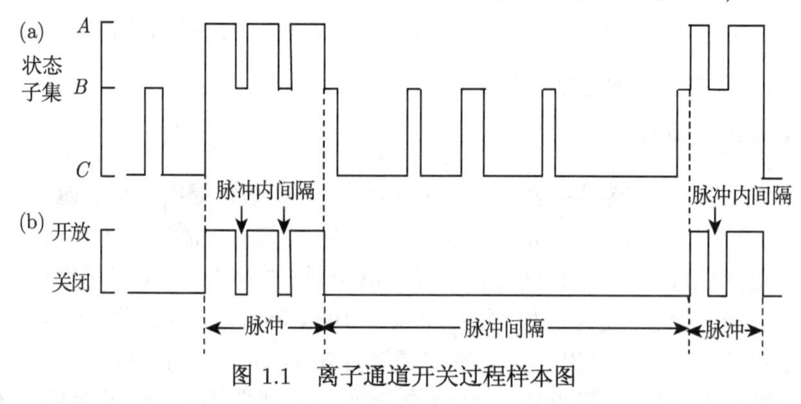

图 1.1 离子通道开关过程样本图

在离子通道中, 人们感兴趣的是脉冲的长度、脉冲间隙的长度、一个脉冲中在开状态集逗留时间总长度、在短闭状态集的逗留时间总长度等. 解决上述问题的关键是给出系统在一个状态集内的逗留时间分布. 因此, 定义

$$p_{ij}^{A}(t) = P\{(0,t)\text{系统一直处于状态集 } A \text{ 内, 并且时刻 } t \text{ 系统处于状态 } j \mid \text{时刻 } 0 \text{ 系统处于状态} i\}, \quad i,j \in A.$$

令矩阵 $\boldsymbol{P}_{AA}(t) = (p_{ij}^{A}(t))$, $i,j \in A$. 把马尔可夫过程对应的转移率矩阵 $\boldsymbol{Q}$ 做如下分块:

$$\boldsymbol{Q} = \begin{pmatrix} \boldsymbol{Q}_{AA} & \boldsymbol{Q}_{AB} & \boldsymbol{Q}_{AC} \\ \boldsymbol{Q}_{BA} & \boldsymbol{Q}_{BB} & \boldsymbol{Q}_{BC} \\ \boldsymbol{Q}_{CA} & \boldsymbol{Q}_{CB} & \boldsymbol{Q}_{CC} \end{pmatrix}$$

则

$$\mathrm{d}\boldsymbol{P}_{AA}(t)/\mathrm{d}t = \boldsymbol{P}_{AA}(t)\boldsymbol{Q}_{AA}. \tag{1.4}$$

从而 $\boldsymbol{P}_{AA}(t)=\exp(\boldsymbol{Q}_{AA}t)$(Colquhoun, Hawkes, 1982). 用 $\boldsymbol{P}^*_{AA}(s)$ 表示 $\boldsymbol{P}_{AA}(t)$ 的 L 变换, 在式 (1.4) 的两边作 L 变换得

$$\boldsymbol{P}^*_{AA}(s)=(s\boldsymbol{I}-\boldsymbol{Q}_{AA})^{-1}. \tag{1.5}$$

令

$$\begin{aligned}g_{ij}(t)=\lim_{\Delta t\to 0}[&P((0,t)\text{系统处于状态集 } A, \text{并且在时刻 } t \text{ 和 } t+\Delta t \text{ 之间从状态集}\\ &A \text{ 转移到状态 } j|\text{ 时刻 } 0 \text{ 系统处于状态} i)/\Delta t],\end{aligned} \tag{1.6}$$

令 $|A|\times|B|$ 维矩阵 $\boldsymbol{G}_{AB}(t)=(g_{ij}(t)), i\in A, j\in B$, 记 $\boldsymbol{G}_{AB}(t)$ 的 L 变换为 $\boldsymbol{G}^*_{AB}(s)$, 则

$$\boldsymbol{G}_{AB}(t)=\boldsymbol{P}_{AA}(t)\boldsymbol{Q}_{AB},\quad \boldsymbol{G}^*_{AB}(s)=(s\boldsymbol{I}-\boldsymbol{Q}_{AA})^{-1}\boldsymbol{Q}_{AB}. \tag{1.7}$$

式 (1.5) 和式 (1.17) 对其他子集也成立, 是两个基本的结论. 应用这两个结论, 可给出一系列结果, 如脉冲长度密度函数的 L 变换:

$$\begin{aligned}f^*(s)=&\sum_{r=1}^{\infty}\varPhi_{\boldsymbol{b}}((\boldsymbol{G}^*_{AB}(s)\boldsymbol{G}^*_{BA}(s))^{r-1}(\boldsymbol{G}^*_{AB}(s)\boldsymbol{G}^*_{BC}(s)+\boldsymbol{G}^*_{AC}(s))\boldsymbol{e}_C\\ =&\varPhi_{\boldsymbol{b}}(\boldsymbol{I}-\boldsymbol{G}^*_{AB}(s)\boldsymbol{G}^*_{BA}(s))^{-1}(\boldsymbol{G}^*_{AB}(s)\boldsymbol{G}^*_{BC}(s)+\boldsymbol{G}^*_{AC}(s))\boldsymbol{e}_C,\end{aligned}$$

其中 $\varPhi_{\boldsymbol{b}}$ 是脉冲的初始分布, $\boldsymbol{e}_C$ 是所有分量都为 1 的 $|C|$ 维列向量.

2. 基于离子通道理论的多状态系统建模

20 世纪 80 年代, Colquhoun 和 Hawkes 提出了以马尔可夫过程为基础的离子通道建模理论 (Colquhoun, Hawkes, 1982, 1990; Colquhoun et al., 1997), 是聚合随机过程理论和应用的一大飞跃. Jalali(1992a, 1992b), Merlushkin (1996), Ball (1991, 1999; 2002) 等的研究极大地丰富了离子通道理论. 离子通道理论用马尔可夫过程刻画离子通道的开关行为, 认为状态间的转移速率仅依赖当前状态, 不依赖于在当前状态已经逗留的时间. 记录数据显示的是离子通道何时关闭, 何时开放, 即开放状态集和闭合状态集之间的转移, 而不能显示基本状态间的转移情况. 离子通道理论的主要贡献在于用基本的马尔可夫过程表示聚合随机过程, 已经成为生物工程中离子通道数据分析和处理的基础.

离子通道理论与系统可靠性理论 (特别是维修性理论) 有着惊人的相似之处. 离子通道理论可以应用在聚合维修性模型的可靠性分析中. 不同的状态聚合模式, 可以在可靠性工程中找到实际的物理背景. 因而一些学者开始尝试把二者结合起来, 从实际出发, 建立不同的聚合维修模型并进行可靠性研究.

在离子通道理论中, 逗留时间比较短的闭合状态无法被分辨出来, 因而成为开状态集的一部分. 在可靠性工程实际中, 当故障在很短的时间内可以修复, 并且不影响系统的运行时, 可以认为系统没有故障, 处于工作状态. Zheng 等 (2006) 注意

到了二者的相似性, 借鉴离子通道理论的思想, 建立了故障可忽略或滞后的单部件马尔可夫可修系统模型, 新的模型不再具有马氏性. Zheng 等 (2005, 2006, 2007) 对该类系统做了系统讨论, 建立了可忽略的维修时间为常数的模型、可忽略的维修时间为非负随机变量的模型和故障影响滞后模型, 并运用概率分析和随机过程方法得到了系统的可用度. 单部件马尔可夫可修系统是多部件马尔可夫可修系统可靠性分析的基础. 上述成果为研究结构复杂的故障可忽略或滞后的马尔可夫可修系统奠定了基础.

包新卓(2006)在一般马尔可夫可修串联系统的基础上, 建立了维修时间可忽略的马尔可夫可修串联系统模型. 不论系统的哪个部件故障, 只要原串联马尔可夫可修系统维修时间超过一定的阈值就认为系统处于失效状态, 否则认为处于正常状态. Bao和Cui(2010)把该模型进行了扩展, 对不同的部件设定不同的阈值, 建立了故障影响忽略或延迟的串联马尔可夫可修系统, 并综合运用串联系统性质、随机过程理论、概率分析等方法得到了上述新系统的可用度、平均开工时间等可靠性指标.

Zheng 和 Cui(2009) 等建立了故障可忽略的并联马尔可夫可修系统模型, 得到了系统的可用度. 郑治华 (2009) 对该模型进行了系统研究. 按照修理工个数和系统部件相同与否构建了三个不同模型, 并得到了系统的可用度、可靠度、平均开工时间等可靠性指标. 该论文还把故障可忽略的建模思想扩展到表决系统、冷储备系统、温储备系统等冗余系统中, 应用故障可忽略建模思想建立的维修性模型更加接近实际问题, 丰富了聚合随机过程的应用背景, 解决问题的方法对复杂系统的可靠性分析有一定的启发作用.

吕佳 (2007) 讨论了维修时间可忽略的串联和并联系统的可靠性问题. 假设系统各部件的工作与维修时间不再服从指数分布, 使模型更符合可靠性工程中的某些实际问题.

冉伦等 (2007) 运用离子通道理论研究了马尔可夫系统中新类型故障出现的时间分布, 该时间分布是一种新型的可靠性指标, 对维修工配置优化有一定的指导意义. Jia 等 (2009) 运用离子通道理论得到了安全关键系统访问故障安全状态集、故障危险状态集的概率、在其中的逗留时间分布等可靠性指标. 所得结果可为安全关键系统的可靠性评估提供依据.

在离子通道理论中, 短闭状态集既可以是开状态集的一部分, 又可以是闭状态集的一部分, 取决于它所在的位置. 在这种聚合模式的启发下, Cui 等 (2007) 结合工程实际, 建立了历史相依的马尔可夫可修系统模型, 用于描述 “惯性” 可修系统的运行, 并运用离子通道理论得到了可用度、开工时间、停工时间等可靠性指标. 本书第 3 章对上述系统进行了更深入的研究, 得到了系统访问可变状态的概率及在其中的逗留时间分布等可靠性度量指标. Zheng 等 (2008) 把上述模型推广到半马尔可夫情形, 并分析系统的可用度. 第 4 章给出状态历史相依半马尔可夫可修系统对应的半马尔可夫核, 并对其进行了系统的可靠性评估. Du 等 (2017) 构建了故障可忽略的状态历史相依马尔可夫可修系统模型, 并得到了第 k 个工作、故障时间分布等新的可靠性度量指标.

离子通道的开关行为受化学试剂浓度等外界环境的影响, 不同环境需用不同的马尔可夫过程描述. 在可靠性工程实际中, 许多系统的运行方式随外界环境的变化而变化, 并且衡量系统是否正常的标准是变化的 (尤其在多状态系统中). 如在电力生产系统中, 用电高峰和非高峰时电厂投入的机组不同. 生产同样瓦的电量, 在用电高峰时可能不能满足要求, 而在非高峰时可能绰绰有余. 为了对这类系统的演化和可靠性进行分析, Hawkes 等 (2011) 建立了交替环境下的马尔可夫可修系统模型, 用两个转移率矩阵不同的马尔可夫过程描述系统在两种不同环境下的运行. 在工作状态集不同和相同两种情形下对系统的可用度、开工时间等可靠性度量指标进行了分析. 该研究是一项开创性的工作, 为复杂环境下的系统可靠性分析奠定了基础. 本书第 5 章推广了上述模型, 构建了多运行机制马尔可夫可修系统模型, 并对其进行了可靠性评估, 得到了系统可用度及首次故障前时间分布. 第 6 章构建交替环境中的半马尔可夫可修系统模型, 给出了可用度及首次故障前时间分布.

从可靠性工程实际出发, 运用离子通道理论, 本书作者崔利荣教授团队系统研究了多状态系统多点可用度、多区间可用度、混合多点区间可用度等可靠性度量问题 (Cui et al., 2013)(Cui et al., 2014) (Cui et al., 2016). Du 等 (2013) 得到了 k 中取 n 及连续 n 中取 k 多状态系统的联合可用度表达式. Liu 等 (2013) 构建随机需求和随机供应模式下的多状态马尔可夫系统模型, 得到单区间及多区间可用度表达式. Wen 等 (2016) 给出上述系统的一些新的可靠性度量指标, 包括周期长度分布、一个周期内顾客需求满足的时间分别等. Li 等 (2017) 构建离散时间马尔可夫机制转换下的多状态系统模型, 并得到了可靠度、可用度、多点及多区间等可靠性度量指标.

1.5 拉普拉斯变换和拉普拉斯–斯蒂尔切斯变换

1.5.1 拉普拉斯变换

拉普拉斯 (Laplace) 变换法是求解普通和偏微分方程组的极好工具 (Schiff, 1999), 广泛应用于工程、物理、数学等领域, 也是本书进行理论分析的基础.

设 $f(t)$ 是定义在 $\mathbb{R}^+$ 上的函数. 把由

$$f^*(s) \equiv \int_0^{+\infty} \mathrm{e}^{-st} f(t)\mathrm{d}t \triangleq \mathscr{L}\{f(t)\} \tag{1.8}$$

定义的函数 $f^*(s)$ 称做 $f(t)$ 的拉普拉斯变换 (简称 L 变换或拉氏变换).

由 L 变换的定义可得, 常值函数 1 的 L 变换为 $1/s$, 参数为 λ 的指数分布的密度函数的 L 变换为 $\lambda/s+\lambda$. 焦红伟和尹景本 (2007) 给出了常用函数的 L 变换.

L 变换有以下一些重要性质:

(1) 线性性质: $\mathscr{L}\left\{\sum\limits_{i=1}^{n} C_i f_i(t)\right\} = \sum\limits_{i=1}^{n} C_i f_i^*(s)$, 其中 n 是任意正整数, C_i 是任意实数,

$$f_i^*(s) = \mathscr{L}\{f_i(t)\};$$

(2) 平移性质: $\mathscr{L}\{\mathrm{e}^{-at}f(t)\} = f^*(s+a)$, a 是使得式子两边有意义的任意实数;

(3) 导数的 L 变换: $\mathscr{L}\{f'(t)\} = sf^*(s) - f(0)$;

(4) 积分的 L 变换:

$$\mathscr{L}\left\{\int_0^t f(x)\mathrm{d}x\right\} = f^*(s)/s; \tag{1.9}$$

(5) 极限性质: $\lim\limits_{t\to+\infty} f(t) = \lim\limits_{s\to 0^+} sf^*(s)$, 如果等式两边的极限存在. 在性质 (2)—(5) 中, $f^*(s)$ 是 $f(t)$ 的 L 变换.

1.5.2　非负随机变量的拉普拉斯–斯蒂尔切斯变换

设 X 是一非负随机变量, 它的分布函数是 $F(x)$. 若 $F(x)$ 有密度函数 $f(x)$, 则可以借助 $f(x)$ 的 L 变换研究随机变量的概率分布. 当分布函数 $F(x)$ 不存在密度函数时, 就无法直接使用 L 变换. 为了弥补这一缺陷, 对分布函数定义类似的变换. 设 $F(x)$ 是非负随机变量 X 的分布函数, 称由

$$\mathscr{L}-\mathscr{S}\{f(x)\} \equiv \int_0^{+\infty} \mathrm{e}^{-sx}\mathrm{d}F(x) = E(\mathrm{e}^{-sX}) \tag{1.10}$$

定义的变换 $F^*(s)$ 为分布函数 $F(x)$(或者说随机变量 X) 的拉普拉斯–斯蒂尔切斯变换 (简称 L-S 变换).

当 $F(x)$ 存在密度函数 $f(x)$ 时, $F'(x) = f(x)$, 于是由式 (1.10) 可得

$$\mathscr{L}-\mathscr{S}\{F(x)\} \equiv F^*(s) = f^*(s) \equiv \mathscr{L}\{f(x)\}, \tag{1.11}$$

即非负随机变量的密度函数的 L 变换是分布函数 L-S 变换. 此外, 根据式 (1.11) 可得分布函数 $F(x)$ 的 L-S 变换和它的密度函数 $f(x)$ 的 L 变换有如下关系:

$$\mathscr{L}\{F(x)\} \equiv \int_0^{+\infty} \mathrm{e}^{-sx}F(x)\mathrm{d}x = \mathscr{L}\left\{\int_0^x f(t)\mathrm{d}t\right\} = f^*(s)/s.$$

设 $F(x)$ 是非负随机变量 X 的分布函数, 则有

$$E(X) = -F^{*(1)}(0),\quad E(X^2) = F^{*(2)}(0).$$

若已知随机变量 L-S 变换, 由上述结论可得其期望、方差等数字特征.

设已知非负函数 $f(x), g(x)$, 对任意 $x > 0$, $f(x)$ 和 $g(x)$ 的卷积为

$$f * g = \int_0^x f(u)g(x-u)\mathrm{d}u,$$

其中 $*$ 表示卷积. 可以证明下面的卷积定理成立.

定理 1.1(卷积定理) 设 $f(x), g(x)$ 的 L 变换分别为 $f^*(s)$ 和 $g^*(s)$, 则

$$\mathscr{L}(f * g) = f^*(s)g^*(s).$$

由卷积定理可得, 两个相互独立的随机变量和的 L-S 变换等于这两个随机变量的 L-S 变换的乘积. 上述结论对多个随机变量也成立.

参 考 文 献

包新卓. 2006. 可忽略维修时间的串联马尔可夫可修系统的可靠性分析. 北京: 北京理工大学.
曹晋华, 程侃. 2006. 可靠性数学引论. 北京: 高等教育出版社.
郭海涛, 阳宪惠. 2008. 安全系统定量可靠性评估 Markov 模型. 清华大学学报(自然科学版), 48(1): 149~152.
蒋仁言, 左明健. 1999. 可靠性模型与应用. 北京: 机械工业出版社.
焦红伟, 尹景本复. 2007. 变函数与积分变换. 北京: 北京大学出版社.
兰同汉, 吴鸿修, 林家瑞. 2006. 运用单离子通道实验数据和仿真数据比较马尔可夫模型和分型模型. 生物医学杂志, 23(5): 923~928.
兰同汉, 刘向明, 顾正, 等. 2002. 离子通道门控机制研究进展. 生物医学杂志, 19(2): 344~347.
李春洋. 2011. 基于多态系统理论的可靠性分析与优化设计方法研究. 长沙: 国防科学技术大学.
刘宇. 2011. 多状态复杂系统可靠性建模及维修决策. 成都: 电子科技大学.
吕佳. 2007. 故障影响忽略的串联和并联系统研究. 西安: 西北大学.
冉伦, 郑治华, 崔利荣. 2007. 马尔可夫可修系统新类型故障时间分布研究. 兵工学报, 28(5): 592~597.
宋月. 2006. 若干复杂系统的可靠性分析. 西安: 西安电子科技大学.
王正, 谢里阳. 2008. 失效相关的 k/n 系统动态可靠性模型. 机械工程学报, 44(6): 72~78.
武小悦. 2006. 基于隐 Markov 树的设备状态综合诊断模型. 系统工程和电子技术, 28(4): 1034~1037.
吴志良, 郭晨. 2007. 基于马尔可夫过程的船舶电力系统可靠性和维修性分析. 武汉理工大学学报(交通科学与工程版), 31(2): 192~194.
薛云, 曹晋华. 2006. 可变环境下的离散时间单部件可修系统. 系统科学与数学, 26(2): 178~186.

于敏, 何正友, 钱清泉. 2010. 基于 Markov 过程的硬/软件综合系统可靠性分析. 电子学报, 38(2): 473~479.

张立欣, 李明, 刘海芳. 2007. 马氏骨架理论在系统可靠性中的应用. 数学理论与应用, 27(2): 64~66.

郑治华. 2006. 故障影响忽略或滞后的单部件马尔可夫可修系统研究. 北京：北京理工大学.

郑治华. 2009. 故障影响忽略的马尔可夫可修并联系统及扩展研究. 北京：北京理工大学.

Ball F. 1999. Central limit theorems for multivariate semi-Markov sequence and process, with applications. Journal of Applied Probability, 36(2): 415~432.

Ball F, Milne R K, Yeo G F. 1991. Aggregated semi-Markov process incorporating time interval omission. Advanced in Applied Probability, 23(4): 772~797.

Ball F, Milne R K, Yeo G F. 2002. Multivariable semi-Markov analysis of burst properties of multi-conductance single ion channels. Journal of Applied Probability, 39(1): 179~196.

Bao X Z, Cui L R. 2010. An analysis of availability for series Markov repairable systems with effect neglected or delayed failures. IEEE Transactions on Reliability, 59(4): 734~743.

Chan G K, Asgarpoor S. 2006. Optimum maintenance policies with Markov process. Eletric Power System Research, 76(6): 452~456.

Csenki. 1995. On the interval reliability of systems modeled by finite semi-Markov process. Microelection and Reliability, 34(13): 1319~1335.

Csenki A. 2007. Joint interval reliability for Markov systems with an application in transitions line reliability. Reliability Engineering and System Safety, 92(6): 685~696.

Colquhoun D, Hawkes A G. 1982. On the stochastic properties of the bursts of a single ion channel opening and of clusters of bursts. Phil. Trans. R. Soc. London B., 300(1098): 1~59.

Colquhoun D, Hawkes A G. 1990. Stochastic properties of ion channel openings and bursts in a membrane patch that contains two channels: Evidence concerning the number of channel present when a record containing only single opening is observed. Proc. R. Soc. London B., 240(1299): 453~477.

Colquhoun D, Hawkes A G, Merlushkin A, Edmonds B. 1997. Properties of single ion channel currents elicited by a pulse of agonist concentration or voltage. Phil. Trans. R. Soc. Lond., A, 335(1730): 1743~1786.

Cui L R, Li H J. 2007. Analytical method for reliability and MTTF assessment of coherent systems with dependent components. Reliability Engineering and System Safety, 92(3): 300~307.

Cui L R, Li H J, Li J L. 2007. Markov repairable systems with history-dependent up and down states. Stochastic Models, 23(4): 665~681.

Cui L R, Du S J, Liu B L. 2013. Multi-point and multi-interval availabilities. IEEE Transactions on Reliability, 62(4): 811~820.

Cui L R, Du S J, Zhang A F. 2014. Reliability measures for two-part partition of states for aggregated Markov repairable systems. Annals of Operations Research, 212 (1): 93~114.

Cui L R, Zhang Q, Kong D J. 2016. Some new concepts and their computational formulae in aggregated stochastic processes with classifications based on sojourn times. Methodology and Computing in Applied Probability, 18(4): 999~1019.

Du S J, Z G Zeng, Cui L R, Kang R. 2017. Reliability analysis of Markov history-dependent repairable systems with neglected failures. Reliability Engineering & System Safety, 159: 134~142.

Du S J, Cui L R, Li H J, Zhao X B. 2013. A study on joint availability for k out of n and consecutive k out of n points and intervals. Quality Technology and Quantitative Management, 10(2): 179~191.

Gnedenenko B, Ushakov I. 1995. Probabilistic Reliability Engineering. New York: John Wiley & Sons, Inc.

Guo H T, Yang X H. 2008. Automatic creation of Markov models for reliability assessment of safety instrumental systems. Reliability Engineering and System Safety, 93(6): 829~837.

Hawkes A G, Cui L R, Zheng Z H. 2011. Modeling the Evolution of system reliability performance under Alternative Environments. IIE Transactions, 43(11): 761~772.

Jalali A, Hawkes A G. 1992a. The distribution of the apparent occupation times in a two-state Markov process in which brief events can not be detected. Advanced in Applied Probability, 24(2): 288~301.

Jalali A, Hawkes A G. 1992b. Generalized Eigenproblems arising in aggregated Markov Processed allowing for time interval omission. Advanced in Applied Probability, 24(2): 302~321.

Janssen J, Manca R. 2006. Applied Semi-Markov Process. New York: Springer Science Business Media, Inc.

Jia X J, Cui L R, Gao S. 2009. Safety-critical reliability modelling and their analyses in terms of effects of components failures modes. Journal of Beijing Institute Technology, 18(4): 502~506.

Jiang L T, Xu G Z, Zhang H, Ying R D. 2003. State truncation for Large Markov Chain. Chinese Journal of Electronics, 12(2): 248~250.

Li Y, Cui L R, Lin C. 2017. Modeling and analysis for multi-state systems with discrete-time Markov regime-switching. Reliability Engineering & System Safety, 166: 41~49.

Lisnianski A. 2007. Extended block diagram method for a multi-state system reliability assessment. Reliability Engineering and System Safety, 92(12): 1061~1067.

Lisnianski A, Levitin G. 2003. Multi-state system reliability, assessment, optimization and application. Singapore: World Scientific Publishing Co. Pte. Ltd.

Lisnianski A, Ding Y. 2009. Redundancy analysis for repairable multi-state system by using combined stochastic process methods and universal generating function technique. Reliability Engineering and System Safety, 94(11): 1788~1795.

Liu B L, Cui L R, Wen Y Q, Shen J Y. 2013. A performance measure for Markov system with stochastic supply patterns and stochastic demand patterns. Reliability Engineering & System Safety, 119: 300~307.

Merlushkin A, Hawkes A G. 1996. Stochastic behavior of ion channels in varying conditions. IMA J. of Mathematics Applied in Medicine and Biology, 14(2): 1~26.

Rausand M, Hoyland A. 2003.System Reliability Theory. New York: John Wiley & Sons, Inc.

Ross S M . 1996. Stochastic Process. New York: John Wiley & Sons, Inc.

Schiff J L. 1999. The Laplace Transform. New York: Springer-Verlag, Inc.

Schoenig R, Aubrya J F, Cambois T, Hutinet T T. 2006. An aggregation method of Markov graphs for the reliability analysis of hybrid systems. Reliability Engineering and System Safety, 91(2): 137~148.

Soro I W, Nourelfath M, Ait-Kadi D. 2010. Performance evaluation of multi-state degraded systems with minimal and imperfect preventive maintenance. Reliability Engineering and System Safety, 95(2): 65~69.

Soszynska J. 2010. Reliability and risk evaluation of a port oil pipeline transportation system in variable operation conditions. International Journal of Pressure Vessels and Piping, 87: 81~87.

Van P D, Barros A, Berenguer C. 2010. From differential to different importance measure for Markov reliability models. European Journal of Operational Research, 204(3): 513~521.

Wang D Z, Trivedi K S. 2007. Reliability analysis of phased-mission system with independent component repairs. IEEE Transactions on Reliability, 56(3): 540~551.

Wang S, Park J T. 2010. Modeling and analysis of multi-type failures in wireless body area networks with semi-Markov model. Communications Letters, IEEE, 14(1): 6~8.

Wen Y Q, Cui L R, Si S B, Liu B L. 2016. Several new performance measures for Markov system with stochastic supply patterns and stochastic demand patterns. Journal of Computational Science, 17: 148~155.

Xiao G, Li Z Z. 2008. Estimation of dependability measures and parameter sensitive ties of a consecutive k-out-of n: F repairable system with $(k-1)$-step Markov dependence by simulation. IEEE Transactions on Reliability, 57(1): 71~83.

Yun W Y, Kim G R, Yamamoto H. 2007. Economic design of a circular consecutive-k-out of-n:Fsystem with $(k-1)$-step Markov dependence. Reliability Engineering and System Safety, 92(4): 464~478.

Zhang T L, Horigome M. 2001. Availability and reliability of system with dependent components and time-varying failure and repair rates. IEEE Transactions on Reliability,

50(2): 151～158.

Zheng A H, Cui L R, Gao S. 2007. A study on a single-unit Markov repairable system with omitted failures. Norway: European Safety and Reliability Conference: 1893～1897.

Zheng Z H, Cui L R, Hawkes A G. 2005. A study on a single-unit Markov repairable system with repair time omission. Proceedings of the Fourth Conference on Quality and Reliability: 907～912.

Zheng Z H, Cui L R, Hawkes A G. 2006. A study on a single-unit Markov repairable system with repair time omission. IEEE Transactions on Reliability, 55(2): 182～188.

Zheng Z H, Cui L R. 2009. Availability analysis of parallel repairable systems with omitted failures. Journal of Beijing Institute of Technology, 31(6): 541～544.

Zheng Z H, Cui L R, Li H J. 2008. Availability of semi-Markov repairable systems with history-dependent up and down states. Proceeding of the 3rd Asia International Workshop, Advanced Reliability Model III: 186～193.

Zio E. 2009. Old problems and new challenges. Reliability Engineer and System Safety, 94(2): 125～141.

第2章　多运行水平马尔可夫可修系统建模与可靠性分析

2.1　引　　言

可靠性工程起源于硬件故障的研究. 用可靠性方法对硬件故障进行定量分析时, 一般假设系统由二值部件构成, 即有工作和故障两种状态. 但在实际生活中, 制造、生产、发电和油、气传送等系统运行时会有不同的水平 (如额定工作能力的 100%, 75%, 50%等), 如图 2.1 所示. 这些系统运行水平的高低依赖于其组成部件的运行情况, 被称为多状态系统 (Multi-state System, MSS). 多状态系统的建模、表示及定量分析是现代可靠性工程的一大挑战. 专家学者们从不同侧面对 MSS 进行了研究. Lisnianski 和 Levitin (2003), Zio(2009) 分别对已有研究做了总结和归纳. 多状态系统可靠性分析的方法主要有以下四类: 结构函数法、随机过程法 (马尔可夫和半马尔可夫过程)、通用生成函数法 (Universal Generating Function) 和蒙特卡罗模拟.

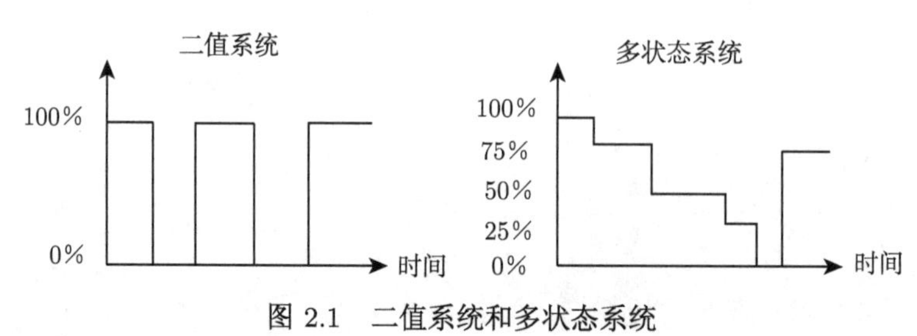

图 2.1　二值系统和多状态系统

对一个由 n 个不同部件组成的系统而言, 若部件 $j\,(j=1,2,\cdots,n)$ 有 k_j 个不同的状态, 则系统有 $K=\prod\limits_{j=1}^{n}k_j$ 个基本状态. 由此可见, 即使部件数目较小的多状态系统, 基本状态的数目也可能很大. 对多状态系统而言, 人们感兴趣的不是系统访问每个基本状态的概率和在其中的逗留时间等, 而是和状态集有关的性质. 因此需要按照某种标准, 把一些基本状态聚合成一类. 如按照系统输出能否满足客户需求, 把基本状态分为可接受集和不可接受集两类; 按照系统的运行效率的高低, 把基本状态分为完美工作状态集、劣化状态集和完全故障等几个集类. 这类系统被称为状态聚合系统 (Ren, Krogh, 2002), 状态聚合系统对应的随机过程被称为聚合随机过程.

聚合随机过程理论是对状态聚合系统进行可靠性分析的基础. 文献中有两类有关聚合随机过程的研究. (1) 一些学者研究了聚合随机过程的某些概率性质. 比如, 比较重要的对偶性质, 得到了聚合随机过程保持马尔可夫性的条件. 但由于条件过于严格, 一般随机过程很难满足. 一些文献研究了聚合随机过程的条件分布、收敛性、统计性质 (Stadje, 2005). (2) 一些学者从实际问题出发, 以聚合随机过程理论为基础, 建立了许多模型. 如 Colqhoun, Hawkes, Jalali 等建立的离子通道建模理论, 用状态聚合马尔可夫过程刻画离子通道开放和关闭的转换过程. 在他们的研究中, 提出了一种矩阵方法, 用这种矩阵方法可以研究系统在状态集逗留时间的分布. Ball 等分别用聚合半马尔可夫和多变量半马尔可夫过程描述只有开关两类状态集和多传导水平的离子通道门控行为.

基于马尔可夫过程的离子通道建模模型和多状态系统有惊人的相似之处. 首先, 在离子通道开关实验中, 观测不到系统处于哪个状态, 观测到的是系统处于哪个状态集类 (即开放还是关闭). 而在可修多状态系统中, 很难判定系统处于哪个基本状态, 但可以根据系统的输出判定它处于哪个运行水平, 如良好、正常、临界还是故障状态集. 其次, 在离子通道开关实验过程中, 特别短的闭合状态可能观测不到, 被观测不到的短闭合状态隔开的开放、关闭、开放过程可能被认为一直处于开放状态. 在可修系统中, 耗时比较短的维修过程, 可能不影响系统的运行, 因而认为系统处于正常状态. 例如, 在服务系统中, 当顾客的需求不是特别频繁时, 短时间内可以修复的故障, 因不能被顾客 "觉察" 而认为系统一直处于正常状态 (郑治华, 2009). 最后, 一些离子通道有两个传导水平: 传导和不传导 (通常称做开放和关闭), 也有一些类型的离子通道有多个传导水平, 这些水平介于关闭和完全开放之间. 而在可靠性工程的许多实际问题中, 尤其在多状态系统中, 通常把状态空间分为完美工作、劣化、临界和故障等状态集.

基于上述原因, 一些学者开始了以离子通道理论为基础的状态聚合可修系统建模及可靠性分析. 但在已有的研究中, 大都假设系统有故障和工作两类状态集, 几乎没有文献研究有多类工作状态集的可修系统的建模及可靠性分析问题. 由于系统的复杂性, 把基本状态分为工作和故障两类, 并不能精确地刻画系统的运行特征. 如在由四个部件并联而成的马尔可夫可修系统中, 三个部件故障和一个部件故障都是工作状态, 但整个系统的运行水平不同, 前者的运行水平显然低于后者. 由两个部件构成的串联系统中, 若每个部件有正常、劣化和故障三种状态, 两个部件正常和两个部件劣化都属于工作状态, 但前者的运行水平远远高于后者. 为了区分不同运行水平的工作状态, 同时也为了适应可靠性工程实践的要求, 本章将提出基于输出功率的固定状态聚合模式, 用多变量半马尔可夫过程刻画基本工作状态集被聚合成多类状态集的可修系统的运行过程. 在此类系统中, 运行效率相同或相近的基本状态被聚合成一类, 称为一个运行水平. 整个工作状态集被聚合成若干个不同的运行水平, 聚合系统的状态空间的元素个数小于原系统的状态空间的元素个数. 下面是实际工程中的一个例子.

一个发电系统由一号和二号两个发电机组成. 每个发电机有三个状态: 工作、劣化和故障. 分别记为状态 2, 1 和 0. 每个发电机正常工作时的功率为 100 千瓦时, 劣化时的功率为 50 千瓦时. 整个发电系统有 9 个基本状态. 表 2.1 是系统的所有基本状态和相应的功率.

表 2.1　发电系统的基本状态及功率

系统状态	一号发电机状态	二号发电机状态	系统功率/(kW·h)
8	2	2	200
7	2	1	150
6	1	2	150
5	2	0	100
4	0	2	100
3	1	1	100
2	1	0	50
1	0	1	50
0	0	0	0

由于基本状态 3, 4 和 5 的输出功率相同, 可以认为它们属于同一个运行水平. 类似地, 基本状态 1 和 2 属于同一个运行水平, 基本状态 6 和 7 属于同一个运行水平. 因此系统的所有工作状态可聚合为四个不同的运行水平: $U_4=\{8\}, U_3=\{7,6\}, U_2=\{5,4,3\}, U_1=\{1,2\}$, 其中 U_4 的运行水平最高, U_1 的运行水平最低. 系统的故障状态集 $D=\{0\}$.

假设一号发电机和二号发电机的正常工作时间和劣化工作时间分别服从参数为 $\lambda_{i21}(i=1,2)$ 和 $\lambda_{i10}(i=1,2)$ 的指数分布. 当发电机故障后, 立即进行维修且 "修复如新". 一号发电机和二号发电机的修复率分别为 μ_1 和 μ_2. 当系统故障时 (两个发电机同时故障), 立即进行维修, 并以修复率 $\mu_{0i}\,(i=1,2,\cdots,8)$ 修复到系统状态 $i\,(i=1,2,\cdots,8)$. 根据上述假设, 系统状态间转移情况见图 2.2.

发电系统的演化可用不可约的有限状态齐次马尔可夫过程描述, 该系统有以下特点:

(1) 按照输出功率, 基本工作状态可以被聚合成几个不同的运行水平;

(2) 当不进行维修时, 系统逐步劣化, 从而运行水平逐步降低;

(3) 部件的维修, "修复如新"; 系统的故障前维修, 可能 "修复如新", 可能 "修复非新", 取决于部件的状态;

(4) 系统故障时, 可进行不种类型的维修, 从最小维修到最大维修.

基于上述特点, 本章将建立一个状态聚合可修系统模型 —— 多运行水平马尔可夫可修系统模型.

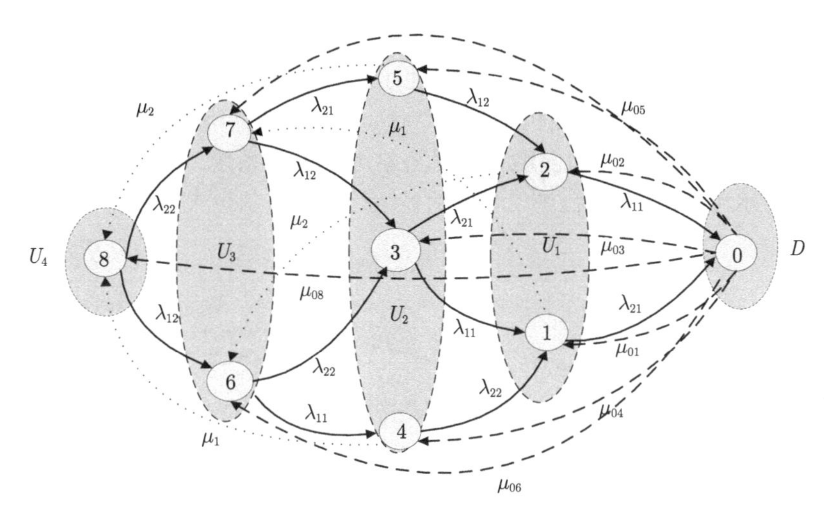

图 2.2 发电系统状态转移图

2.2 模型描述

假定一个马尔可夫可修系统的状态空间 $\boldsymbol{S}=\{1, 2,\cdots,n_T\}$, 工作状态集 $U=\{1,2,\cdots,n_u\}$, 故障状态集 D=$\{n_u+1,\cdots,n_T\}$. 该系统对应的随机过程 $\{X(t),t\geqslant 0\}$ 是一个不可约的齐次马尔可夫过程. 工作状态集 U 被聚合成 $r\,(r\geqslant 3)$ 个不同的运行水平, 即 $U=U_1\bigcup U_2\bigcup\cdots\bigcup U_r$, $U_i\bigcap U_j=\varnothing\,(i\neq j)$, 其中 $U_l(l=1,2,\cdots,r)$ 是由输出功率相同或相近的工作状态构成. 对任意 $i,j\in\{1, 2,\cdots, r\}$ 且 $i>j$, U_i 的运行水平高于 U_j.

设 $U_l(l=1,2,\cdots,r)$ 中有 n_l 个不同状态, 则 $\sum\limits_{l=1}^{r}n_l=n_u$, 故障状态个数 $n_d=n_T-n_u$.

设初始时刻系统开始于 U_r中的某个状态i_u, 当不进行维修时系统逐步劣化. 设 $U_n(1<n<r)$ 和 U_1 是由某些部件故障对应的基本状态组成的运行水平. 由于部件的故障状态容易识别, 所以只在运行水平 U_n, U_1 和故障状态集 D 进行维修. 对系统而言, 在运行水平 U_n 进行的维修是 “修复如新” 的, 即维修后系统从 U_n 转移到最高的运行水平 U_r. 而在运行水平 U_1 进行的维修是 “修复非新” 的, 修复后系统从 U_1 转移到某个固定的状态集 U_m, U_m 的运行水平介于状态集 U_r 和 U_n 之间.

系统故障后可以被修复到任何一个运行水平.

设 $O_l(l=r,r-1,\cdots,1)$ 表示运行水平 U_l 的输出功率, 故障状态集的输出功率 $O_0=0$. 令 $\tilde{X}(t)\,(t\geqslant 0)$ 表示系统在时刻 t 的输出功率, 即 $\tilde{X}(t)=O_l$ 当且仅当 $X(t)\in U_l(l=1,2,\cdots,r)$, $\tilde{X}(t)=0$ 当且仅当 $X(t)\in D$. 则 $\{\tilde{X}(t),t\geqslant 0\}$ 是 $\{X(t),t\geqslant 0\}$ 的函数, 并且 $\{\tilde{X}(t),t\geqslant 0\}$ 的状态空间 $\tilde{\boldsymbol{S}}=\{O_r,O_{r-1},\cdots,O_0\}$. 显然, 当一些基本状态有相同或相近的运行水平时, $\tilde{\boldsymbol{S}}$ 的元素个数比 $\boldsymbol{S}$ 的少, 因此称 $\{\tilde{X}(t),t\geqslant 0\}$ 为聚合随机过程, $\{X(t),t\geqslant 0\}$ 是相应的基本随机过程. 称 $\{\tilde{X}(t),t\geqslant 0\}$ 对应的系统为多运行水平马尔可夫可修系统, $\{X(t),t\geqslant 0\}$ 对应的系统为原马尔可夫可修系统. 图 2.3 表示多运行水平马尔可夫可修系统的状态转移情况.

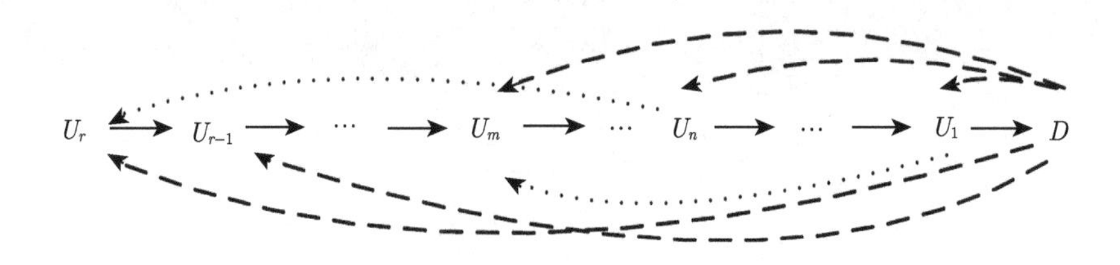

图 2.3 多运行水平马尔可夫可修系统的状态转移图

图 2.4 给出了一个多运行水平马尔可夫可修系统的样本函数曲线图及相应的工作、故障和不同的运行水平集, 其中 $D=\{1,2\}, U_1=\{3\}, U_2=\{4,5\}, U_3=\{6,7\}, U_4=\{8\}$. 图 2.4(a) 是原系统的样本函数图, 图 2.4(b) 和图 2.4(c) 是聚合系统的样本函数曲线图. U_2 和 U_1 是进行维修的状态子集. 在工作时间区间 I 内有一次从 U_2 到 U_4 的转移, 一次从 U_1 到 U_3 的转移, 表明对系统进行了一次 "修复非新" 维修和一次 "修复如新" 维修. 在工作时间区间 II 内有两次从 U_2 到 U_4 的转移, 表明对系统进行了两次 "修复如新" 的维修. 在工作区间内III内有两次从 U_1 到 U_3 的转移, 表明对系统进行了两次 "修复非新" 的维修.

在 2.1 节的例子中, 工作状态被聚合成四个运行水平 U_4,U_3,U_2 和 U_1, 输出功率分别为 $O_4=200\text{MW}, O_3=150\text{MW}, O_2=100\text{MW}, O_1=50\text{MW}$. 运行水平 U_2,U_3 分别和模型中的 U_n,U_m 对应. U_2 中的状态 5 对应二号发电机故障, 一号发电机正常. 由于二号发电机的维修使其修复如新, 系统可以被修复到最好的运行水平. 因此对系统而言, 在状态 5 进行的维修是修复如新的. 类似地, U_1 中的状态 1 对应一号发电机故障而二号发电机劣化. 虽然对一号发电机的维修是 "修复如新" 的, 但由于二号发电机处于劣化状态, 系统只能被修复到状态 7, 因而对系统而言, 修复是 "修复非新的". 当系统处于故障状态时, 一号和二号发电机都处于故障状态, 它们可以被修复到劣化或正常状态, 因而系统可以被修复到任何一个更好的运行水平.

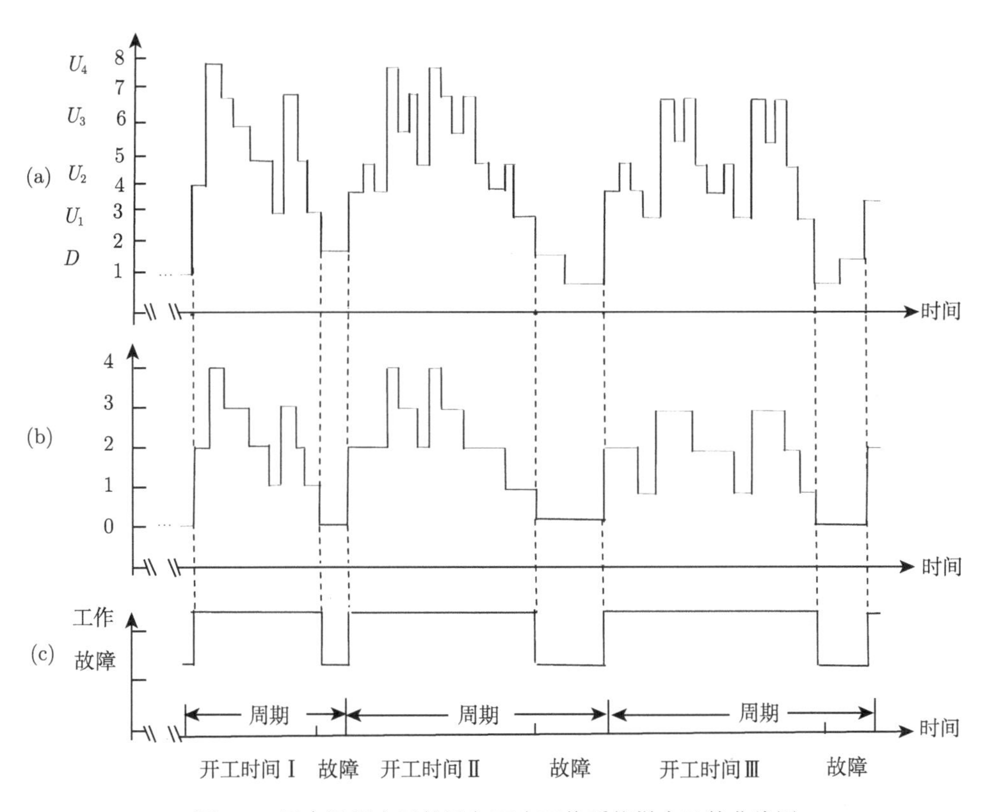

图 2.4 四个运行水平的马尔可夫可修系统样本函数曲线图

设 $\{X(t), t \geqslant 0\}$ 的转移率矩阵为 $\boldsymbol{Q} = (q_{ij})$. 根据所考虑的问题可以对矩阵 $\boldsymbol{Q}$ 及其子矩阵进行不同的分块. 根据系统处于工作还是故障状态, 可以对其进行如下分块:

$$\boldsymbol{Q} = \begin{pmatrix} \boldsymbol{Q}_{UU} & \boldsymbol{Q}_{UD} \\ \boldsymbol{Q}_{DU} & \boldsymbol{Q}_{DD} \end{pmatrix}$$

根据系统处于某个运行水平 U_m, U_m 以外的工作状态 $\tilde{U}_m$ 及故障状态可以对其进行分块, 同时将 $\boldsymbol{Q}$ 中的元素重新排列可得

$$\boldsymbol{Q}_m = \begin{pmatrix} \boldsymbol{Q}_{U_mU_m} & \boldsymbol{Q}_{U_m\tilde{U}_m} & \boldsymbol{Q}_{U_mD} \\ \boldsymbol{Q}_{\tilde{U}_mU_m} & \boldsymbol{Q}_{\tilde{U}_m\tilde{U}_m} & \boldsymbol{Q}_{\tilde{U}_mD} \\ \boldsymbol{Q}_{DU_m} & \boldsymbol{Q}_{D\tilde{U}_m} & \boldsymbol{Q}_{DD} \end{pmatrix}$$

根据运行水平的不同可以对子矩阵 $\boldsymbol{Q}_{UU}$ 进行如下分块:

$$\boldsymbol{Q}_{UU}=\begin{pmatrix} \boldsymbol{Q}_{U_rU_r} & \boldsymbol{Q}_{U_rU_{r-1}} & \cdots & \boldsymbol{Q}_{U_rU_1} \\ \boldsymbol{Q}_{U_{r-1}U_r} & \boldsymbol{Q}_{U_{r-1}U_{r-1}} & \cdots & \boldsymbol{Q}_{U_{r-1}U_1} \\ \vdots & \vdots & \ddots & \vdots \\ \boldsymbol{Q}_{U_1U_r} & \boldsymbol{Q}_{U_1U_{r-1}} & \cdots & \boldsymbol{Q}_{U_1U_1} \end{pmatrix}$$

根据从不同的运行水平转移到故障状态集, 可以对子矩阵 $\boldsymbol{Q}_{UD}$ 进行如下分块:

$$\boldsymbol{Q}_{UD}=\begin{pmatrix} \boldsymbol{Q}_{U_rD} \\ \boldsymbol{Q}_{U_{r-1}D} \\ \vdots \\ \boldsymbol{Q}_{U_1D} \end{pmatrix}$$

2.3 可用度、维修频度和故障频度

本节将利用马尔可夫过程理论得到系统的一些瞬时和稳态可靠性指标, 其中包括可用度、维修频度和故障频度.

2.3.1 可用度

考虑 2.2 节建立的多运行水平马尔可夫可修系统. 对原马尔可夫可修系统定义一个行向量 $\boldsymbol{p}(t)=(p_i(t),i\in\boldsymbol{S})$, 其元素

$$p_i(t)=P\{X(t)=i\}.$$

由式 (1.2) 可得

$$\frac{\mathrm{d}\boldsymbol{p}(t)}{\mathrm{d}t}=\boldsymbol{p}(t)\boldsymbol{Q}.$$

$\boldsymbol{p}(t)$ 的拉氏变换为

$$\boldsymbol{p}^*(s)=\boldsymbol{p}_0(s\boldsymbol{I}-\boldsymbol{Q})^{-1}, \tag{2.1}$$

其中 $\boldsymbol{p}_0$ 为系统的初始分布. 由系统假设

$$\boldsymbol{p}_0=\begin{cases} 1, & i=i_u, \\ 0, & 其他. \end{cases}$$

对式 (2.1) 两边作逆 L 变换可得 $\boldsymbol{p}(t)$.

图 2.2 中的每一个运行水平对应一个输出功率 $O_i(i=r,r-1,\cdots,1)$, 从最高输出功率 O_r 变化到最低的输出功率 O_1. 多状态系统的可用度取决于系统的输出

功率和顾客需求. 假设顾客的需求功率为常量 W, 则系统处于物理故障状态集 D 或输出功率小于 W 的运行水平时, 都认为系统处于 "故障" 状态.

设存在 $l \in \{r, r-1, \cdots, 2\}$, 使得 $O_l \geqslant W > O_{l-1}$, 则系统 t 时刻的瞬时可用度为

$$A(t) = \sum_{j=l}^{r} \sum_{i \in U_j} p_i(t). \tag{2.2}$$

如果极限 $A(\infty) = \lim\limits_{t \to \infty} A(t)$ 存在, 则称其为系统的稳态可用度. $A(\infty)$ 可以解释为系统运行长时间后, 满足顾客需求的比例.

当系统处于 "物理" 工作状态时, 可能会因为输出功率较低而被认为处于 "故障" 状态, 称这时的故障为 "非物理" 故障. 设 $A_{a|U}(t)$ 表示已知系统处于 "物理" 工作状态的条件下, 被认为处于 "工作" 状态的条件概率, 并称之为条件可用度. 易知

$$A_{a|U}(t) = \frac{A(t)}{A_U(t)}, \tag{2.3}$$

其中 $A_U(t) = \sum\limits_{i \in U} p_i(t)$. 设 $A^*(s)$, $A_U^*(s)$ 分别是 $A(t)$ 和 $A_U(t)$ 的 L 变换, 则

$$A^*(s) = \boldsymbol{p}^*(s)\tilde{\boldsymbol{e}}_a, \quad A_U^*(s) = \boldsymbol{p}^*(s)\tilde{\boldsymbol{e}}_U, \tag{2.4}$$

其中 $\tilde{\boldsymbol{e}}_a$ 是一个列向量, 对应于 $U_j (j \geqslant l)$ 中的分量为 1, 其他为 0. 类似地, $\tilde{\boldsymbol{e}}_U$ 也是一个列向量, 对应于 U 中的元素为 1, 其他为 0.

通过逆 L 变换, 由式 (2.4) 可得 $A(t)$ 和 $A_U(t)$, 再根据式 (2.3) 可得 $A_{a|U}(t)$.

2.3.2 系统的故障频度和维修频度

根据 2.3.1 节的假设, 系统的可接受状态集 $U_a = \bigcup\limits_{m=l}^{r} U_m$. 设 $U_{una} = U \bigcap \bar{U}_a$, 则 U_{una} 是系统的 "非物理" 故障状态组成的集合. 系统在时刻 t 的瞬时故障频度 $m(t)$ 是时刻 t 由可接受状态集转移到 "故障" 状态集的频度. 根据模型假设

$$m(t) = \sum_{i \in U_a} \sum_{j \in U_{una} \bigcup D} p_i(t) q_{ij}. \tag{2.5}$$

设 $r(t)$ 为系统非 "物理" 故障时的维修频度. 根据模型假设, $r(t)$ 为时刻 t 系统从运行水平 U_n 转移到 U_r 或从运行水平 U_1 转移到 U_m 的频度, 从而

$$r(t) = \sum_{i \in U_n} \sum_{j \in U_r} p_i(t) q_{ij} + \sum_{i \in U_1} \sum_{j \in U_m \bigcup D} p_i(t) q_{ij}. \tag{2.6}$$

由 L 变换的性质, 稳态故障频度

$$m(\infty) = \lim_{t \to \infty} m(t) = \lim_{s \to 0} \sum_{i \in U_a} \sum_{j \in U_{ua} \bigcup D} s p_i^*(s) q_{ij}, \tag{2.7}$$

稳态维修频度

$$r(\infty) = \lim_{t\to\infty} r(t) = \lim_{s\to 0}\left(\sum_{i\in U_n}\sum_{j\in U_r} sp_i^*(s)q_{ij} + \sum_{i\in U_1}\sum_{j\in U_m} sp_i^*(s)q_{ij}\right), \tag{2.8}$$

其中 $p_i^*(s)(i\in \boldsymbol{S})$ 是向量 $\boldsymbol{p}^*(s)$ 的元素.

2.4 多变量半马尔可夫过程

可修系统的开工时间区间开始于从故障状态转移到某个工作状态, 然后在工作状态集内的各个状态间转移, 结束于首次从工作状态转移到故障状态. 停工时间区间从系统进入某个故障状态开始, 直到通过维修使系统恢复到工作状态为止. 一个开工时间区间和其后继的停工时间区间构成一个周期. 本章讨论的多运行水平马尔可夫可修系统的运行随时间的进程是开工时间区间和停工时间区间交替出现, 并且开工时间区间是由系统在不同运行水平的逗留时间组成. 为描述多运行水平马尔可夫可修系统的运行过程, 本节建立和其对应的多变量半马尔可夫过程, 并给出过程的核.

2.4.1 多变量半马尔可夫过程的定义

假设系统在时刻 $t=0$ 开始运行. 令 $R_0=0$, 对 $l=1,2,\cdots$, 令

$$R_l = \begin{cases} \inf\limits_{t>R_{l-1}}\{t: X(t)\in D\}, & l=2k+1, \\ \inf\limits_{t>R_{l-1}}\{t: X(t)\in U\}, & l=2k. \end{cases}$$

对 $l=0,1,\cdots$, 令 $J_l = X(R_l)$, 则 J_{2l} 和 J_{2l+1} 分别表示第 $l+1$ 个周期中的开工和停工时间区间的初始状态. 对 $l=1,2,\cdots$, 令

$$\mathbf{T}_l = (T_{lr}, T_{lr-1},\cdots,T_{l1},T_{l0})^{\mathrm{T}}, \quad \mathbf{N}_l = (N_{lr}, N_{lr-1},\cdots,N_{l1})^{\mathrm{T}},$$

其中

$$T_{l0} = R_{2l}-R_{2l-1}, \quad T_{lm} = \int_{R_{2(l-1)}}^{R_{2l-1}} \mathbf{1}_{\{X(t)\in U_m\}}\mathrm{d}t,$$

$$N_{lm} = \left|t\in[R_{2(l-1)}, R_{2l-1}): X(t)\in U_m, X(t-)\notin U_m\right|, \quad m=1,2,\cdots,r,$$

则 T_{l0} 表示第 l 个周期中系统在故障状态集的逗留时间, T_{lm} 表示在运行水平 U_m 的总逗留时间 N_{lm} 表示访问 U_m 的总次数.

令 $\boldsymbol{T}_0=\mathbf{0}$, $\boldsymbol{N}_0=\mathbf{0}$, $\{(J_l,\boldsymbol{T}_l,\boldsymbol{N}_l)\} = \{(J_l,\boldsymbol{T}_l,\boldsymbol{N}_l), l=0,1,\cdots\}$ 是一个多变量半马尔可夫过程 (Ball et al., 2002), 可以用来刻画时刻 0 开始的多运行水平马尔可夫可修系统的运行过程. 下面将对该过程的半马尔可夫性做直观解释.

令

$$G_{AB}^*(s) = (s\boldsymbol{I} - \boldsymbol{Q}_{AA})^{-1}\boldsymbol{Q}_{AB}, \quad A, B \in \{U_m, \tilde{U}_m, D\},$$

$$\boldsymbol{G}_{AB} = \boldsymbol{G}_{AB}^*(0) = -\boldsymbol{Q}_{AA}^{-1}\boldsymbol{Q}_{AB},$$

其中 $\tilde{U}_m = U_m \bigcap \bar{U}(m = 1, 2, \cdots, r)$ 表示除运行水平集 U_m 以外的其他工作状态组成的集合. 用 $g_{ij}^*(s), g_{ij}(i \in A, j \in B)$ 分别表示矩阵 $\boldsymbol{G}_{AB}^*(s)$ 和 $\boldsymbol{G}_{AB}$ 的元素. 把 $g_{ij}^*(s)$ 归一化 (除以 g_{ij}), 可得到已知开始状态 $i\,(i \in A)$ 和转入状态 $j\,(j \in B)$ 的条件下, 系统从状态集 A 转移到状态集 B 时, 在状态集 A 中逗留时间密度函数的 L 变换.

下面讨论一个开工时间区间内系统在运行水平 $U_m(m = 1, 2, \cdots, r)$ 的总逗留时间分布. 当系统由 U_m 直接转移到故障状态集 D, 或间接通过状态集 $\tilde{U}_m$ 转移到故障状态集 D 时, 开工时间区间结束. 因此系统最后一次访问 U_m 时, 在其中逗留时间的 L 变换为 $\boldsymbol{G}_{U_m\tilde{U}_m}^*(s)\boldsymbol{G}_{\tilde{U}_m D} + \boldsymbol{G}_{U_m D}^*(s)$. 而一个工作时间区间可能由 $k(k = 0,\, 1, \cdots, \infty)$ 个 U_m 与 $\tilde{U}_m$ 之间的"震荡"组成, 因此

$$\sum_{k=0}^{\infty}\left(\boldsymbol{G}_{U_m\tilde{U}_m}^*(s)\boldsymbol{G}_{\tilde{U}_m U_m}\right)^k\left(\boldsymbol{G}_{U_m\tilde{U}_m}^*(s)\boldsymbol{G}_{\tilde{U}_m D} + \boldsymbol{G}_{U_m D}^*(s)\right)$$

表示已知系统一个周期内第一次访问运行水平集 U_m 的初始状态及同一个周期内停工时间区间初始状态的条件下, 在运行水平集 U_m 中总逗留时间的 L 变换. 根据几何级数的性质, 上式可表示为

$$\left(\boldsymbol{I} - \boldsymbol{G}_{U_m\tilde{U}_m}^*(s)\boldsymbol{G}_{\tilde{U}_m U_m}\right)^{-1}\left(\boldsymbol{G}_{U_m\tilde{U}_m}^*(s)\ \boldsymbol{G}_{\tilde{U}_m D} + \boldsymbol{G}_{U_m D}^*(s)\right). \tag{2.9}$$

根据 Colquhoun, Hawkes (1982) 中式 (3.23), 式 (2.9) 的逆 L 变换为

$$\exp[(\boldsymbol{Q}_{U_m\tilde{U}_m} + \boldsymbol{Q}_{U_m\tilde{U}_m}\boldsymbol{G}_{U_m\tilde{U}_m})t](\boldsymbol{Q}_{U_m\tilde{U}_m}\boldsymbol{G}_{\tilde{U}_m D} + \boldsymbol{Q}_{U_m D}).$$

由上式可知, 系统在运行水平集 U_m 中的逗留时间不再是指数分布, 而是若干个指数分布的线性组合. 另外, 由基本过程 $\{X(t), t \geqslant 0\}$ 的马尔可夫性可知, 聚合随机过程 $\{(J_l, \boldsymbol{T}_l, \boldsymbol{N}_l)\}$ 在状态转移时刻 $\{R_l, l \geqslant 1\}$ 也具有马尔可夫性. 因而 $\{(J_l, \boldsymbol{T}_l, \boldsymbol{N}_l)\}$ 是一个多变量半马尔可夫过程.

2.4.2 多变量半马尔可夫过程的核

半马尔可夫过程 $\{(J_{2l}, \boldsymbol{T}_l, \boldsymbol{N}_l)\}$ 的概率性质由下述函数矩阵决定, 称它们为该过程的核变换. 对 $\boldsymbol{s} = (s_r, s_{r-1}, \cdots, s_1)^{\mathrm{T}} \in \mathbb{R}_+^r$ 及 $\boldsymbol{\theta} = (\theta_r, \theta_{r-1}, \cdots, \theta_1)^{\mathrm{T}} \in [0, 1]^r$, 定义 $n_u \times n_d$ 维矩阵 $\boldsymbol{\Psi}(\boldsymbol{s}, \boldsymbol{\theta}) = (\psi_{ij}(\boldsymbol{s}, \boldsymbol{\theta}))$, 其中

$$\psi_{ij}(\boldsymbol{s}, \boldsymbol{\theta}) = E\left[\exp(-\boldsymbol{s}^{\mathrm{T}}\boldsymbol{T}_k')\theta^{\boldsymbol{N}_k}\mathbf{1}_{\{J_{2k-1}=j\}}\,\middle|\,J_{2(k-1)} = i\right], \quad i \in U, j \in D,$$

$$\boldsymbol{\theta}^{\boldsymbol{N}_k} = \prod_{i=1}^{r} \theta_i^{N_{ki}}, \quad \boldsymbol{T}_k' = (T_{kr}, T_{kr-1}, \cdots, T_{k1})^{\mathrm{T}},$$

则 $\psi_{ij}(\boldsymbol{s}, \boldsymbol{\theta})$ 表示第 k 个周期中 (由马尔可夫性, 可以认为是任何一个周期), 已知开工时间区间的初始状态及后继停工时间的初始状态时, 系统在各个运行水平总逗留时间的联合矩母函数 (Joint Moment Generating Function) 及总访问次数的联合概率母函数 (Joint Generating Function).

类似地, 对 $s_D \in R^+$, 令 $\boldsymbol{\Psi}^D(s_D) = (\psi_{ij}^D(s_D))$, 其中

$$\psi_{ij}^D(s_D) = E\left(\exp(-s_D T_{k0}) \mathbf{1}_{\{J_{2k}=j\}} \,|J_{2k-1} = i\right), \quad i \in U, j \in D,$$

则 $\boldsymbol{\Psi}^D(s_D)$ 为 $n_u \times n_d$ 维矩阵, $\psi_{ij}^D(\theta_D)$ 表示第 k 个周期中 (由系统的马尔可夫性, 也可以认为是任何一个周期中), 已知停工时间区间的初始状态及后继开工时间区间的初始状态条件下, 系统在故障状态集逗留时间的 L 变换. 由式 (1.7) 可得

$$\boldsymbol{\Psi}^D(s_D) = (s_D \boldsymbol{I} - \boldsymbol{Q}_{DD})^{-1} \boldsymbol{Q}_{DU}.$$

假设 $X(0) = i \in U_n$, 令 $U' = \inf\{t > 0, X(t) \neq i\}$, $J' = X(U')$. 对 $i \in U_n$ 且 $j \in D$, 以系统第一次发生状态转移的时刻 U' 和转移后所处的状态 J' 为条件, 可得

$$\begin{aligned} \psi_{ij}(\boldsymbol{s}, \boldsymbol{\theta}) = & \int_0^{\infty} -q_{ii} \mathrm{e}^{q_{ii} u} \sum_{l \neq i} \left(-\frac{q_{il}}{q_{ii}}\right) E \\ & \times \left[\exp(-\boldsymbol{s}^{\mathrm{T}} \boldsymbol{T}_1') \boldsymbol{\theta}^{\boldsymbol{N}_1} \mathbf{1}_{\{J_1=j\}} \,|J' = l, U' = u\right] \mathrm{d}u. \end{aligned} \tag{2.10}$$

由于系统只能从 U_n 转移到 $U_r \bigcup U_{n-1}$ 或在 U_n 内发生转移, 因此式 (2.10) 可化为

$$\begin{aligned} \psi_{ij}(\boldsymbol{s}, \boldsymbol{\theta}) = & \int_0^{\infty} -q_{ii} \mathrm{e}^{q_{ii} u} \sum_{l \neq i, l \in U_n \bigcup U_r \bigcup U_{n-1}} \left(-\frac{q_{il}}{q_{ii}}\right) E \\ & \times \left[\exp(-\boldsymbol{s}^{\mathrm{T}} \boldsymbol{T}_1') \boldsymbol{s}^{\boldsymbol{N}_1} \mathbf{1}_{\{J_1=j\}} \,|J' = l, U' = u\right] \mathrm{d}u. \end{aligned} \tag{2.11}$$

如果 $l \in U_n$, 且 $l \neq i$, 系统首次转移后仍然处于运行水平集 U_n 中. 由半马尔可夫性, 系统在除 U_n 之外的其他运行水平的总逗留时间及对所有运行水平的访问次数和开始于状态 l 结束于状态 j 的开工时间区间内的总逗留时间、访问次数相同. 而在运行水平 U_n 中的总逗留时间为两部分之和: 一部分是 u, 另一部分是开始于状态 l 结束于状态 j 的开工时间区间内所包含的 U_n 中的总逗留时间, 因此

$$E\left(\exp(-\boldsymbol{s}^{\mathrm{T}} \boldsymbol{T}_1') \boldsymbol{\theta}^{\boldsymbol{N}_1} 1_{\{J_1=j\}} \,|J' = l, U' = u\right) = \mathrm{e}^{-s_n u} \psi_{lj}(\boldsymbol{s}, \boldsymbol{\theta}).$$

当 $l \in U_r \bigcup U_{n-1}$ 时, 系统在运行水平集 U_n 中的状态 i 逗留 u 单位时间后转移到运行水平集 U_r 或 U_{n-1}, 因此在运行水平集 U_n 的总逗留时间为 u 与开始于状态 l 结束于状态 j 的开工时间区间中所包含的 U_n 中的逗留时间之和. 类似地, 访问 U_n 的次数为开始于状态 l 结束于状态 j 的开工时间内访问 U_n 的次数与 1 的和. 对除 U_n 之外的其他运行水平集而言, 逗留时间和访问次数与开始于状态 l 结束于状态 j 的开工时间区间内的总逗留时间和访问次数相同. 所以, 对 $l \in U_r \bigcup U_{n-1}$, 有

$$E\left(\exp(-\boldsymbol{s}^{\mathrm{T}}\boldsymbol{T}_1')\boldsymbol{\theta}^{\boldsymbol{N}_1}1_{\{J_1=j\}}\,|J'=l,U'=u\right)=\mathrm{e}^{-s_n u}\theta_n\psi_{lj}(\boldsymbol{s},\boldsymbol{\theta}).$$

总而言之

$$E\left(\exp(-\boldsymbol{s}^{\mathrm{T}}\boldsymbol{T}_1')\boldsymbol{\theta}^{\boldsymbol{N}_1}1_{\{J_1=j\}}\,|J'=l,U'=u\right)$$
$$=\begin{cases}\mathrm{e}^{-s_n u}\psi_{lj}(\boldsymbol{s},\boldsymbol{\theta}), & 若 l\in U_n 且 l\neq i,\\ \mathrm{e}^{-s_n u}\theta_n\psi_{lj}(\boldsymbol{s},\boldsymbol{\theta}), & 若 l\in U_r\bigcup U_{n-1}.\end{cases}$$

把上式代入式 (2.11) 可得, 当 $i \in U_n$ 并且 $j \in D$ 时, 有

$$\psi_{ij}(\boldsymbol{s},\boldsymbol{\theta})=\sum_{l\in U_n\setminus\{i\}}\left(\frac{q_{il}}{s_n-q_{ii}}\right)\psi_{lj}(\boldsymbol{s},\boldsymbol{\theta})+\sum_{l\in U_r\bigcup U_{n-1}}\left(\frac{q_{il}}{s_n-q_{ii}}\right)\theta_n\psi_{lj}(\boldsymbol{s},\boldsymbol{\theta}).$$

上式两端乘以 $s_n - q_{ii}$, 整理得

$$s_n\psi_{ij}(\boldsymbol{s},\boldsymbol{\theta})=\sum_{l\in U_n}q_{il}\psi_{lj}(\boldsymbol{s},\boldsymbol{\theta})+\sum_{l\in U_r\bigcup U_{n-1}}\theta_n q_{il}\psi_{lj}(\boldsymbol{s},\boldsymbol{\theta}).\tag{2.12}$$

类似地, 对 $i \in U_1$, $j \in D$, 有

$$s_1\psi_{ij}(\boldsymbol{s},\boldsymbol{\theta})=\theta_1 q_{ij}+\sum_{l\in U_1}q_{il}\psi_{lj}(\boldsymbol{\theta},\boldsymbol{s})+\sum_{l\in U_m}\theta_1 q_{il}\psi_{lj}(\boldsymbol{s},\boldsymbol{\theta}).\tag{2.13}$$

在此情形下, 系统可以直接由 U_1 转移到 D, 系统在第一个周期内仅访问 U_1 一次, 不访问其他运行水平, 并且在 U_1 中的逗留时间为 u, 因此, 当 $i \in U_1$, $l = j \in D$ 时, 有

$$E\left(\exp(-\boldsymbol{s}^{\mathrm{T}}\boldsymbol{T}_1')\boldsymbol{\theta}^{\boldsymbol{N}_1}1_{\{J_1=j\}}\,|J'=l,U=u\right)=\mathrm{e}^{-s_1 u}\theta_1,$$

由此可得到式 (2.13) 中的第一项. 用类似于推导式 (2.12) 的方法可以得到式 (2.13) 中的第二项和第三项.

同理, 对 $i \in U_k$ $(k \neq 1, k \neq n)$, 有

$$s_l\psi_{ij}(\boldsymbol{s},\boldsymbol{\theta})=\sum_{l\in U_k}q_{il}\psi_{lj}(\boldsymbol{s},\boldsymbol{\theta})+\sum_{l\in U_{k-1}}\theta_l q_{il}\psi_{lj}(\boldsymbol{s},\boldsymbol{\theta}).\tag{2.14}$$

定义下列 $n_u \times n_u$ 维分块对角矩阵

$$\boldsymbol{\Theta} = \mathrm{diag}\{\theta_r \boldsymbol{I}_{n_r}, \theta_{r-1}\boldsymbol{I}_{n_{r-1}}, \cdots, \theta_1 \boldsymbol{I}_{n_1}\},$$

$$\boldsymbol{S} = \mathrm{diag}\{s_r \boldsymbol{I}_{n_r}, s_{r-1}\boldsymbol{I}_{n_{r-1}}, \cdots, s_1 \boldsymbol{I}_{n_1}\},$$

$$\boldsymbol{Q}_{UU}^{D} = \mathrm{diag}\{\boldsymbol{Q}_{U_r U_r}, \boldsymbol{Q}_{U_{r-1}U_{r-1}}, \cdots, \boldsymbol{Q}_{U_1 U_1}\},$$

$$\boldsymbol{Q}_{UU-1}^{1} = \mathrm{diag}\{\boldsymbol{Q}_{U_r U_{r-1}}, \boldsymbol{Q}_{U_{r-1}U_{r-2}}, \cdots, \boldsymbol{Q}_{U_2 U_1}, 0\},$$

$$\boldsymbol{Q}^{n1} = \mathrm{diag}\{0, \cdots, 0, \boldsymbol{Q}_{U_n U_r}, 0 \cdots, 0, \boldsymbol{Q}_{U_1 U_m}\},$$

其中 $\boldsymbol{I}_{n_l}$ $(l = r, r-1, \cdots, 1)$ 为 $n_l \times n_l$ 维单位矩阵, $\mathbf{0}$ 为零矩阵. $\boldsymbol{Q}_{UU}^{D}$ 是每个运行水平集内的转移率矩阵. $\boldsymbol{Q}_{UU-1}^{1}$ 是由高运行水平集到低运行水平集的转移率矩阵, 可以用来描述系统的劣化过程. $\boldsymbol{Q}^{n1}$ 是由低运行水平集到高运行水平集的转移率矩阵, 可以用来描述维修过程. 把式 (2.12)—(2.14) 表示成矩阵形式, 可得

$$\boldsymbol{S\Psi}(\boldsymbol{s}, \boldsymbol{\theta}) = \boldsymbol{\Theta Q}_{UD} + \boldsymbol{Q}_{UU}^{D}\boldsymbol{\Psi}(\boldsymbol{s}, \boldsymbol{\theta}) + \boldsymbol{\Theta}(\boldsymbol{Q}_{UU-1}^{1} + \boldsymbol{Q}^{n1})\boldsymbol{\Psi}(\boldsymbol{s}, \boldsymbol{\theta}). \tag{2.15}$$

解方程组 (2.15) 得

$$\boldsymbol{\Psi}(\boldsymbol{s}, \boldsymbol{\theta}) = (\boldsymbol{S} - \boldsymbol{Q}_{UU}^{D} - \boldsymbol{\Theta}(\boldsymbol{Q}_{UU-1}^{1} + \boldsymbol{Q}^{n1}))^{-1}\boldsymbol{\Theta Q}_{UD}.$$

2.5 随机时间分布

本节讨论多运行水平马尔可夫可修系统处于稳态时的一些时间分布, 如开工时间区间、停工时间区间、周期长度、一个周期内系统在各个运行水平的总逗留时间、一个周期内的可接受时间等. 同时还考虑了一个周期内系统访问各个运行水平的次数及开工时间区间的总输出.

为求系统的稳态时间分布, 需要给出开工时间区间开始于工作状态集 U 中任何一个状态的概率, 用 $\boldsymbol{u}_u$ 表示这一概率向量. 注意到开工时间区间的开始时刻是由某个故障状态转移到正常状态的时刻, 因此

$$\boldsymbol{u}_u = \frac{\boldsymbol{p}_D(\infty)\boldsymbol{Q}_{DU}}{\boldsymbol{p}_D(\infty)\boldsymbol{Q}_{DU}\boldsymbol{e}_U}, \tag{2.16}$$

其中 $\boldsymbol{p}_D(\infty) = (p_i(\infty), i \in D)$ 是系统稳态时, 处于 D 各个状态的概率. 如果没有特殊说明, 下面中的时间分布和访问次数分布都是在系统处于稳态的条件下得到的.

2.5.1 开工时间

对 $\boldsymbol{s}\in\mathbb{R}_+^r$, 令 $\tilde{\boldsymbol{\Psi}}(\boldsymbol{s})=(\tilde{\psi}_{ij}(\boldsymbol{s}))(i\in U,j\in D)$ 为表示 k 个周期中 (由系统的马尔可夫性, 也可以认为是任何一个周期中), 已知开工时间区间的初始状态和后继停工时间区间初始状态的条件下, 系统在各个运行水平中总逗留时间的联合矩母函数. 即

$$\tilde{\psi}_{ij}(\boldsymbol{s})=E\left[\exp(-\boldsymbol{s}^{\mathrm{T}}\boldsymbol{T}'_k)\mathbf{1}_{\{J_{2k-1}=j\}}\middle|J_{2(k-1)}=i\right],\quad i\in U,j\in D.$$

由 $\boldsymbol{\Psi}(\boldsymbol{\theta},\boldsymbol{s})$ 的定义可知

$$\tilde{\boldsymbol{\Psi}}(\boldsymbol{s})=\boldsymbol{\Psi}(\boldsymbol{s},\mathbf{1})=(\boldsymbol{S}-\boldsymbol{Q}_{UU}^D-\boldsymbol{Q}_{UU-1}^1-\boldsymbol{Q}^{n1})^{-1}\boldsymbol{Q}_{UD}.$$

设 $\boldsymbol{\Psi}^u(\boldsymbol{s})=(\psi_{ij}^u(s))(i\in U,j\in D)$ 表示已知开工时间区间的初始状态和后继停工时间区间初始状态的条件下, 开工时间区间的 L 变换. 在 $\tilde{\psi}_{ij}(\boldsymbol{s})$ 中令 $\boldsymbol{s}=(s,s,\cdots,s)$ 可得 $\psi_{ij}^u(s)$, 整理得

$$\boldsymbol{\Psi}^u(s)=\left(s\boldsymbol{I}-\boldsymbol{Q}_{UU}^D-\boldsymbol{Q}_{UU-1}^1-\boldsymbol{Q}^{n1}\right)^{-1}\boldsymbol{Q}_{UD}.\tag{2.17}$$

令 $f_u^*(s)$ 为系统稳态条件下, 一个开工时间区间的 L 变换. 由式 (2.16) 和式 (2.17) 可得

$$f_u^*(s)=\boldsymbol{u}_u\boldsymbol{\Psi}^u(s)\boldsymbol{e}_D.\tag{2.18}$$

当系统由工作状态集 U 中的状态转入故障状态集中的任何一个状态时, 开工时间区间结束, 所以式 (2.18) 右乘一个所有分量均为 1 的向量 $\boldsymbol{e}_D$, 以便对所有可能的情况做加法.

2.5.2 周期长度

由系统的半马尔可夫性, 已知开工时间区间的结束状态和后继停工时间区间的开始状态时, 开工时间和停工时间相互独立. 设一个周期长度的 L 变换为 $f_c^*(s)$, 由式 (2.17) 和 $\boldsymbol{\Psi}^D(s_D)$ 的定义及 L 变换的性质可得

$$f_c^*(s)=\boldsymbol{u}_u\left(s\boldsymbol{I}-\boldsymbol{Q}_{UU}^D-\boldsymbol{Q}_{UU-1}^1-\boldsymbol{Q}^{n1}\right)^{-1}\boldsymbol{Q}_{UD}(s\boldsymbol{I}-\boldsymbol{Q}_{DD})^{-1}\boldsymbol{Q}_{DU}\boldsymbol{e}_U.\tag{2.19}$$

2.5.3 不同运行水平集的逗留时间

对多运行水平马尔可夫可修系统而言, 一个开工时间区间内, 系统在一个或多个运行水平的逗留时间是一项重要的可靠性指标.

对任意的 $k\in\{r,r-1,\cdots,1\}$, 令 r 维向量 $\boldsymbol{s}^k=(0,0,\cdots,0,s,0,\cdots,0)^{\mathrm{T}}$, 其中 s 是向量的第 $(r+1-k)$ 个元素. 记 $\tilde{\boldsymbol{\Psi}}(\boldsymbol{s}^k)$ 为 $\boldsymbol{\Psi}^{U_k}(s)$, 则一个开工时间区间内, 系统在运行水平集 U_k 的总逗留时间的 L 变换

$$f_k^*(s)=\boldsymbol{u}_u\boldsymbol{\Psi}^{U_k}(s)\boldsymbol{e}_D.\tag{2.20}$$

设工作状态集 U 的一个子集 $A=\bigcup\limits_{m\in\tilde{s}'}U_m$, 考虑一个周期内系统在 A 中的总逗留时间分布. 令 $\boldsymbol{s}^A$ 为一 r 维列向量, $s_m\,(m=1,2,\cdots,r)$ 为其分量, 且当 $m\in\tilde{s}'$ 时, $s_m=s$, 当 $m\notin\tilde{s}'$ 时, $s_m=0$. 记 $\tilde{\boldsymbol{\Psi}}(s^A)$ 为 $\boldsymbol{\Psi}^A(s)$, 则一个开工时间区间内系统在 A 中的总逗留时间的 L 变换为

$$f_A^*(s)=\boldsymbol{u}_u\boldsymbol{\Psi}^A(s)\boldsymbol{e}_D. \tag{2.21}$$

特别地, 令 $\boldsymbol{s}^a$ 为一 r 维列向量, 其分量 $s_r=s_{r-1}=\cdots=s_l=s$, $s_{l-1}=s_{l-2}=\cdots=s_1=0$. 记 $\tilde{\boldsymbol{\Psi}}(\boldsymbol{s}^a)$ 为 $\boldsymbol{\Psi}^a(s)$, 则由式 (2.21) 可以得到一个开工时间区间内可接受时间的 L 变换为

$$f_a^*(s)=\boldsymbol{u}_u\boldsymbol{\Psi}^a(s)\boldsymbol{e}_D. \tag{2.22}$$

2.5.4 一个开工时间区间的总输出

对 $m=r,r-1,\cdots,1$, 令 $c_m\in(0,+\infty)$ 表示单位时间内多运行水平马尔可夫系统处于运行水平集 U_m 的输出, 即系统处于 U_m 内的任何一个状态时, 单位时间内的输出均为 c_m. 设 $\boldsymbol{c}=(c_r,c_{r-1},\cdots,c_1)^{\mathrm{T}}$, $\boldsymbol{C}=\mathrm{diag}\{c_r\boldsymbol{I}_{n_r},c_{r-1}\boldsymbol{I}_{n_{r-1}},\cdots,c_1\boldsymbol{I}_{n_1}\}$. 用 $\boldsymbol{\Psi}_W(w)$ 表示已知开工时间区间和后继停工时间区间初始状态的条件下, 开工时间区间内总输出的 L 变换, 则 $\boldsymbol{\Psi}_W(w)=\tilde{\boldsymbol{\Psi}}(wc)$. 由式 (2.17) 可得

$$\boldsymbol{\Psi}_W(w)=\left(w\boldsymbol{C}-\boldsymbol{Q}_{UU}^D-\boldsymbol{Q}_{UU-1}^1-\boldsymbol{Q}^{n1}\right)^{-1}\boldsymbol{Q}_{UD}, \tag{2.23}$$

整理得

$$\boldsymbol{\Psi}_W(w)=\left(w\boldsymbol{I}-\boldsymbol{C}^{-1}\left(\boldsymbol{Q}_{UU}^D+\boldsymbol{Q}_{UU-1}^1+\boldsymbol{Q}^{n1}\right)\right)^{-1}\boldsymbol{C}^{-1}\boldsymbol{Q}_{UD}.$$

设 $\boldsymbol{Q}'_{UU}=\boldsymbol{C}^{-1}\left(\boldsymbol{Q}_{UU}^D+\boldsymbol{Q}_{UU-1}^1+\boldsymbol{Q}^{n1}\right)$, $\boldsymbol{Q}'_{UD}=\boldsymbol{C}^{-1}\boldsymbol{Q}_{UD}$. 令 $\boldsymbol{W}$ 表示系统处于稳态条件下一个开工时间区间内的总输出, 则 $\boldsymbol{W}$ 的概率密度函数为

$$f^{\boldsymbol{W}}(w)=\boldsymbol{u}_u\exp\left(\boldsymbol{Q'}_{UU}^{w}\right)\boldsymbol{Q}'_{UD}\boldsymbol{e}_D. \tag{2.24}$$

由 L 变换的性质, 可得平均开工时间

$$E^u=-\left.\frac{\mathrm{d}f_u^*(s)}{\mathrm{d}s}\right|_{s=0}.$$

类似地, 分别由式 (2.19), (2.20), (2.22) 和 (2.23) 可得平均周期长度 E^c, 一个开工时间区间内系统在各个运行水平的平均总逗留时间 $E^k(k=r,r-1,\cdots,1)$, 平均可接受时间 E^a, 平均总输出 E^W. 通过逆 L 变换可得它们的概率密度函数并把它们分别记为 $f^u(t)$, $f^c(t)$, $f^k(t)$, $f^a(t)$ 和 $f^W(w)$.

2.6 访问次数分布

对 $\boldsymbol{\theta} \in [0,1]^r$, 令 $\boldsymbol{H}(\boldsymbol{\theta}) = (h_{ij}(\boldsymbol{\theta}))$, 其中

$$h_{ij}(\boldsymbol{\theta}) = E[\boldsymbol{\theta}^{\boldsymbol{N}_k} 1_{\{J_{2l-1}=j\}} \big| J_{2(l-1)} = i], \quad i \in U, J \in D$$

表示第 l 个周期内 (由过程的马尔可夫性, 可以认为是任意一个周期内), 已知开工时间区间和停工时间区间初始状态的条件下, 系统访问各个运行水平总次数的联合概率母函数. 由 $\boldsymbol{\Psi}(\boldsymbol{s},\boldsymbol{\theta})$ 的定义可知 $\boldsymbol{H}(\boldsymbol{\theta}) = \boldsymbol{\Psi}(\boldsymbol{0},\boldsymbol{\theta})$, 从而

$$\boldsymbol{H}(\boldsymbol{\theta}) = \left(-\boldsymbol{Q}_{UU}^{D} - \boldsymbol{\theta}\left(\boldsymbol{Q}_{UU-1}^{1} + \boldsymbol{Q}^{n1}\right)\right)^{-1} \boldsymbol{\theta}\boldsymbol{Q}_{UD}.$$

设 $\boldsymbol{\theta}^k = (1, 1, \cdots 1, \theta, 1 \cdots, 1)^{\mathrm{T}}$ 是一个 r 维列向量, 其中 θ 是向量 $\boldsymbol{\theta}^k$ 的第 $(r+1-k)$ 个元素. 记 $\boldsymbol{H}(\theta^k)$ 为 $\boldsymbol{H}^k(\theta)$, 则一个周期内系统访问运行水平集 U_k 总次数的概率母函数

$$\varphi^k(\theta) = \boldsymbol{u}_u \boldsymbol{H}^k(\theta) \boldsymbol{e}_D. \tag{2.25}$$

下面求一个周期内系统访问 2.5.3 节定义的状态子集 A 的总次数. 设 $\boldsymbol{\theta}^A$ 是一个 r 维列向量, $\theta_m\,(m = 1, 2, \cdots, r)$ 为其分量, 且当 $m \in \tilde{s}'$ 时, $\theta_m = \theta$, 当 $m \notin \tilde{s}'$ 时, $\theta_m = 1$. 记 $\boldsymbol{H}(\theta^A)$ 为 $\boldsymbol{H}^A(\theta)$, 则一个周期内系统访问状态子集 A 的总次数的概率母函数

$$\varphi^A(\theta) = \boldsymbol{u}_u \boldsymbol{H}^A(\theta) \boldsymbol{e}_D.$$

特别地, 令 $\boldsymbol{\theta}^a$ 为 r 维列向量, 其分量 $\theta_r = \theta_{r-1} = \cdots = \theta_l = \theta$, $\theta_{l-1} = \theta_{l-2} = \cdots = \theta_1 = 1$. 令 $\boldsymbol{H}^a(\theta) = \boldsymbol{H}(\boldsymbol{\theta}^a)$, 则一个开工时间区间内系统访问可接受状态集的概率母函数为

$$\varphi^a(\theta) = \boldsymbol{u}_u \boldsymbol{H}^a(\theta) \boldsymbol{e}_D. \tag{2.26}$$

由概率母函数的性质, 系统一个周期内访问运行水平集 U_k 的平均次数为

$$E_N^k = \left.\frac{\mathrm{d}\varphi^k(s)}{\mathrm{d}s}\right|_{s=1}.$$

类似地, 由式 (2.26) 可以得到一个周期内访问可接受集的平均次数 E_N^a.

2.7 数值算例

2.7.1 系统的可靠性评估

本节将通过一个数值算例说明结论的应用. 考虑一个多运行水平马尔可夫可修系统. 设其状态空间 $\boldsymbol{S} = \{10, 9, \cdots, 0\}$, 工作状态集 $U = \{10, 9, \cdots, 1\}$, 故障状

态集 $D=\{0\}$, 工作状态集被聚合成四个不同的运行水平集 U_4, U_3, U_2 和 U_1, 其中 $U_4=\{10\}, U_3=\{9,8,7\}, U_2=\{6,5,4\}, U_1=\{3,2,1\}$, 并且它们的输出功率递减. 表 2.2 给出了各个运行水平集的输出功率.

表 2.2　各个运行水平集的输出功率

运行水平	4	3	2	1
O_i(MW)	200	150	100	50

假设在时刻 0 系统处于最高的运行水平集 U_4 中, 当系统劣化到运行水平集 U_2 时, 实施完全维修 ("修复如新" 的维修), 劣化到运行水平集 U_1 时, 实施不完全维修. 修复后系统从 U_2 转移到 U_4, U_1 转移到 U_3, 从物理故障状态集 D 可以转移到任何一个运行水平集. 假设顾客需求为 75MW, 则由表 2.2 可得, 可接受集 $U_a=\bigcup_{m=2}^{4} U_m$.

设 $\boldsymbol{Q}$ 为原马尔可夫系统对应的转移率矩阵, 对它做如下分块:

$$\boldsymbol{Q}=\begin{pmatrix} \boldsymbol{Q}_{U_4U_4} & \boldsymbol{Q}_{U_4U_3} & \boldsymbol{Q}_{U_4U_2} & \boldsymbol{Q}_{U_4U_1} & \boldsymbol{Q}_{U_4D} \\ \boldsymbol{Q}_{U_3U_4} & \boldsymbol{Q}_{U_3U_3} & \boldsymbol{Q}_{U_3U_2} & \boldsymbol{Q}_{U_3U_1} & \boldsymbol{Q}_{U_3D} \\ \boldsymbol{Q}_{U_2U_4} & \boldsymbol{Q}_{U_2U_3} & \boldsymbol{Q}_{U_2U_2} & \boldsymbol{Q}_{U_2U_1} & \boldsymbol{Q}_{U_2D} \\ \boldsymbol{Q}_{U_1U_4} & \boldsymbol{Q}_{U_1U_3} & \boldsymbol{Q}_{U_1U_2} & \boldsymbol{Q}_{U_1U_1} & \boldsymbol{Q}_{U_1D} \\ \boldsymbol{Q}_{DU_4} & \boldsymbol{Q}_{DU_3} & \boldsymbol{Q}_{DU_2} & \boldsymbol{Q}_{DU_1} & \boldsymbol{Q}_{DD} \end{pmatrix}.$$

$\boldsymbol{Q}$ 的子矩阵如下:

$$\boldsymbol{Q}_{DU_4}=(1),\quad \boldsymbol{Q}_{DU_3}=(2,2,2),\quad \boldsymbol{Q}_{DU_2}=(3,3,3),\quad \boldsymbol{Q}_{DU_1}=(4,4,4),$$

$$\boldsymbol{Q}_{DD}=(-28),\quad \boldsymbol{Q}_{U_4U_4}=(-21),\quad \boldsymbol{Q}_{U_4U_3}=(8,7,6),$$

$$\boldsymbol{Q}_{U_3U_3}=\begin{pmatrix} -22 & 5 & 4 \\ 3 & -12 & 1 \\ 1 & 2 & -14 \end{pmatrix},\quad \boldsymbol{Q}_{U_3U_2}=\begin{pmatrix} 6 & 4 & 3 \\ 5 & 2 & 1 \\ 3 & 4 & 4 \end{pmatrix},$$

$$\boldsymbol{Q}_{U_2U_2}=\begin{pmatrix} -23 & 4 & 3 \\ 2 & -16 & 2 \\ 2 & 2 & -15 \end{pmatrix},\quad \boldsymbol{Q}_{U_2U_1}=\begin{pmatrix} 5 & 3 & 2 \\ 4 & 2 & 1 \\ 3 & 2 & 2 \end{pmatrix},$$

$$\boldsymbol{Q}_{U_1U_1}=\begin{pmatrix} -19 & 2 & 3 \\ 3 & -19 & 1 \\ 2 & 1 & -14 \end{pmatrix},\quad \boldsymbol{Q}_{U_1U_3}=\begin{pmatrix} 4 & 3 & 3 \\ 5 & 6 & 1 \\ 3 & 2 & 4 \end{pmatrix},$$

$$\boldsymbol{Q}_{U_2U_4}=\begin{pmatrix}6\\5\\4\end{pmatrix},\quad \boldsymbol{Q}_{U_1D}=\begin{pmatrix}4\\3\\2\end{pmatrix}.$$

根据模型假设, 其他没有给出的矩阵子块均为零矩阵.

根据式 (2.3) 和式 (2.4), 用 Matlab 软件作逆 L 变换, 可得瞬时可用度 $A(t)$ 和瞬时条件可用度 $A_{a|u}(t)$(见图 2.5). 它们的表达式很繁琐, 在此不再列出. 求极限可得稳态可用度 $A(\infty)=0.7689$ 和稳态条件可用度 $A_{a|u}(\infty)=0.7871$. 类似地, 可得到瞬时故障频度和瞬时维修频度 (见图 2.6 和图 2.7), 它们的稳态值 $m(\infty)=2.4943, r(\infty)=3.6944$.

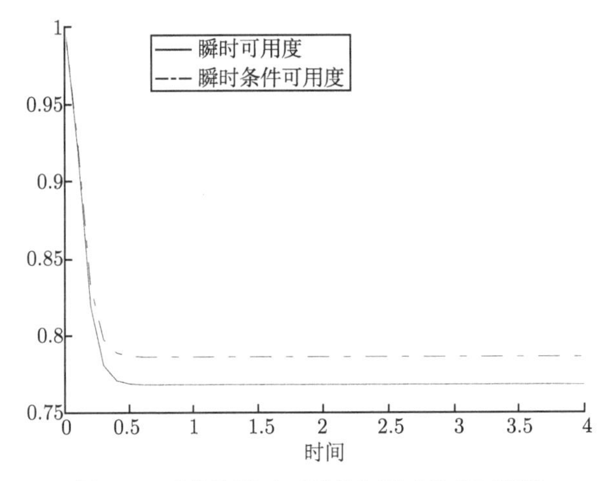

图 2.5 系统的瞬时可用度和瞬时条件可用度

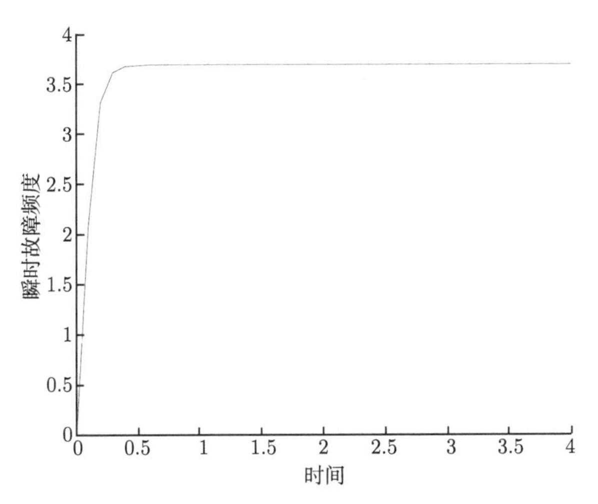

图 2.6 系统的瞬时故障频度

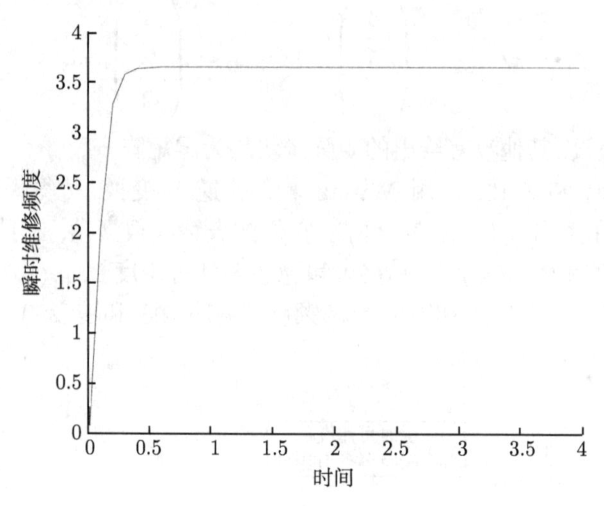

图 2.7　系统的瞬时维修频度

解方程组

$$\begin{cases} \boldsymbol{p}(\infty)\boldsymbol{Q} = \boldsymbol{0}, \\ \boldsymbol{p}(\infty)\boldsymbol{e}_S = 1, \end{cases}$$

可得到系统的稳态分布. 代入式 (2.16) 得

$$\boldsymbol{u}_u = (0.0358,0.0714,0.0714,0.0714,0.1071,0.1071,0.1071,0.1429,0.1429,0.1429)$$

用 Matlab 软件对式 (2.18) 和式 (2.19) 两边作逆 L 变换, 可得开工时间和周期长度的密度函数 $f^u(t)$ 和 $f^c(t)$. 图 2.8 和图 2.9 是相应的密度函数曲线.

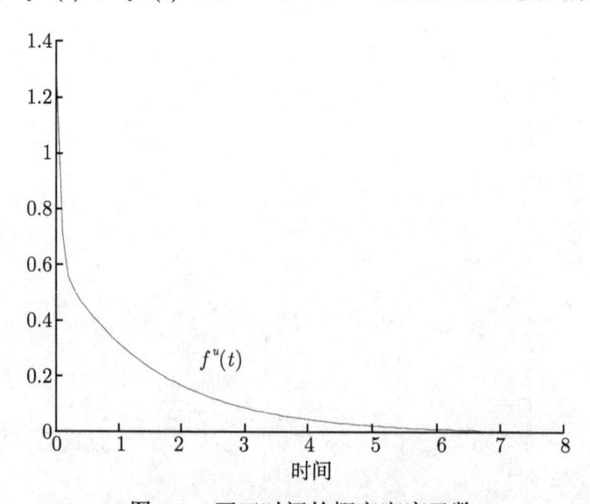

图 2.8　开工时间的概率密度函数

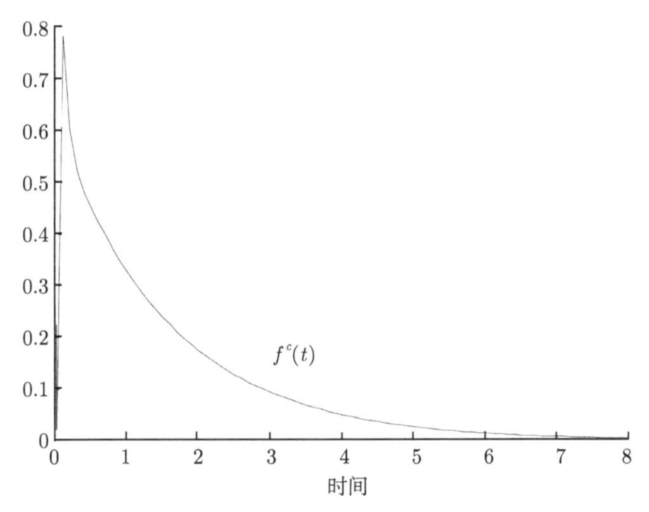

图 2.9 周期长度的概率密度函数

类似地, 令

$$s^4 = (s, 0, 0, 0)^{\mathrm{T}}, \quad s^3 = (0, s, 0, 0)^{\mathrm{T}},$$

$$s^2 = (0, 0, s, 0)^{\mathrm{T}}, \quad s^1 = (0, 0, 0, s)^{\mathrm{T}}, \quad s^a = (s, s, s, 0)^{\mathrm{T}},$$

由式 (2.20)—式 (2.22) 可得到系统在四个运行水平的概率密度函数 $f^i(t)(i = 1, 2, 3, 4)$, 一个周期内可接受时间的概率密度函数 $f^a(t)$. 图 2.10 和图 2.11 是相应的密度函数曲线.

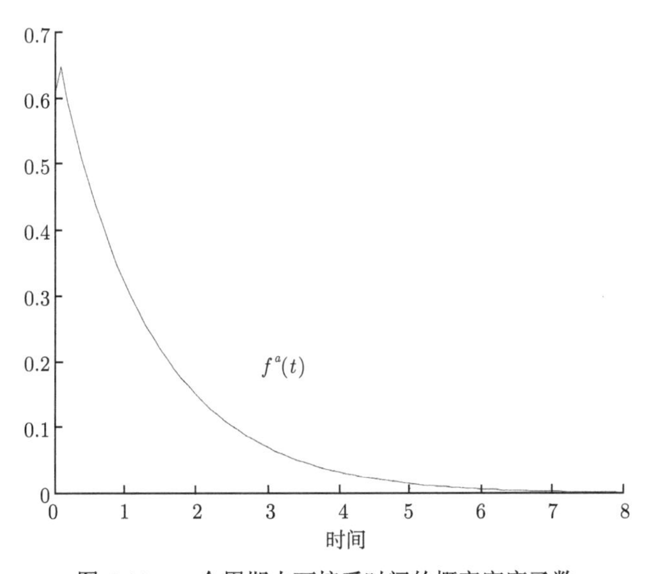

图 2.10 一个周期内可接受时间的概率密度函数

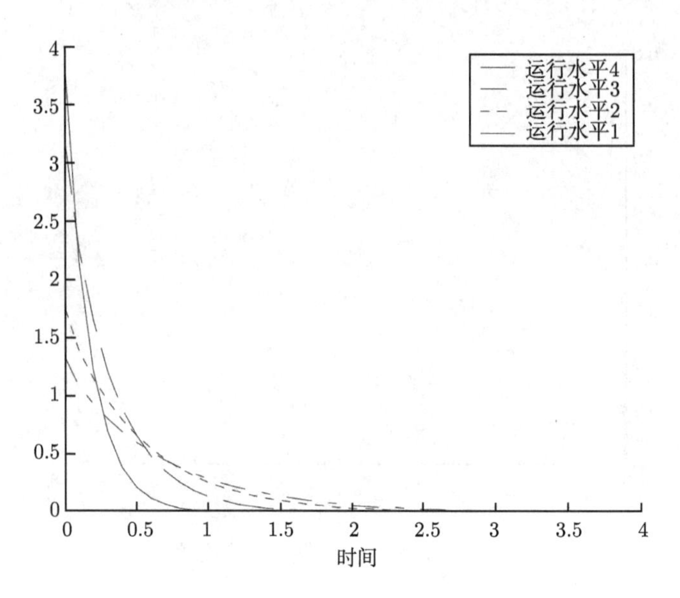

图 2.11　四个运行水平逗留时间的概率密度函数

根据表 2.2, 输出功率向量 $\boldsymbol{c} = (200, 150, 100, 50)^{\mathrm{T}}$, 由式 (2.24) 可得一个开工时间区间内系统输出的概率密度函数 $f^W(w)$(见图 2.12).

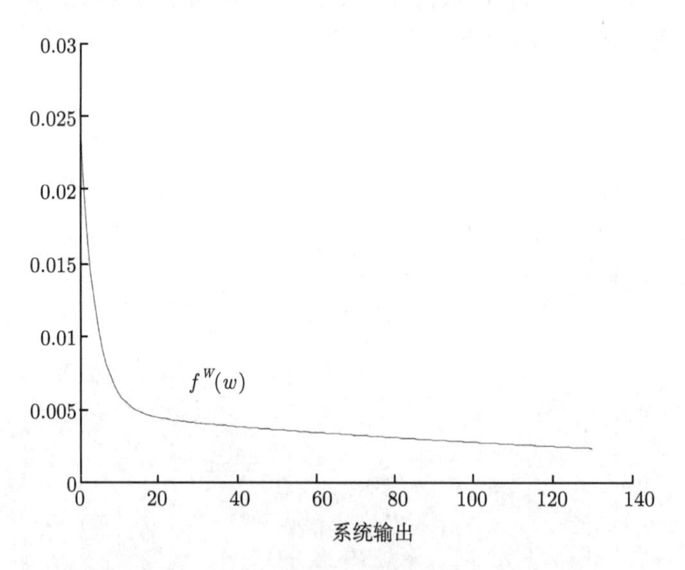

图 2.12　一个开工时间总输出的概率密度函数

通过 Matlab 软件, 用 2.5 节给出的方法可以得到平均开工时间、平均周期长度、一个周期内的平均可接受时间、在四个运行水平的平均逗留时间等, 计算结果见表 2.3.

表 2.3 平均时间和平均系统总输出

E^u	E	E	E	E	E	E	E^W
1.5150	1.5507	1.1924	0.1175	0.5875	0.4873	0.3226	176.4969

令 $\boldsymbol{\theta}^4=(\theta,1,1,1)$, $\boldsymbol{\theta}^3=(1,\theta,1,1)$, $\boldsymbol{\theta}^2=(1,1,\theta,1)$, $\boldsymbol{\theta}^1=(1,1,1,\theta)$, 由式 (2.25) 可以得到一个周期内系统访问各个运行水平集总次数的概率母函数. 类似地, 设 $\boldsymbol{\theta}^a=(\theta,\theta,\theta,1)$, 可以得到一个周期内系统访问可接受状态集总次数的概率母函数. 通过计算可以得到它们的平均值 $E_N^4=2.4681$, $E_N^3=5.9789$, $E_N^2=6.3003$, $E_N^1=4.296$, $E_N^a=14.7473$.

2.7.2 维修策略对系统的影响分析

本节将分析维修策略对系统的影响. 为了进行比较, 考虑以下三种情形.

情形 1 在系统物理故障之前不进行任何类型的维修. 在此情形下, 系统将逐步从高运行水平集向低运行水平集转移, 不可能从低运行水平集转移到高运行水平集. 设 $\boldsymbol{Q}^1$ 为新系统对应的转移率矩阵. 用和 $\boldsymbol{Q}$ 相同的方法对 $\boldsymbol{Q}^1$ 进行分块. 设 $\boldsymbol{Q}^1_{AB}$ 为 $\boldsymbol{Q}^1$ 的子矩阵, $A,B\in\{U_4,U_3,U_2,U_1,D\}$. 则子矩阵 $\boldsymbol{Q}^1_{U_1U_3}=\boldsymbol{0}$,$\boldsymbol{Q}^1_{U_2U_4}=\boldsymbol{0}$. 因为 $\boldsymbol{Q}^1$ 中各行的元素和为, 所以

$$\boldsymbol{Q}^1_{U_1U_1}=\begin{pmatrix}-9&2&3\\3&-7&1\\2&1&-5\end{pmatrix},\quad \boldsymbol{Q}^1_{U_2U_2}=\begin{pmatrix}-17&4&3\\2&-11&2\\2&2&-11\end{pmatrix}.$$

$\boldsymbol{Q}^1$ 中的其他子矩阵和 $\boldsymbol{Q}$ 中的相应子矩阵相同.

情形 2 只进行完全维修. 设 $\boldsymbol{Q}^2$ 为该情形下系统对应的转移率矩阵, 用和 $\boldsymbol{Q}$ 相同的方法对其分块得到 $\boldsymbol{Q}^2$ 的子矩阵 $\boldsymbol{Q}^2_{AB}$, $A,B\in\{U_4,U_3,U_2,U_1,D\}$, 则 $\boldsymbol{Q}^2_{U_1U_3}=\boldsymbol{0}$, $\boldsymbol{Q}^2_{U_1U_1}=\boldsymbol{Q}^1_{U_1U_1}$, 其他子矩阵和 $\boldsymbol{Q}$ 中相应的子矩阵相同.

情形 3 只进行不完全维修. 设 $\boldsymbol{Q}^3$ 为此情形下系统对应的转移率矩阵, $\boldsymbol{Q}^3_{AB}$ $(A,B\in\{U_4,U_3,U_2,U_1,D\})$ 是用和 $\boldsymbol{Q}$ 相同的分块方法得到的 $\boldsymbol{Q}^3$ 的子矩阵, 则 $\boldsymbol{Q}^3_{U_2U_4}=\boldsymbol{0}$, $\boldsymbol{Q}^3_{U_2U_2}=\boldsymbol{Q}^1_{U_2U_2}$, 其他的子矩阵和 $\boldsymbol{Q}$ 的相应子矩阵相同.

用和 2.7.1 节中类似的方法, 可得三个新系统的瞬时可用度和故障频度, 图 2.13 和图 2.14 是相应的曲线. 为了进行比较, 在图中包含了原系统 (即有完全维修, 又有不完全维修) 的上述可靠性指标.

图 2.13 是四个系统的瞬时可用度曲线. 结果表明, 没有维修的系统可用度低于有完全维修、不完全维修和两类维修都有的系统可用度. 这表明, 维修 (不完全维修或不完全维修) 可以提高系统的可用度. 从图中还可以看出, 仅实施不完全维修

的系统可用度远远高于仅实施完全维修的系统可用度, 同时实施完全维修和不完全维修的系统可用度比只实施不完全维修的系统可用度略微高一点. 这表明不完全维修是提高系统可用度的主要因素.

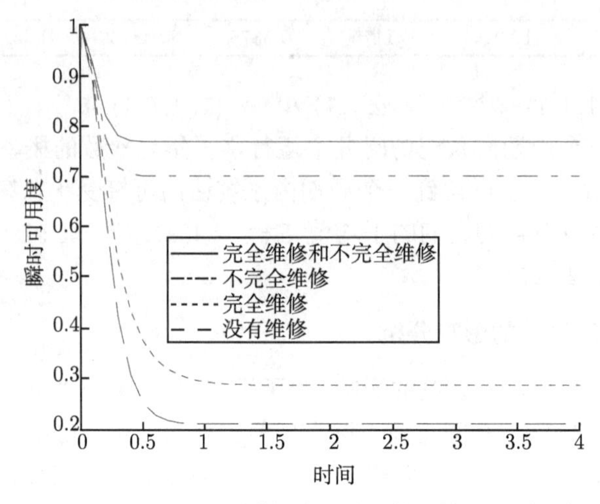

图 2.13 不同维修策略下的系统瞬时可用度

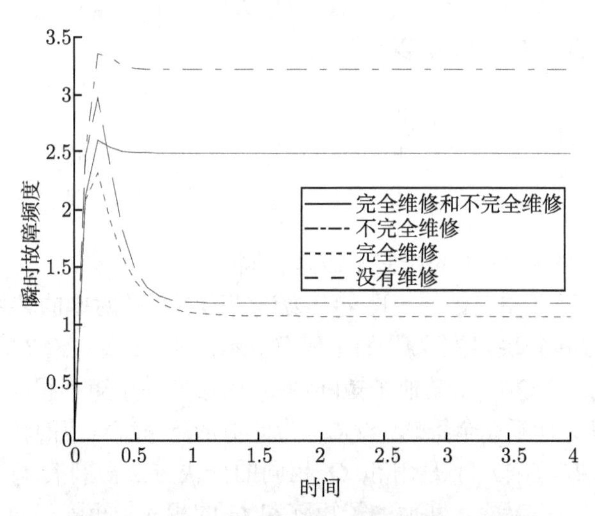

图 2.14 不同维修策略下的系统瞬时故障频度

图 2.14 是四个系统的瞬时故障频度曲线. 从图中可以看出, 与没有维修的系统相比, 有不完全维修的系统故障频度更高一些, 有完全维修的系统故障频度更低一些. 既有完全维修也有不完全维修的系统故障频度介于完全维修和不完全维修之间. 这表明完全维修可以降低故障频度, 而不完全维修使故障频度增大, 并且不完全维修的作用比完全维修的作用更强一些.

类似地, 可以得到三个新系统的平均周期长度、一个周期内的平均开工时间、在各个运行水平集的平均总逗留时间、总输出、访问四个运行水平集及可接受集的平均次数. 计算结果见表 2.4 和表 2.5. 表中包含了原系统的上述可靠性指标, 并称之为情形 4.

表 2.4　不同维修策略下的平均时间和平均系统输出

	E^u	E^c	E^a	E^4	E^3	E^2	E^1	E^W
情形 1	0.4421	0.4778	0.0997	0.0017	0.0246	0.0734	0.3424	28.4896
情形 2	0.4937	0.5294	0.1513	0.0188	0.0599	0.0726	0.3424	37.1259
情形 3	1.1641	1.1998	0.8416	0.0017	0.3486	0.4913	0.3225	117.8860
情形 4	1.5150	1.5507	1.1924	0.1175	0.5875	0.4873	0.3226	176.4969

表 2.5　不同维修策略下的平均状态集访问次数

	E_N^a	E_N^4	E_N^3	E_N^2	E_N^1
情形 1	0.857	0.035	0.250	0.571	1
情形 2	1.9351	0.395	0.609	0.930	1
情形 3	7.4481	0.035	3.545	3.866	4.295
情形 4	14.747	2.468	5.978	6.300	4.296

表 2.4 的第 1, 2, 3 和最后一列的数据变化趋势表明, 完全维修和不完全维修都可以提高平均开工时间、平均可接受时间、平均周期长度和平均输出, 并且不完全维修的作用比完全维修更大. 但其他列的数据表明, 维修对系统在不同运行水平集的逗留时间作用不同. 如第 3 行 4 至 6 列的数据和第 1, 2 行 4 至 6 列数据比较表明, 当系统只不进行完全维修时, 在运行水平集 U_4 的逗留时间和没有维修时的相同. 但是在运行水平集 U_2 和运行水平集 U_3 的逗留时间却比没有维修时长很多. 原因如下: 根据 2.7.1 节的假设, 不完全维修使系统从运行水平集 U_1 转移到运行水平集 U_3, 进而从运行水平集 U_3 通过运行水平集 U_2 转移到运行水平集 U_1. 因此系统在离开 U_4 后, 不再重新访问它, 但可以访问运行水平集 U_3 和 U_2 多次. 而不实施任何维修时, 系统从运行水平集 U_4 转移到 U_3, 再从运行水平集 U_3 转移到 U_2, 然后通过运行水平集 U_1 直接进入故障状态集. 从表 2.5 中也可以得到类似的结论.

2.8　结　论

为了更精确地对多状态系统进行可靠性评估, 本章提出基于 “输出功率” 的固定状态聚合模式, 建立了多运行水平马尔可夫可修系统模型. 在这类系统中, 输出功率相同或相近的基本状态被聚合在一起, 构成一个状态集, 并称为一个运行水平,整个工作状态集被聚合成多个运行水平. 定义了该系统对应的聚合随机过程——多变量半马尔可夫过程, 并给出了该过程的核. 运用马尔可夫更新理论、多变量半马尔可夫过程、数学变换等理论和方法对多运行水平马尔可夫可修系统进行了可靠性评估, 得到了系统的一些可靠性运行指标, 包括可用度、故障频度、维修频度、开工时间、停工时间、周期长度等. 同时还得到该系统特有的一些可靠性评估指标, 如一个周期内系统在各个运行水平集的总逗留时间, 访问各个运行水平集的次数, 系统满足顾客需求的时间及开工时间区间内的总输出等. 通过数值算例说明了结论的应用, 分析了完全维修、不完全维修等维修策略对可用度、故障频度及各种时间分布的影响.

参考文献

郑治华. 2009. 故障影响忽略的马尔可夫可修并联系统及扩展研究. 北京：北京理工大学.

Ball F, Milne R K, Yeo G F. 2002. Multivariable semi-Markov analysis of burst properties of multi-conductance single ion channels. Journal of Applied Probability, 39(1): 179~196.

Colquhoun D, Hawkes A G. 1982. On the stochastic properties of the bursts of a single ion channel opening and of clusters of bursts. Phil. Trans. R. Soc. Lond. B., 300(1098): 1~59.

Lisnianski A, Levitin G. 2003. Multi-state System Reliability, Assessment, Optimization and Application. Singapore: World Scientific Publishing Co. Pte. Ltd.

Ren L Y, Krogh B H. 2002. State aggregation in Markov decision process. Nevada USA: Proceedings of the 41st IEEE conference on decision and control las vegas: 3819~3824.

Stadje W. 2005. The evolution of aggregated Markov chains. Statistics & Probability Letters, 74(4): 303~311.

Zio E. 2009. Old problems and new challenges. Reliability Engineer and System Safety, 94(2): 125~141.

第 3 章　状态历史相依马尔可夫可修系统建模与可靠性分析

3.1　引言及系统描述

当构成部件的寿命分布、故障后的修理时间及其他出现的有关分布均为指数分布时, 只要适当定义系统的状态, 总可以用马尔可夫过程描述. 相应的可修系统被称为马尔可夫可修系统, 它是工程实践中应用最多的一类可修系统. 许多学者对这类系统做了研究. Barlow 和 Proschan(1965) 对马尔可夫可修系统及其在可靠性工程中的应用做了详细归纳. Ravichandran(1990) 讨论了一类特殊系统的可靠性问题. 这类系统对应的随机过程本身不是马尔可夫过程, 但可以通过扩大状态空间的方法转化为马尔可夫过程. Rausand 和 Hoyland (2003) 着重讨论了马尔可夫随机过程在可靠性理论中的应用.

在研究离子通道的开关行为过程中, Colqhoun 和 Hawkes(1982, 1990, 1997), Jalali 和 Hawkes(1992a, 1992b) 引入一种矩阵方法, 讨论马尔可夫过程在状态集类内逗留时间的分布. 这种矩阵方法是研究聚合随机过程强有力的工具. 受离子通道理论的启发, 并结合工程实际, Zheng 和 Cui (2006) 建立了故障可忽略的马尔可夫可修系统模型并讨论了系统的可用度. Cui 等 (2007) 首先建立了状态历史相依马尔可夫可修系统模型. Zheng 等 (2008) 对该模型做了进一步的研究. 实际生活中的一些现象可以用这类系统刻画, 下面是一个实例.

一个系统由一个设备和 10 个设备支持部件组成. 每个部件有两种状态：工作和故障, 并且当它们工作时, 可以提供 1×10^2J 热量. 系统至少需要 5×10^2J 热量才能工作. 当设备工作时, 自身可产生 1.9×10^2J 热量. 当系统处于工作状态时, 设备处于工作状态, 且工作过程中不发生故障. 当系统处于故障状态时, 设备也处于故障状态. 当系统故障后, 可通过维修把它修复到工作状态. 定义系统的状态为故障部件的个数, 则状态空间为 $\{0,1,\cdots,10\}$. 设 $U=\{0,1,2,3,4,5\}$, $D=\{7,8,9,10\}$, 则 U 为工作状态集, D 为故障状态集. 而状态 6 有两种属性, 一种是工作状态, 另一种是故障状态. 在系统工作过程中, 若有 6 个部件出现故障, 因设备可继续工作, 系统可得到 $4\times10^2+1.9\times10^2$J 的热量, 高于 5×10^2J, 因此系统仍然处于工作状态. 然而当系统处于故障状态时, 若有 6 个部件故障, 系统仅得到 4×10^2J 的热量,

少于 5×10^2J, 达不到系统运行所需能量要求, 因而仍然处于故障状态. 图 3.1 是该系统的样本函数曲线图.

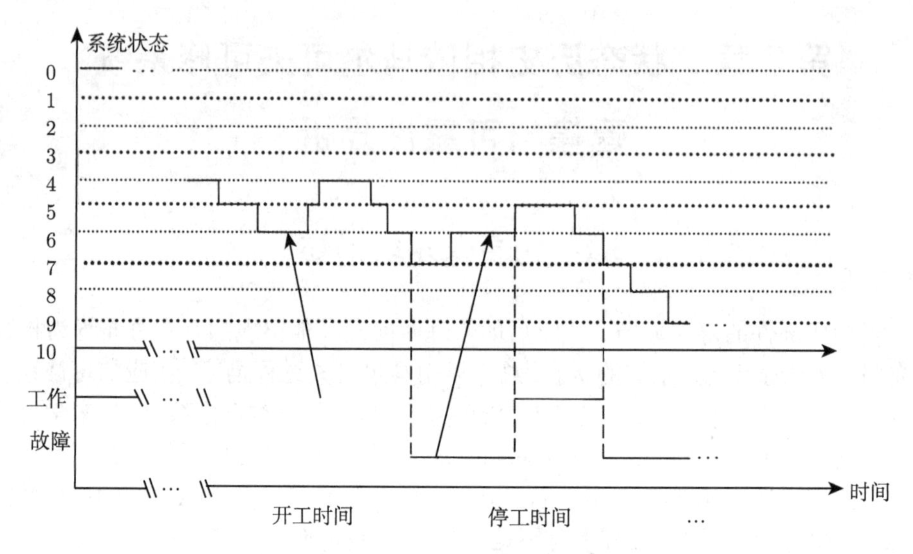

图 3.1　状态历史相依马尔可夫可修系统的实例样本函数曲线图

状态历史相依马尔可夫可修系统的假设条件如下：考虑一个齐次的、连续时间的马尔可夫链 $\{X(t), t\geqslant 0\}$, 其中 $X(t)$ 表示系统在时刻 t 所处的状态. 有限的状态空间 $\boldsymbol{S}$ 可被分为三个互不相交的状态子集 U, C 和 D. U 中的状态为工作状态, D 中的状态为故障状态. 系统开始于 U 中的某个状态. C 中状态的分类是可变的, 依赖于系统访问 C 之前所处的状态集的属性. 即系统从工作状态集中的某个状态转入 C 时, C 中的状态为工作状态; 若从 D 中的某个状态转入, 则 C 中的状态为故障状态. 因此称 C 中的状态为可变状态或历史相依状态. 图 3.2 是系统的一种可能的演化进程及相应的工作和故障状态.

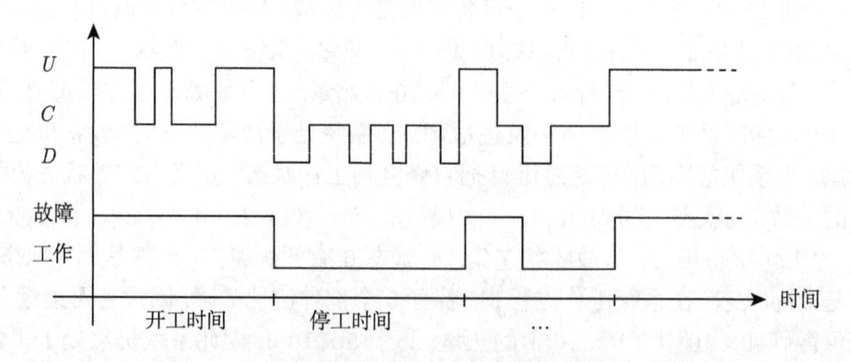

图 3.2　状态历史相依马尔可夫可修系统样本函数曲线图

在状态历史相依马尔可夫可修系统中, 可变状态集 C 可直观地解释为 "边界" 状态. 当系统从工作状态劣化到 C 中的状态时, 需要预防维修或最小维修, 把它修复到工作状态, 然后系统经过工作、修复多次交替过程, 才进入故障状态. 类似地, 当系统故障时, 可以通过维修使系统从故障状态集转移到 C 中的状态, 然后通过故障、修复多次交替过程, 才能进入工作状态. 在工程实际中, 系统劣化、故障和修复是一个复杂的过程, 因此状态历史相依模型更加切近实际. 同时 C 中的状态分类依赖于系统演化工程中, C 状态集之前的状态的属性, 因而该模型可以用来刻画 "惯性" 系统的动态演化过程. 此外, 在此模型中, 属性相同的状态被归为一类, 原系统的状态被聚合为工作和故障两类状态集, 并且可变状态的属性依赖于转入它之前的状态集的属性, 因而聚合后的系统对应的随机过程是一种基于 "位置" 的新类型的聚合随机过程.

许多学者研究了工作和故障状态集固定的可修系统的可靠性问题 (Cui, Xie, 2001; Kharoufeh et al., 2006; Belzunce et al., 2007; Finkelstein et al., 2007). 然而除 Cui 等 (2007), Zheng 等 (2008) 外, 没有文献对状态历史相依马尔可夫可修系统进行过研究. 正如上面所述, 对这类系统的研究有一定的应用前景和较强的理论价值, 值得进行深入讨论. 本章将对该模型做进一步的研究, 讨论该系统特有的一些可靠性度量指标, 如访问可变状态集的概率, 在其中的逗留时间等.

本书中所有的矩阵和向量都用黑斜体表示. 在进行矩阵乘法时, 不再单独指出它们的维数, 默认为维数匹配. $\boldsymbol{e}_A$ 表示所有分量都为 1 的 $|A|$ 维列向量, 其中 A 是状态空间子集.

3.2 系统可靠性度量

3.2.1 一些基本结论

假设状态历史相依马尔可夫可修系统的状态空间 $\boldsymbol{S}$ 中有 n 个元素. 定义 n 维行向量 $\boldsymbol{p}(t)=(p_j(t), j\in\boldsymbol{S})$, 其中

$$p_j(t)=P\{X(t)=j\},\quad j\in\boldsymbol{S}.$$

则由式 (1.2) 知, $\boldsymbol{p}(t)$ 满足下列微分方程组

$$\frac{\mathrm{d}\boldsymbol{p}(t)}{\mathrm{d}t}=\boldsymbol{p}(t)\boldsymbol{Q},\tag{3.1}$$

其中 $n\times n$ 维矩阵 $\boldsymbol{Q}=(q_{ij})(i,j\in\boldsymbol{S})$ 是系统对应的马尔可夫过程 $\{X(t),t\geqslant 0\}$ 的转移率矩阵.

假设系统在 $t=0$ 时刻开始于 U 中的一个状态. 令 $|\boldsymbol{S}|$ 维行向量 $\boldsymbol{p}_0$ 为系统的初始向量, 则 $\boldsymbol{p}_0$ 的分量

$$p_j = \begin{cases} 1, & j = i_u, \\ 0, & \text{其他}. \end{cases} \tag{3.2}$$

定义一个 $n \times n$ 维矩阵 $\boldsymbol{P}(t) = (P_{ij}(t))$, 其元素

$$P_{ij}(t) = P\{X(t) = j\,|X(0) = i\,\}, \quad i, j \in \boldsymbol{S}.$$

由式 (1.3) 可得

$$\frac{\mathrm{d}\boldsymbol{P}(t)}{\mathrm{d}t} = \boldsymbol{P}(t)\boldsymbol{Q}, \quad \text{初始条件}\boldsymbol{P}(0) = \boldsymbol{I}, \tag{3.3}$$

其中 $\boldsymbol{I}$ 为 $n \times n$ 维单位矩阵. 在式 (3.1) 和式 (3.3) 两边作 L 变换, 可得 $\boldsymbol{p}(t)$ 和 $\boldsymbol{P}(t)$ 的 L 变换

$$\boldsymbol{p}^*(s) = \boldsymbol{p}_0(s\boldsymbol{I} - \boldsymbol{Q})^{-1}, \quad \boldsymbol{P}^*(s) = (s\boldsymbol{I} - \boldsymbol{Q})^{-1}.$$

对系统运行做可靠性度量的关键是给出在时间段 $(0, t]$ 内, 系统一直逗留在给定状态集内的概率及在其中的逗留时间分布. 为此, 对矩阵 $\boldsymbol{Q}$ 做如下分块:

$$\boldsymbol{Q} = \begin{pmatrix} \boldsymbol{Q}_{UU} & \boldsymbol{Q}_{UC} & \boldsymbol{Q}_{UD} \\ \boldsymbol{Q}_{CU} & \boldsymbol{Q}_{CC} & \boldsymbol{Q}_{CD} \\ \boldsymbol{Q}_{DU} & \boldsymbol{Q}_{DC} & \boldsymbol{Q}_{DD} \end{pmatrix}. \tag{3.4}$$

定义一个 $|U| \times |U|$ 维矩阵 $\boldsymbol{P}_{UU}(t) = (P_{ij}^U(t))(i, j \in U)$, 其中

$$P_{ij}^U(t) = P\left\{X(t) = j, X(s) \in U, 0 \leqslant s \leqslant t\,|X(0) = i\right\}, \quad i, j \in U. \tag{3.5}$$

则由式 (1.4) 可得

$$\frac{\mathrm{d}\boldsymbol{P}_{UU}(t)}{\mathrm{d}t} = \boldsymbol{P}_{UU}(t)\boldsymbol{Q}_{UU}, \tag{3.6}$$

初始条件 $\boldsymbol{P}_{UU}(0) = \boldsymbol{I}$. 其 L 变换为

$$\boldsymbol{P}_{UU}^*(s) = (s\boldsymbol{I} - \boldsymbol{Q}_{UU})^{-1}. \tag{3.7}$$

类似地, 可定义 $P_{ij}^C(t)$ 和 $P_{ij}^D(t)$, 它们的 L 变换分别用 $P_{ij}^{C*}(s)$ 和 $P_{ij}^{D*}(s)$ 表示, 则有类似于式 (3.6) 和式 (3.7) 的结论成立.

令

$$g_{ij}^{UC}(t) = \lim_{t \to 0} P\left\{X(s) \in U, 0 \leqslant s \leqslant t, X(t+t) = j\,|(X(0) = i)\right\}/\Delta t, \quad i \in U, j \in C,$$

$$g_{ij}^{UC}(t) = \sum_{r \in U} P_{ir}^{U}(t)\, q_{rj}, \quad i \in U, j \in C. \tag{3.8}$$

令 $\boldsymbol{G}_{UC}(t) = (g_{ij}^{UC}(t))\,(i \in U, j \in C)$, 则由式 (1.7) 可得

$$\boldsymbol{G}_{UC}(t) = \boldsymbol{P}_{UU}(t)\boldsymbol{Q}_{UC}. \tag{3.9}$$

在上式两端作 L 变换可得 $\boldsymbol{G}_{UC}(t)$ 的 L 变换为

$$\boldsymbol{G}_{UC}^{*}(s) = (s\boldsymbol{I} - \boldsymbol{Q}_{UU})^{-1}\boldsymbol{Q}_{UC}, \tag{3.10}$$

其中 $\boldsymbol{Q}_{UU}, \boldsymbol{Q}_{UC}$ 由式 (3.4) 中的分块矩阵给出. 在式 (3.10) 中, 令 $s = 0$ 可得

$$\boldsymbol{G}_{UC}^{*}(0) = \left(g_{ij}^{UC}(0)\right) = -\boldsymbol{Q}_{UU}^{-1}\boldsymbol{Q}_{UC},$$

其中

$$\begin{aligned} g_{ij}^{UC}(0) &= \int_0^{\infty} g_{ij}^{UC}(u)\mathrm{d}u \\ &= P\{\text{系统从 } i \text{ 转移到} j \,|\, X(0) = i\}, \quad i \in U, j \in C \end{aligned}$$

表示系统从状态 i 出发, 在 U 内经过任意次转移, 最后从 U 转移到状态 j 这一随机事件的概率. 令

$$\boldsymbol{G}_{UC} = -\boldsymbol{Q}_{UU}^{-1}\boldsymbol{Q}_{UC}, \tag{3.11}$$

则它表示系统从 U 中各个状态转移到 C 中各个状态的转移概率矩阵. 值得注意的是, $g_{ij}^{UC}(t)\,(i \in U, j \in C)$ 并不是一个概率密度函数. 但把它归一化后 (除以 $g_{ij}^{UC}(0)$), 可以得到已知开始状态 $i\,(i \in U)$ 和转出状态 $j\,(j \in C)$ 时, 在状态集 U 中逗留时间的密度函数. 上述分析对其他状态子集对也成立.

设 $\boldsymbol{u}_U = (u_j, j \in U)$ 表示系统稳态时, 开工时间区间开始于 U 中各个状态的概率, 则

$$\boldsymbol{u}_U = \frac{\boldsymbol{p}_D(\infty)(\boldsymbol{Q}_{DU} + \boldsymbol{Q}_{DC}\boldsymbol{G}_{CU})}{\boldsymbol{p}_D(\infty)(\boldsymbol{Q}_{DU} + \boldsymbol{Q}_{DC}\boldsymbol{G}_{CU})\boldsymbol{e}_U}, \tag{3.12}$$

其中 $\boldsymbol{p}_D(\infty) = (p_i(\infty), i \in D)$ 表示系统稳态条件下, 处于 D 中各个状态的概率. 类似地, 有

$$\boldsymbol{u}_D = \frac{\boldsymbol{p}_U(\infty)(\boldsymbol{Q}_{UD} + \boldsymbol{Q}_{UC}\boldsymbol{G}_{CD})}{\boldsymbol{p}_U(\infty)(\boldsymbol{Q}_{UD} + \boldsymbol{Q}_{UC}\boldsymbol{G}_{CD})\boldsymbol{e}_D}$$

表示系统稳态时停工时间区间开始于 D 中各个状态的概率, 其中 $\boldsymbol{p}_U(\infty) = (p_i(\infty), i \in U)$ 表示系统稳态条件下处于 U 中各个状态的概率.

3.2.2 访问可变状态集的概率

可变状态在历史相依可修系统中有重要作用, 本节将讨论系统访问它们的瞬时和稳态概率. 当 C 中状态为工作状态时, 记之为 C_u, 称之为可变工作状态集; 当 C 中的状态为故障状态时, 记之为 C_d, 并称之为可变故障状态集.

若系统时刻 t 访问状态集 C_u, 则它必须在时刻 t 之前的某个时刻从工作状态集 U 转移到 C, 然后一直逗留在 C 中. 假设系统在 $(u,\ u+\mathrm{d}u)$ ($0\leqslant u\leqslant t$) 内从状态 $i\,(i\in U)$ 转移到状态 $j\,(j\in C)$, 然后一直逗留在状态集 C 中, 时刻 t 处于状态 $l\,(l\in C)$. 由系统的马尔可夫性和 $P_{jl}^{C}(t)$ 的定义知, 这一事件的概率为

$$\int_0^t p_i(u)q_{ij}P_{jl}^{C}(t-u)\mathrm{d}u.$$

由全概率公式, 系统时刻 t 访问状态集 C_u 的概率为

$$p_{C_u}(t)=\sum_{i\in U}\sum_{j\in C}\sum_{l\in C}\int_0^t p_i(u)q_{ij}P_{jl}^{C}(t-u)\mathrm{d}u. \tag{3.13}$$

由 L 变换的极限性质可得, 系统访问状态集 C_u 的稳态概率为

$$p_{C_u}=\lim_{t\to\infty}p_{C_u}(t)=\lim_{s\to 0}\sum_{i\in U}\sum_{j\in C}\sum_{l\in C}p_i^*(s)q_{ij}P_{jl}^{C*}(s), \tag{3.14}$$

其中 $p_i^*(s)$ 是 $p_i(t)$ 的 L 变换.

类似地, 可得到系统访问状态集 C_d 的瞬时概率为

$$p_{C_d}(t)=\sum_{i\in D}\sum_{j\in C}\sum_{l\in C}\int_0^t p_i(u)q_{ij}P_{jl}^{C}(t-u)\mathrm{d}u, \tag{3.15}$$

稳态概率为

$$p_{C_d}=\lim_{t\to\infty}p_{C_d}(t)=\lim_{s\to 0}s\sum_{i\in D}\sum_{j\in C}\sum_{l\in C}p_i^*(s)q_{ij}P_{jl}^{C*}(s).$$

3.2.3 故障频度

设 $N(t)$ 为系统在 $(0,t]$ 的故障次数, 称 $m(t)=\dfrac{\mathrm{d}E\{N(t)\}}{\mathrm{d}t}$ 为系统在时刻 t 的瞬时故障频度, 其极限 $m(\infty)=\lim\limits_{t\to\infty}m(t)$ 为系统的稳态故障频度.

根据系统假设, 工作状态集包括两类: 一类是 U, 另一类是 C_u. 系统在时刻 t 访问状态集 U 的概率为 $\sum\limits_{k\in U}p_k(t)$, 从而系统从 U 转移到故障状态集的瞬时频度为 $\sum\limits_{k\in U}\sum\limits_{j\in D}p_k(t)q_{kj}$. 而系统在时刻 t 访问状态集 C_u 的概率为

$$\sum_{i\in U}\sum_{j\in C}\sum_{l\in C}\int_0^t p_i(u)q_{ij}P_{jl}^{C}(t-u)\mathrm{d}u,$$

因而系统从 C_u 转移到故障状态集的瞬时频度为

$$\sum_{i\in U}\sum_{j\in C}\sum_{l\in C}\sum_{k\in D}\int_0^t p_i(u)q_{ij}P_{jl}^C(t-u)q_{lk}\mathrm{d}u.$$

系统在时刻 t 的瞬时故障频度为

$$m(t)=\sum_{k\in U}\sum_{j\in D}p_k(t)q_{kj}+\sum_{i\in U}\sum_{j\in C}\sum_{l\in C}\sum_{k\in D}\int_0^t p_i(u)q_{ij}P_{jl}^C(t-u)q_{lk}\mathrm{d}u, \tag{3.16}$$

稳态故障频度为

$$m(\infty)=\lim_{s\to 0}\left(\sum_{k\in U}\sum_{j\in D}sp_k^*(s)q_{kj}+s\sum_{i\in U}\sum_{j\in C}\sum_{l\in C}\sum_{k\in D}p_i^*(s)q_{ij}P_{jl}^{C*}(s)q_{lk}\right). \tag{3.17}$$

3.3 随机时间分布

为了便于叙述, 首先给出几个术语. 系统开始访问状态集 U 中的某个状态后, 将在 U 内的各个状态之间转移, 直到从 U 中转移出去, 这段时间称为系统在 U 中的逗留时间. 类似地, 可以定义系统在 C, D, C_u 和 C_d 中的逗留时间. 当系统访问工作状态集后继的可变状态集时, 该可变状态集仍为工作状态集. 如图 3.3 所示, U 和 C_u 之间的 “震荡” 是开工时间区间的主要组成部分. 开工时间区间从首次在 U 中的逗留开始, 经若干个 U 和 C_u 之间的 “震荡”, 到首次转移到 D 中的状态为止. 类似地, 可以定义停工时间区间. 一个周期是由开工时间区间和后继的停工时间区间组成. 图 3.3 是开工时间、停工时间区间以及周期示意图.

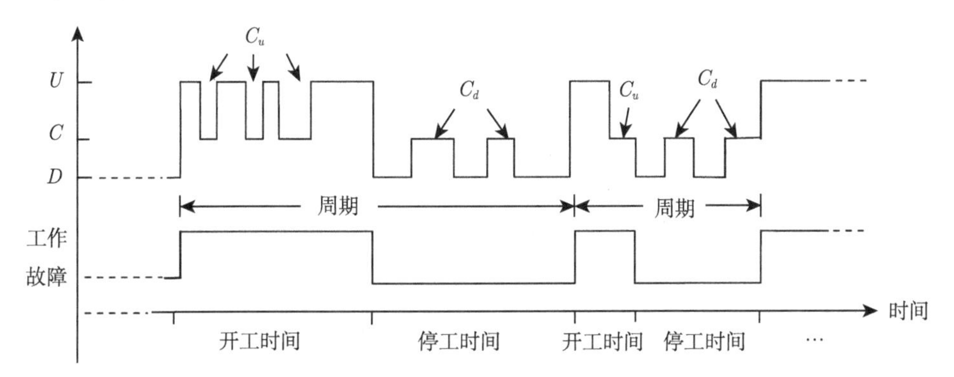

图 3.3 状态历史相依马尔可夫可修系统开工时间和停工时间区间示意图

3.3.1 可变状态集总逗留时间分布

设 $f_{C_u}^*(s)$ 表示系统处于稳态时, 一个开工时间区间内, 在可变工作状态集总逗留时间的 L 变换. 根据模型假设, 系统可能不访问可变工作状态集 C_u, 而直接由 U

转移 D, 由式 (3.12) 及 $\boldsymbol{G}_{UD}$ 的定义, 该事件发生的概率为

$$\boldsymbol{u}_U \boldsymbol{G}_{UD} \boldsymbol{e}_D. \tag{3.18}$$

在此情形下, 系统在 C_u 的逗留时间为 0.

当系统访问可变工作状态集 $r\,(r \geqslant 1)$ 次时, 开工时间区间是有限个随机时间的和. 由定理 1.1, $\boldsymbol{G}_{UC}$, $\boldsymbol{G}_{UD}$, $\boldsymbol{G}^*_{CU}(s)$ 和 $\boldsymbol{G}^*_{CD}(s)$ 的定义可知, 在已知开工时间区间的初始状态时, 系统在 C_u 中的总逗留时间的 L 变换为

$$\left(\boldsymbol{G}_{UC}\boldsymbol{G}^*_{CU}(s)\right)^{r-1} \boldsymbol{G}_{UC}\boldsymbol{G}^*_{CD}(s)\boldsymbol{e}_D + \left(\boldsymbol{G}_{UC}\boldsymbol{G}^*_{CU}(s)\right)^{r} \boldsymbol{G}_{UD}\boldsymbol{e}_D. \tag{3.19}$$

因式 (3.19) 表示的是系统在 C_u 中的逗留时间的 L 变换, 所以式中出现的是从状态集 U 转移到 C 或 D 的转移概率矩阵 $\boldsymbol{G}_{UC}$, $\boldsymbol{G}_{UD}$, 不是逗留时间的 L 变换 $\boldsymbol{G}^*_{UD}(s)$, $\boldsymbol{G}^*_{UC}(s)$.

由式 (3.12), 式 (3.18) 和式 (3.19) 可得

$$\begin{aligned} f^*_{C_u}(s) =& \sum_{r=1}^{\infty} \boldsymbol{u}_U \left(\boldsymbol{G}_{UC}\boldsymbol{G}^*_{CU}(s)\right)^{r-1} \boldsymbol{G}_{UC}\boldsymbol{G}^*_{CD}(s)\boldsymbol{e}_D \\ & + \sum_{r=1}^{\infty} \boldsymbol{u}_U \left(\boldsymbol{G}_{UC}\boldsymbol{G}^*_{CU}(s)\right)^{r} \boldsymbol{G}_{UD}\boldsymbol{e}_D + \boldsymbol{u}_U\boldsymbol{G}_{UD}\boldsymbol{e}_D \\ =& \boldsymbol{u}_U(\boldsymbol{I} - \boldsymbol{G}_{UC}\boldsymbol{G}^*_{CU}(s))^{-1}(\boldsymbol{G}_{UC}\boldsymbol{G}^*_{CD}(s) \\ & + \boldsymbol{G}_{UC}\boldsymbol{G}^*_{CU}(s)\boldsymbol{G}_{UD})\boldsymbol{e}_D + \boldsymbol{u}_U\boldsymbol{G}_{UD}\boldsymbol{e}_D. \end{aligned} \tag{3.20}$$

对上式作逆 L 变换可得总逗留时间的密度函数 $f_{C_u}(t)$.

由 L 变换的性质, 系统在 C_u 中的平均总逗留时间 $m_{C_u} = -\left(\dfrac{\mathrm{d}f^*_{C_u}(s)}{\mathrm{d}s}\right)_{s=0}$, 经计算可得

$$m_{C_u} = \boldsymbol{u}_U(\boldsymbol{I} - \boldsymbol{G}_{UC}\boldsymbol{G}_{CU})^{-1}\boldsymbol{G}_{UC}(-\boldsymbol{Q}^{-1}_{CC})\left(\boldsymbol{G}_{CU}\boldsymbol{e}_U + \boldsymbol{G}_{CD}\boldsymbol{e}_D\right). \tag{3.21}$$

类似地, 可得一个开工时间区间内, 系统在可变故障状态集 C_d 内的总逗留时间的 L 变换为

$$f^*_{C_d}(s) = \boldsymbol{u}_D(\boldsymbol{I} - \boldsymbol{G}_{DC}\boldsymbol{G}^*_{CD}(s))^{-1}(\boldsymbol{G}_{DC}\boldsymbol{G}^*_{CU}(s) + \boldsymbol{G}_{DC}\boldsymbol{G}^*_{CD}(s)\boldsymbol{G}_{DU})\boldsymbol{e}_U + \boldsymbol{u}_D\boldsymbol{G}_{DU}\boldsymbol{e}_U, \tag{3.22}$$

平均总逗留时间为

$$m_{C_d} = \boldsymbol{u}_D(\boldsymbol{I} - \boldsymbol{G}_{DC}\boldsymbol{G}_{CD})^{-1}\boldsymbol{G}_{DC}(-\boldsymbol{Q}^{-1}_{CC})\left(\boldsymbol{G}_{CD}\boldsymbol{e}_D + \boldsymbol{G}_{CU}\boldsymbol{e}_U\right). \tag{3.23}$$

3.3.2 单个状态集逗留时间的分布

对系统进行可靠性度量时, 单个状态集的逗留时间分布也是一项重要的可靠性指标. 下面讨论系统在状态集 U, C_u, D 和 C_d 中的单个逗留时间分布, 以在单个 C_u 中的逗留时间分布为例进行讨论, 类似可得其他表达式.

设 $f^*_{kC_u}(s)$ 表示系统处于稳态条件下, 一个开工时间区间内第 $k\,(k \geqslant 1)$ 次访问 C_u 时, 在其中逗留时间的概率密度函数的 L 变换. 跟据系统的演化特征, 系统对 C_u 进行第 k 次访问之前, 需在状态集 U 和 C 之间 "震荡" $k-1$ 次, 再从状态集 U 转入状态集 C. 如果一个开工时间区间内, 系统在 C_u 中正好逗留 k 次, 则第 k 次在其中逗留时间密度函数的 L 变换为

$$\boldsymbol{u}_U(\boldsymbol{G}_{UC}\boldsymbol{G}_{CU})^{k-1}\boldsymbol{G}_{UC}\left(\boldsymbol{G}^*_{CU}(s)\boldsymbol{G}_{UD}+\boldsymbol{G}^*_{CD}(s)\right)\boldsymbol{e}_D/P(k), \tag{3.24}$$

其中 $P(k)$ 为一个开工时间区间内系统在可变状态集 C_u 正好逗留 k 次的概率. 在式 (3.24) 的分子中, 令 $s=0$, 可得 $P(k)$. 若一个开工时间区间内, 系统访问了 $r(r>k)$ 状态集 C_u, 则第 k 次在其中逗留时间密度函数的 L 变换为

$$\boldsymbol{u}_U(\boldsymbol{G}_{UC}\boldsymbol{G}_{CU})^{k-1}\boldsymbol{G}_{UC}\boldsymbol{G}^*_{CU}(s)\left(\boldsymbol{G}_{UC}\boldsymbol{G}_{CU}\right)^{r-k-1}\boldsymbol{G}_{UC}\left(\boldsymbol{G}_{CU}\boldsymbol{G}_{UD}+\boldsymbol{G}_{CD}\right)\boldsymbol{e}_U/P(r), \tag{3.25}$$

其中 $P(r)$ 为一个开工时间区间内系统在 C_u 中逗留 $r(r>k)$ 次的概率.

式 (3.24) 和式 (3.25) 是在已知系统访问 C_u 的次数的条件下得到的, 把它们分别乘以相应的概率, 然后把所有可能的 r 值 $(r=k,k+1,\cdots,\infty)$ 相加, 并归一化可得到系统第 k 次访问 C_u 时, 在其中逗留时间的密度函数的 L 变换为

$$\begin{aligned}
&f^*_{kC_u}(s)\\
=&\boldsymbol{u}_U(\boldsymbol{G}_{UC}\boldsymbol{G}_{CU})^{k-1}\boldsymbol{G}_{UC}\left\{\boldsymbol{G}^*_{CU}(s)\boldsymbol{G}_{UD}+\boldsymbol{G}^*_{CD}(s)\right.\\
&\left.+\sum_{r=k+1}^{\infty}\left[\boldsymbol{G}^*_{CU}(s)\left(\boldsymbol{G}_{UC}\boldsymbol{G}_{CU}\right)^{r-k-1}\left(\boldsymbol{G}_{UC}\boldsymbol{G}_{CU}\boldsymbol{G}_{UD}+\boldsymbol{G}_{UC}\boldsymbol{G}_{CD}\right)\right]\right\}\boldsymbol{e}_D/\,P(k_{C_u})\\
=&\boldsymbol{u}_U(\boldsymbol{G}_{UC}\boldsymbol{G}_{CU})^{k-1}\boldsymbol{G}_{UC}\left[\boldsymbol{G}^*_{CU}(s)\boldsymbol{G}_{UD}+\boldsymbol{G}^*_{CD}(s)\right.\\
&\left.+\boldsymbol{G}^*_{CU}(s)\left(\boldsymbol{I}-\boldsymbol{G}_{UC}\boldsymbol{G}_{CU}\right)^{-1}\left(\boldsymbol{G}_{UC}\boldsymbol{G}_{CU}\boldsymbol{G}_{UD}+\boldsymbol{G}_{UC}\boldsymbol{G}_{CD}\right)\right]\boldsymbol{e}_D/P(k_{C_u}),
\end{aligned} \tag{3.26}$$

其中 $P(k_{C_u})$ 为一个工作时间区间内, 系统在 C_u 中至少逗留 k 次的概率, 并且

$$P(k_{C_u})=\boldsymbol{u}_U(\boldsymbol{G}_{UC}\boldsymbol{G}_{CU})^{k-1}(\boldsymbol{I}-\boldsymbol{G}_{UC}\boldsymbol{G}_{CU})^{-1}\left(\boldsymbol{G}_{UC}\boldsymbol{G}_{CU}\boldsymbol{G}_{UD}+\boldsymbol{G}_{UC}\boldsymbol{G}_{CD}\right)\boldsymbol{e}_D.$$

在式 (3.26) 两边作逆 L 变换, 可得系统第 k 次访问 C_u 时, 在其中逗留时间的密度函数为

$$f_{kC_u}(t)=\boldsymbol{u}_U(\boldsymbol{G}_{UC}\boldsymbol{G}_{CU})^{k-1}\boldsymbol{G}_{UC}\boldsymbol{P}_{CC}(t)$$

$$
\begin{aligned}
&\left[\boldsymbol{Q}_{CU}\boldsymbol{G}_{UD}+\boldsymbol{Q}_{CD}+\boldsymbol{Q}_{CU}\left(\boldsymbol{I}-\boldsymbol{G}_{UC}\boldsymbol{G}_{CU}\right)^{-1}\right.\\
&\left.\times\left(\boldsymbol{G}_{UC}\boldsymbol{G}_{CU}\boldsymbol{G}_{UD}+\boldsymbol{G}_{UC}\boldsymbol{G}_{CD}\right)\right]\boldsymbol{e}_D/P(k_{C_u}),\quad k=1,2,\cdots. \quad (3.27)
\end{aligned}
$$

根据 L 变换的性质, 经计算可得系统第 k 次访问在 C_u 时, 在其中的平均逗留时间为

$$
\begin{aligned}
m_{k_{C_u}}=&\boldsymbol{u}_U(\boldsymbol{G}_{UC}\boldsymbol{G}_{CU})^{k-1}\boldsymbol{G}_{UC}(-\boldsymbol{Q}_{CC}^{-1})\left[\boldsymbol{G}_{CU}\boldsymbol{G}_{UD}+\boldsymbol{G}_{CD}+\boldsymbol{G}_{CU}\left(\boldsymbol{I}-\boldsymbol{G}_{UC}\boldsymbol{G}_{CU}\right)^{-1}\right.\\
&\left.\times\left(\boldsymbol{G}_{UC}\boldsymbol{G}_{CU}\boldsymbol{G}_{UD}+\boldsymbol{G}_{UC}\boldsymbol{G}_{CD}\right)\right]\boldsymbol{e}_U/P(k_{C_u}),\quad k=1,2,\cdots. \quad (3.28)
\end{aligned}
$$

类似地, 可得到系统处于稳态的条件下, 第 k 次访问状态集 U 时, 在其中逗留时间的密度函数为

$$
f_{k_u}(t)=\boldsymbol{u}_U(\boldsymbol{G}_{UC}\boldsymbol{G}_{CU})^{k-1}\boldsymbol{P}_{UU}(t)(-\boldsymbol{Q}_{UU})\boldsymbol{e}_U/\boldsymbol{u}_U(\boldsymbol{G}_{UC}\boldsymbol{G}_{CU})^{k-1}\boldsymbol{e}_U,\quad k=1,2,\cdots, \quad (3.29)
$$

平均逗留时间为

$$
m_{k_u}=\boldsymbol{u}_U(\boldsymbol{G}_{UC}\boldsymbol{G}_{CU})^{k-1}(-\boldsymbol{Q}_{UU}^{-1})\boldsymbol{e}_U/\boldsymbol{u}_U(\boldsymbol{G}_{UC}\boldsymbol{G}_{CU})^{k-1}\boldsymbol{e}_U,\quad k=1,2,\cdots. \quad (3.30)
$$

第 k 次访问状态集 D 时, 在其中逗留时间的密度函数为

$$
\begin{aligned}
f_{k_d}(t)=&\boldsymbol{u}_D(\boldsymbol{G}_{DC}\boldsymbol{G}_{CD})^{k-1}\boldsymbol{P}_{DD}(t)(-\boldsymbol{Q}_{DD})\\
&\times\boldsymbol{e}_D/\boldsymbol{u}_D(\boldsymbol{G}_{DC}\boldsymbol{G}_{CD})^{k-1}\boldsymbol{e}_D,\quad k=1,2,\cdots, \quad (3.31)
\end{aligned}
$$

平均逗留时间为

$$
m_{k_d}=\boldsymbol{u}_D(\boldsymbol{G}_{DC}\boldsymbol{G}_{CD})^{k-1}(-\boldsymbol{Q}_{DD}^{-1})\boldsymbol{e}_D/\boldsymbol{u}_D(\boldsymbol{G}_{DC}\boldsymbol{G}_{CD})^{k-1}\boldsymbol{e}_D,\quad k=1,2,\cdots. \quad (3.32)
$$

第 k 次访问状态集 C_d 时, 在其中逗留时间的密度函数为

$$
\begin{aligned}
f_{k_{C_d}}(t)=&\boldsymbol{u}_D(\boldsymbol{G}_{DC}\boldsymbol{G}_{CD})^{k-1}\boldsymbol{G}_{DC}\boldsymbol{P}_{CC}(t)\\
&\times\left[\boldsymbol{Q}_{CD}\boldsymbol{G}_{DU}+\boldsymbol{Q}_{CU}+\boldsymbol{Q}_{CD}\left(\boldsymbol{I}-\boldsymbol{G}_{DC}\boldsymbol{G}_{CD}\right)^{-1}\right.\\
&\left.\times\left(\boldsymbol{G}_{DC}\boldsymbol{G}_{CD}\boldsymbol{G}_{DU}+\boldsymbol{G}_{DC}\boldsymbol{G}_{CU}\right)\right]\boldsymbol{e}_U/P(k_{C_d}),\quad k=1,2,\cdots, \quad (3.33)
\end{aligned}
$$

其中 $P(k_{C_d})=\boldsymbol{u}_D(\boldsymbol{G}_{DC}\boldsymbol{G}_{CD})^{k-1}(\boldsymbol{I}-\boldsymbol{G}_{DC}\boldsymbol{G}_{CD})^{-1}(\boldsymbol{G}_{DC}\boldsymbol{G}_{CD}\boldsymbol{G}_{DU}+\boldsymbol{G}_{DC}\boldsymbol{G}_{CU})$ $\boldsymbol{e}_U$, 平均逗留时间为

$$
\begin{aligned}
m_{k_{C_d}}=&\boldsymbol{u}_D(\boldsymbol{G}_{DC}\boldsymbol{G}_{CD})^{k-1}\boldsymbol{G}_{DC}(-\boldsymbol{Q}_{CC}^{-1})\\
&\times\left[\boldsymbol{G}_{CD}\boldsymbol{G}_{DU}+\boldsymbol{G}_{CU}+\boldsymbol{G}_{CD}\left(\boldsymbol{I}-\boldsymbol{G}_{DC}\boldsymbol{G}_{CD}\right)^{-1}\right.\\
&\left.\times\left(\boldsymbol{G}_{DC}\boldsymbol{G}_{CD}\boldsymbol{G}_{DU}+\boldsymbol{G}_{DC}\boldsymbol{G}_{CU}\right)\right]\boldsymbol{e}_U/P(k_{C_d}),\quad k=1,2,\cdots. \quad (3.34)
\end{aligned}
$$

3.4 数值算例

本节通过一个数值算例说明结论的应用. 设一个状态历史相依马尔可夫可修系统的状态空间 $\boldsymbol{S}=\{1,2,3,4,5,6\}$. 工作状态集、可变状态集和故障状态集分别为 $U=\{1,2\},C=\{3,4\},D=\{5,6\}$. 对其转移率矩阵做如下分块:

$$\boldsymbol{Q}=\begin{pmatrix}\boldsymbol{Q}_{UU} & \boldsymbol{Q}_{UC} & \boldsymbol{Q}_{UD}\\ \boldsymbol{Q}_{CU} & \boldsymbol{Q}_{CC} & \boldsymbol{Q}_{CD}\\ \boldsymbol{Q}_{DU} & \boldsymbol{Q}_{DC} & \boldsymbol{Q}_{DD}\end{pmatrix}=\left(\begin{array}{cc|cc|cc}-10 & 2 & 3 & 2 & 3 & 0\\ 2 & -8 & 1 & 2 & 2 & 1\\ \hline 2 & 3 & -12 & 3 & 3 & 1\\ 0 & 2 & 2 & -9 & 3 & 2\\ \hline 2 & 3 & 2 & 2 & -10 & 1\\ 0 & 1 & 1 & 2 & 2 & -6\end{array}\right).$$

根据式 (3.13), 式 (3.15) 和式 (3.16), 做 L 变换和逆 L 变换可得 $p_{C_u}(t)$, $p_{C_d}(t)$ 和 $m(t)$. 图 3.4—图 3.6 是相应的函数曲线. 它们的表达式比较复杂, 在此不再给出. 其中稳态值 $p_{C_u}=0.1533$, $p_{C_d}=0.1638$, $m(\infty)=1.6833$.

设 $\boldsymbol{p}(\infty)$ 是系统的稳态分布, 在初始条件 $\boldsymbol{p}(\infty)\boldsymbol{e}_S=1$ 下, 解方程组 $\boldsymbol{p}(\infty)\boldsymbol{Q}=0$ 可得

$$p_1(\infty)=\frac{1890}{17393},\quad p_2(\infty)=\frac{7553}{34786},\quad p_3(\infty)=\frac{4315}{34786},$$
$$p_4(\infty)=\frac{6717}{34786},\quad p_5(\infty)=\frac{3516}{17393},\quad p_6(\infty)=\frac{5389}{34786}.$$

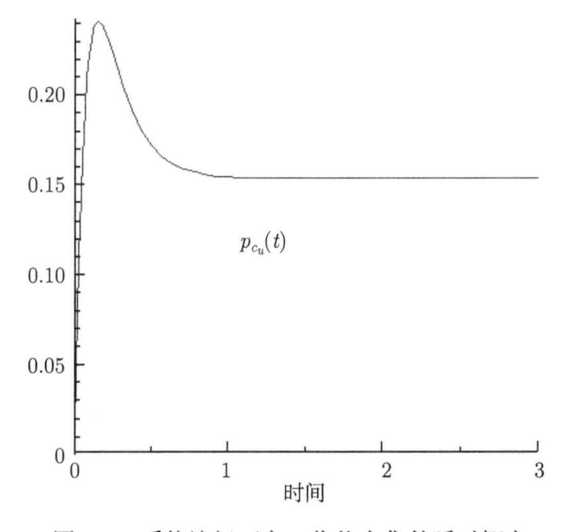

图 3.4 系统访问可变工作状态集的瞬时概率

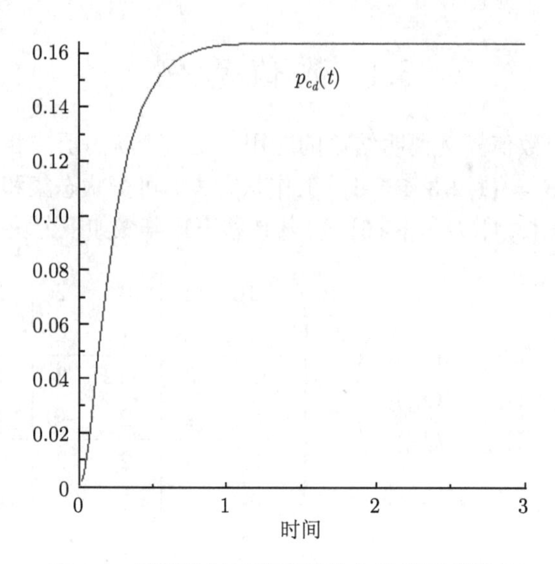

图 3.5　系统访问可变故障状态集的瞬时概率

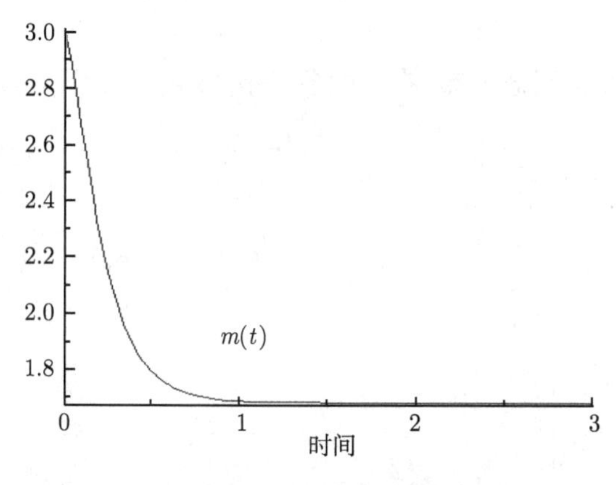

图 3.6　系统的瞬时故障频度

代入式 (3.12) 可得 $\boldsymbol{u}_U=(0.3154,0.6846)$. 类似地, 可得 $\boldsymbol{u}_D=(0.7249,0.2751)$.

根据式 (3.20) 和式 (3.22), 用 Maple 软件做逆 L 变换可得

$$f_{C_u}(t)=0.4488\delta(t)+3.3446\mathrm{e}^{-9.5263t}\cosh(3.4888t)+3.2826\mathrm{e}^{-9.5263t}\sinh(3.4888t),$$

$$f_{C_d}(t)=0.4823\delta(t)+2.8302\mathrm{e}^{-9.2672t}\cosh(4.0453t)+2.4127\mathrm{e}^{-9.2672t}\sinh(4.0453t),$$

其中 $\delta(t)$ 是 Delta 函数. 由式 (3.21) 和式 (3.23) 可得, 系统处于稳态条件下, 一个开工时间区间内在 C_u 中的平均总逗留时间 $m_{C_u}=0.0911$, 在 C_d 内的平均总逗留时间 $m_{C_d}=0.0973$.

令 $k=2$, 由式 (3.27)—(3.34) 可得系统处于稳态条件下, 第 2 次访问状态集 U, C_u, D, C_d 时, 在其中逗留时间的密度函数

$$f_{2_U}(t)=6.4980\mathrm{e}^{-9t}\cosh(2.2361t)+7.83434\mathrm{e}^{-9t}\sinh(2.2361t),$$

$$f_{2_{C_u}}(t)=4.4398\mathrm{e}^{-10.5t}\cosh(2.8723t)+3.7493\mathrm{e}^{-10.5t}\sinh(2.8723t),$$

$$f_{2_D}(t)=7.2527\mathrm{e}^{-8t}\cosh(2.4495t)-0.0082786\mathrm{e}^{-8t}\sinh(2.4495t),$$

$$f_{2_{C_d}}(t)=4.6715\mathrm{e}^{-10.5t}\cosh(2.8723t)+4.0137\mathrm{e}^{-10.5t}\sinh(2.8723t).$$

平均逗留时间 $m_{2_U}=0.1513$, $m_{2_{C_u}}=0.0702$, $m_{2_D}=0.1508$, $m_{2_{C_d}}=0.0685$.

3.5 结 论

本章研究了一类特殊的状态相依可修系统的可靠性问题. 这类系统被称为状态历史相依马尔可夫可修系统. 其状态空间的一类状态集的属性是 “可变的”: 当它位于工作状态集后时, 是工作状态集; 当它位于故障状态集后时, 是故障状态集, 因而被称为可变状态集. 该模型可以用来刻画 “惯性” 系统的动态演化过程. 运用马尔可夫过程理论、离子通道理论得到了该系统特有的一些可靠性运行指标, 如系统访问可变状态集的瞬时概率和稳态概率, 一个周期内在可变状态集的总逗留时间分布和单个逗留时间分布. 同时还得到了故障频度、一个周期内在工作状态集、故障状态集的总逗留时间分布和单个逗留时间分布等系统可靠性度量指标. 通过数值算例说明了结论的应用.

参 考 文 献

Barlow R E, Proschan F. 1965. Mathematical Theory of Reliability. New York & London & Sydney: John Wiley & Sons, Inc.

Belzunce F, Martínez-Puertas H, Ruiz J M. 2007. Reversed preservation properties for series and parallel systems. Journal of Applied Probability, 44(4): 928~937.

Colquhoun D, Hawkes A G. 1982. On the stochastic properties of the bursts of a single ion channel opening and of clusters of bursts. Phil. Trans. R. Soc. London B., 300(1098): 1~59.

Colquhoun D, Hawkes A G. 1990. Stochastic properties of ion channel openings and bursts in a membrane patch that contains two channels: Evidence concerning the number of channel present when a record containing only single opening is observed. Proc. R. Soc. London B., 240(1299): 453~477.

Colquhoun D, Hawkes A G, Merlushkin A, Edmonds B. 1997. Properties of single ion channel currents elicited by a pulse of agonist concentration or voltage. Phil. Trans. R. Soc. Lond., A., 335(1730): 1743~1786.

Cui L R , Xie M. 2001.Availability analysis of periodically inspected systems with random walk model . Journal of Applied Probability, 38(4): 860~871.

Cui L R, Li H J, Li J L. 2007. Markov repairable systems with history-dependent up and down states. Stochastic Models, 23: 665~681.

Finkelstein M. 2007.On some ageing properties of general repair processes. Journal of Applied Probability, 44(2): 506~513.

Jalali A, Hawkes A G. 1992a. The distribution of the apparent occupation times in a two-state Markov process in which brief events can not be detected. Advanced in Applied Probability, 24(2): 288~301.

Jalali A, Hawkes A G. 1992b. Generalized Eigenproblems arising in aggregated Markov Process allowing for time interval omission. Advanced in Applied Probability, 24(2): 302~321.

Kharoufeh J P, Finkelstein E D, Mixon G D. 2006. Availability of periodically inspected systems with Markovian wear and shocks. Journal of Applied Probability, 43(2): 303~317.

Ravichandran N. 1990. Stochastic Methods in Reliability Theory. New York: John Wiley & Sons, Inc.

Rausand M, Hoyland A. 2003. System Reliability Theory. New York: John Wiley & Sons, Inc.

Zheng Z H, Cui L R, Hawkes A G. 2006.A study on a single-unit Markov repairable system with repair time omission. IEEE Transactions on Reliability, 55(2): 182~188.

Zheng Z H, Cui L R, Li H J. 2008. Availability of semi-Markov repairable systems with history-dependent up and down states. Proceeding of the 3rd Asia International workshop, Advanced Reliability Model III, 186~193.

第 4 章　状态历史相依半马尔可夫可修系统建模与可靠性分析

4.1　引言及系统描述

在第 3 章讨论的状态历史相依马尔可夫可修系统中, 构成部件的寿命和故障后的修理时间均为指数分布. 但在工程实践中, 经常遇到部件的寿命或修理时间分布不是指数分布的情形, 这时可修系统所对应的随机过程不再是马尔可夫过程, 需要用其他的随机过程理论来讨论. 常用的工具有更新过程、马尔可夫更新过程、补充变量法 (曹晋华, 程侃, 2006). 马尔可夫更新过程对应的可修系统是半马尔可夫可修系统. 在半马尔可夫可修系统中, 系统在各个状态的逗留时间是一般分布, 不仅依赖于系统现在所处的状态, 还依赖于下一次转移时将要转入的状态. 因而应用范围更广泛, 更加贴近实际.

聚合随机过程可以用来描述只能部分观测的系统运行过程, 同时还可以通过降低维数的方法对复杂系统进行建模 (Widder, 1946; Stadje, 2005; Schoenig et al., 2006), 因而大量学者应用它解决了许多实际问题. Colquhoun 和 Hawkes (1982, 1990, 1997) 用聚合马尔可夫随机过程刻画离子通道的开放和闭合过程, 建立了各国专家学者最推崇的离子通道模型. Ball 等 (1991, 2002) 分别运用聚合马尔可夫过程、多变量半马尔可夫过程描述短闭合时间可忽略以及有多个传导水平的离子通道行为, 已经得到各界学者的认可. Rubino 和 Sericola (1989, 1993) 讨论了离散时间及连续时间状态合并过程中的马尔可夫性保持问题, 给出了保持马尔可夫性的充分条件. 郭永基 (2002) 用状态合并法研究了一类双元件系统的可靠性问题. Cui 等 (2007) 利用聚合马尔可夫过程理论分析了状态历史相依马尔可夫可修系统的可靠性. 本章将上述模型推广到半马尔可夫可修系统情形, 建立状态历史相依半马尔可夫可修系统模型, 并将运用马尔可夫更新过程、聚合半马尔可夫过程讨论该系统的可靠性度量问题.

状态历史相依半马尔可夫可修系统的假设如下: 系统的状态空间 S 是有限集, 可以被分为三个互不相交的子集 U, C 和 D, 其中 U 是工作状态集, D 是故障状态集. 初始时刻系统开始于 U 中的某个状态. 系统的演化可用一个连续时间的、齐次的半马尔可夫过程描述. C 中的状态称为可变状态. 若系统在转入 C 之前处于工作状态, 则 C 中的状态为工作状态. 若系统转入 C 之前处于故障状态, 则 C 中的状态为故障状态. 即 C 中状态的属性依赖于系统转入 C 之前所处状态的属性, 因而是历史相依的. 图 4.1 是系统的样本函数曲线图, 其中 $U=\{1,2\}$, $D=\{4,5\}, C=\{3\}$. 图 4.1(a) 是基本过程的样本函数图, 图 4.1(b) 是聚合过程的样本函数图. 第一个开工时间区间内, 系统访问了可变状态集三次. 第一个停工时间区间内, 系统访问了可变状态集一次. 第一个开工时间区间以在可变状态集中的逗留而结束, 第二个开工时间区间以在工作状态集中的逗留而结束.

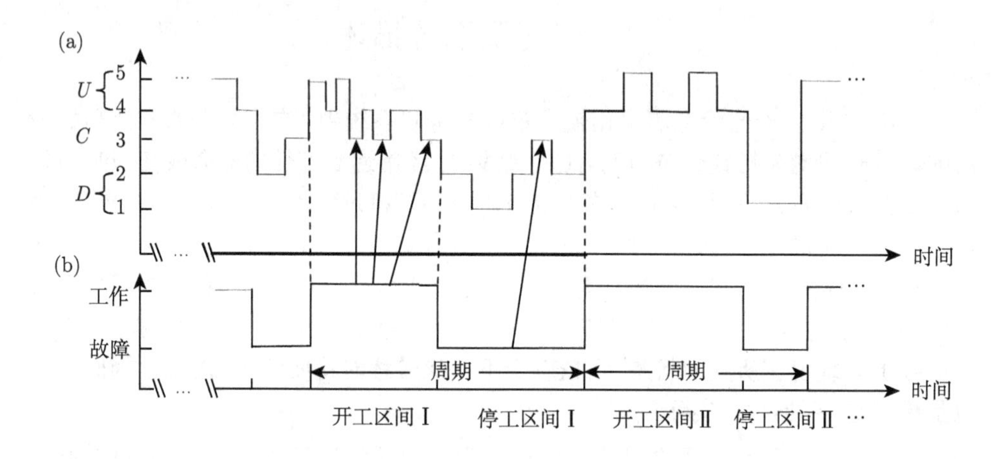

图 4.1　状态历史相依半马尔可夫可修系统样本函数曲线图

4.2　一些基本结论

设 $\{X(t), t \geqslant 0\}$ 是状态历史相依半马尔可夫可修系统对应的随机过程, 其状态空间 $\boldsymbol{S}$ 为有限集. 设 $\{(Z_l, R_l)\} = \{(Z_l, R_l),\ l = 0, 1, \cdots\}$ 是和 $\{X(t), t \geqslant 0\}$ 等价的时齐马尔可夫更新过程. $\{X(t), t \geqslant 0\}$ 和 $\{(Z_l, R_l)\}$ 的关系如下 (Ball et al., 1991; Cinlar, 1975): R_0, $R_1, \cdots (R_0 = 0)$ 为随机过程 $\{X(t), t \geqslant 0\}$ 状态发生转移的时刻. 系统相继访问的状态 $\{Z_l, l = 0, 1, \cdots\}$ 组成一个齐次马尔可夫链, 称为嵌入马尔可夫链. 假设 $\{Z_l\}$ 的转移概率矩阵为 $\boldsymbol{P}^z = (P_{ij})\,(i, j \in \boldsymbol{S})$ 并且存在稳态分布. 过程 $\{R_l\}$ 的增量 $U_l = R_l - R_{l-1}\,(l = 1, 2 \cdots)$ 表示系统在单个状态的逗留时间. 它们的分布依赖于正在访问的状态 Z_{l-1} 和即将访问的状态 Z_l. 已知 Z_{l-1} 和 Z_l 时, 系统在相继状态的逗留时间是相互独立的.

对任意 i, $j \in \boldsymbol{S}$, 定义条件分布

$$G_{ij}(t) = P\{U_l \leqslant t, Z_l = j\,|Z_{l-1} = i\}, \quad t \geqslant 0.$$

设其 L-S 变换为

$$\Psi_{ij}(s)=\int_0^{\infty}\exp(-st)\mathrm{d}G_{ij}(t),$$

则 $n\times n$ 维矩阵 $\boldsymbol{G}(t)=(G_{ij}(t))(i,j\in\boldsymbol{S})$ 可以完全决定半马尔可夫随机过程 $\{X(t),t\geqslant 0\}$ 的性质, 称其为半马尔可夫核.

在马尔可夫可修系统情形下,

$$G_{ij}(t)=(\tilde{q}_{ij}/-\tilde{q}_{ii})\left(1-\exp(\tilde{q}_{ii}t)\right),$$

其 L-S 变换为

$$\Psi_{ij}(s)=\tilde{q}_{ij}/(s-\tilde{q}_{ii}),\quad i,j\in\boldsymbol{S},$$

其中 $\tilde{q}_{ij}$, $\tilde{q}_{ii}$ 为马尔可夫过程转移率矩阵中的元素.

假设状态历史相依半马尔可夫可修系统的状态空间 $\boldsymbol{S}=U\bigcup C\bigcup D$, 其中

$$U=\{1,2,\cdots,n_U\},$$

$$C=\{n_U+1,n_U+2,\cdots,n_U+n_C\},$$

$$D=\{n_U+n_C+1,n_U+n_C+2,\cdots,n\},$$

分别表示 n_U 个工作状态, n_C 个可变状态和 $n-(n_U+n_C)$ 个故障状态组成的状态集. 当 C 中的状态为工作状态时, 记之为 C_u, 并称 C_u 为可变工作状态集. 当 C 中的状态为故障状态时, 记之为 C_d, 并称 C_d 为可变故障状态集. 为了对状态历史相依半马尔可夫可修系统进行可靠性评估, 定义一个新的随机过程 $\{\tilde{X}(t),t\geqslant 0\}$, 其状态空间 $\tilde{\boldsymbol{S}}=U\bigcup C_u\bigcup D\bigcup C_d=\{1,2,\cdots,\tilde{n}\}$, 新随机过程在各个状态的逗留时间及状态间转移情况如下 (Zheng et al., 2008).

C_u 和 C_d 中的状态转移, 逗留时间与 C 相同. U,D 内状态转移和逗留时间与原系统相同. 系统不能在 U 与 C_d, D 与 C_u, C_u 与 C_d 之间发生状态转移, 从 C_u 或 C_d 的转出和转入规律和从 C 的转出和转入规律相同. 新随机过程的状态转移如图 4.2 所示.

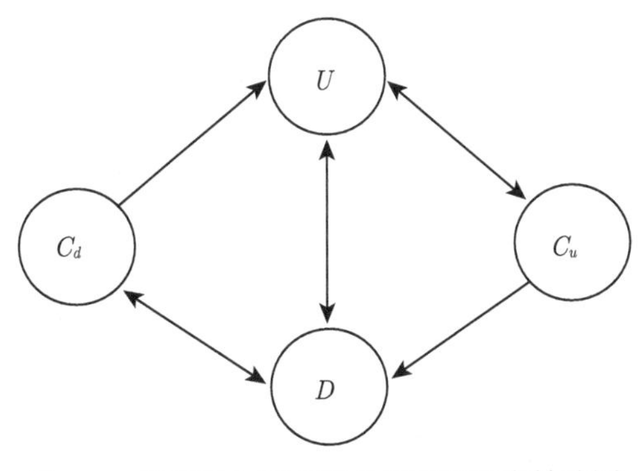

图 4.2 新半马尔可夫随机过程的状态转移图

显然 $\{\tilde{X}(t), t \geqslant 0\}$ 也是一个半马尔可夫随机过程, 称它为新半马尔可夫随机过程, 同时称 $\{X(t), t \geqslant 0\}$ 为旧半马尔可夫随机过程. 设 $\boldsymbol{H}(t) = (H_{ij}(t))\,(i, j, \in \tilde{\boldsymbol{S}})$ 为 $\{\tilde{X}(t), t \geqslant 0\}$ 的半马尔可夫核, $\tilde{\Psi}_{ij}(s)$ 为 $H_{ij}(t)$ 的 L-S 变换, 即

$$\tilde{\Psi}_{ij}(s) = \int_0^\infty \exp(-st)\mathrm{d}H_{ij}(t).$$

将旧半马尔科夫过程 $\{X(t), t \geqslant 0\}$ 的转移概率矩阵 $\boldsymbol{P}^Z = (G_{ij}(\infty)) = (\Psi_{ij}(0))$ 做如下分块:

$$\boldsymbol{P}^Z = \begin{pmatrix} \boldsymbol{P}_{UU} & \boldsymbol{P}_{UC} & \boldsymbol{P}_{UD} \\ \boldsymbol{P}_{CU} & \boldsymbol{P}_{CC} & \boldsymbol{P}_{CD} \\ \boldsymbol{P}_{DU} & \boldsymbol{P}_{DC} & \boldsymbol{P}_{DD} \end{pmatrix}.$$

同时也对 $\{\tilde{X}(t), t \geqslant 0\}$ 的转移概率矩阵 $\tilde{\boldsymbol{P}}^Z = (H_{ij}(\infty)) = (\tilde{\Psi}_{ij}(0))$ 做如下分块:

$$\tilde{\boldsymbol{P}}^Z = \begin{pmatrix} \boldsymbol{P}_{UU} & \boldsymbol{P}_{UC_u} & \boldsymbol{P}_{UD} & \boldsymbol{0} \\ \boldsymbol{P}_{C_uU} & \boldsymbol{P}_{C_uC_u} & \boldsymbol{P}_{C_uD} & \boldsymbol{0} \\ \boldsymbol{P}_{DU} & \boldsymbol{0} & \boldsymbol{P}_{DD} & \boldsymbol{P}_{DC_d} \\ \boldsymbol{P}_{C_dU} & \boldsymbol{0} & \boldsymbol{P}_{C_dD} & \boldsymbol{0} \end{pmatrix}.$$

由 $\{\tilde{X}(t), t \geqslant 0\}$ 和 $\{X(t), t \geqslant 0\}$ 的关系可得

$$\boldsymbol{P}_{UC_u} = \boldsymbol{P}_{UC}, \quad \boldsymbol{P}_{C_uU} = \boldsymbol{P}_{CU}, \quad \boldsymbol{P}_{C_uC_u} = \boldsymbol{P}_{C_dC_d} = \boldsymbol{P}_{CC},$$

$$\boldsymbol{P}_{DC_d} = \boldsymbol{P}_{DC}, \quad \boldsymbol{P}_{C_dU} = \boldsymbol{P}_{CU}, \quad \boldsymbol{P}_{C_dD} = \boldsymbol{P}_{CD}.$$

类似地, 可由 $\boldsymbol{G}(t)$ 得到 $\boldsymbol{H}(t)$.

设

$$E_{ij}^Z = \int_0^\infty t\mathrm{d}\boldsymbol{G}_{ij}(t) = -\left.\frac{\mathrm{d}\Psi_{ij}(s)}{\mathrm{d}s}\right|_{s=0}, \quad i, j \in \boldsymbol{S},$$

则 $\boldsymbol{E}^Z = [E_{ij}^Z]$ 是矩阵 $\boldsymbol{G}(t)$ 中每个元素的数学期望组成的矩阵, $m(i) = \sum\limits_{j \in S, j \neq i} P_{ij} E_{ij}^Z$ 表示系统在状态 i 的平均逗留时间, 即 $m(i) = E(U_{n+1} | Z_n = i)$(Cinlar, 1975).

对 $\boldsymbol{E}^Z$ 做如下分块:

$$\boldsymbol{E}^Z = \begin{pmatrix} \boldsymbol{E}_{UU} & \boldsymbol{E}_{UC} & \boldsymbol{E}_{UD} \\ \boldsymbol{E}_{CU} & \boldsymbol{E}_{CC} & \boldsymbol{E}_{CD} \\ \boldsymbol{E}_{DU} & \boldsymbol{E}_{DC} & \boldsymbol{E}_{DD} \end{pmatrix}.$$

类似地, 对 $\boldsymbol{H}(t)$ 的期望值矩阵 $\tilde{\boldsymbol{E}}^Z$ 做如下分块

$$\tilde{\boldsymbol{E}}^Z = \begin{pmatrix} \boldsymbol{E}_{UU} & \boldsymbol{E}_{UC_u} & \boldsymbol{E}_{UD} & \boldsymbol{0} \\ \boldsymbol{E}_{C_uU} & \boldsymbol{E}_{C_uC_u} & \boldsymbol{E}_{C_uD} & \boldsymbol{0} \\ \boldsymbol{E}_{DU} & \boldsymbol{0} & \boldsymbol{E}_{DD} & \boldsymbol{E}_{DC_d} \\ \boldsymbol{E}_{C_dU} & \boldsymbol{0} & \boldsymbol{E}_{C_dD} & \boldsymbol{0} \end{pmatrix},$$

则 $\boldsymbol{E}^Z$ 和 $\tilde{\boldsymbol{E}}^Z$ 中子矩阵的关系与 $\boldsymbol{P}^Z$ 和 $\tilde{\boldsymbol{P}}^Z$ 中子矩阵关系相同, 从而可由 $\boldsymbol{E}^Z$ 的子矩阵得到 $\tilde{\boldsymbol{E}}^Z$ 的子矩阵.

设 $\boldsymbol{\pi} = (\boldsymbol{\pi}_U, \boldsymbol{\pi}_C, \boldsymbol{\pi}_D)$ 为旧半马尔科夫过程 $\{X(t), t \geqslant 0\}$ 对应的嵌入马尔可夫链 $\{Z_l\}$ 的稳态分布. 设 $\boldsymbol{\pi}^X = (\boldsymbol{\pi}_U^X, \boldsymbol{\pi}_C^X, \boldsymbol{\pi}_D^X)$ 是随机过程 $\{X(t), t \geqslant 0\}$ 的稳态分布, 则其分量

$$\boldsymbol{\pi}_i^X = \frac{\boldsymbol{\pi}_i \sum\limits_{j \in S, j \neq i} P_{ij} E_{ij}^Z}{\sum\limits_{i \in S} \sum\limits_{j \in S, j \neq i} \boldsymbol{\pi}_i P_{ij} E_{ij}^Z}, \quad i \in \boldsymbol{S}, \tag{4.1}$$

其中 $\boldsymbol{\pi}_U^X$, $\boldsymbol{\pi}_C^X, \boldsymbol{\pi}_D^X$ 分别表示系统处于 U, C 和 D 中各个状态的稳态概率 (Ross, 1996).

由于新的半马尔可夫可修系统的任何一个开工时间区间开始于从 D 中的某个故障状态直接转移到 U 中的某个工作状态或通过 C_d 中的某个状态转移到状态集 U. 因此系统处于稳态条件下, 开工时间区间开始于 U 中各个状态的概率向量

$$\boldsymbol{u}_U = \frac{\boldsymbol{\pi}_D^X(\boldsymbol{P}_{DU} + \boldsymbol{P}_{DC}\boldsymbol{P}_{CU})}{\boldsymbol{\pi}_D^X(\boldsymbol{P}_{DU} + \boldsymbol{P}_{DC}\boldsymbol{P}_{CU})\boldsymbol{e}_U}. \tag{4.2}$$

类似地, $\boldsymbol{u}_D = \dfrac{\boldsymbol{\pi}_U^X(\boldsymbol{P}_{UD} + \boldsymbol{P}_{UC}\boldsymbol{P}_{CD})}{\boldsymbol{\pi}_U^X(\boldsymbol{P}_{UD} + \boldsymbol{P}_{UC}\boldsymbol{P}_{CD})\boldsymbol{e}_D}$ 表示系统处于稳态条件下, 停工时间区间开始于 D 中各个状态的概率.

4.3 首次故障前时间及故障频度

文献 (Zheng et al., 2008) 讨论了状态历史相依半马尔可夫可修系统的可用度. 本节将应用马尔可夫更新过程理论讨论系统的首次故障前时间分布和故障频度, 为维修更换策略的评估和优化提供依据.

4.3.1 首次故障前时间

设 T_i 表示时刻 0 系统从状态 i 出发时的首次故障前时间. 用 $\phi_i(t)$ 表示 T_i 的分布函数, 即 $\phi_i(t)=P(T_i\leqslant t\,|Z_0=i)$. 对 $i\in U\bigcup C_u$, 根据全概率公式可得

$$\begin{aligned}\phi_i(t)=&\sum_{j\in\tilde{\boldsymbol{S}},j\neq i}P\{T_i\leqslant t,\,Z_1=j,\,U_1\leqslant t\,|Z_0=i\}\\&+\sum_{j\in\tilde{\boldsymbol{S}},j\neq i}P\{T_i\leqslant t,\,Z_1=j,\,U_1>t\,|Z_0=i\}.\end{aligned}\tag{4.3}$$

由于对任意 $j\in\tilde{\boldsymbol{S}},j\neq i$, 当 $U_1>t,T_i\leqslant t$ 是不可能事件, 从而式 (4.3) 的第一项为零, 所以

$$\begin{aligned}\phi_i(t)=&\sum_{j\in U\bigcup C_u,j\neq i}P\{T_i\leqslant t,\,Z_1=j,\,U_1\leqslant t\,|Z_0=i\}\\&+\sum_{j\in D\bigcup C_d}P\{T_i\leqslant t,\,Z_1=j,\,U_1\leqslant t\,|Z_0=i\}.\end{aligned}\tag{4.4}$$

由系统的半马尔可夫性, 式 (4.4) 可表示为

$$\begin{aligned}\phi_i(t)&=\sum_{j\in U\bigcup C_u,j\neq i}\int_0^t P(T_i\leqslant t-u\,|Z_0=j)\mathrm{d}H_{ij}(u)+\sum_{j\in D\bigcup C_d}H_{ij}(t)\\&=\sum_{j\in U\bigcup C_u,j\neq i}H_{ij}(t)*\phi_j(t)+\sum_{j\in D\bigcup C_d}H_{ij}(t),\end{aligned}$$

其中 $*$ 表示卷积. 这样可以得到一个关于首次故障前时间的方程组.

在上述方程组两边作 L-S 变换得

$$\phi_i^*(s)=\sum_{j\in U\bigcup C_u,j\neq i}\phi_j^*(s)\tilde{\varPsi}_{ij}(s)+\sum_{j\in D\bigcup C_d}\tilde{\varPsi}_{ij}(s),\quad i\in U\bigcup C_u,$$

其中 $\phi_i^*(s)=\displaystyle\int_0^\infty \mathrm{e}^{-st}\mathrm{d}\phi_j(t)$. 解方程组可得 $\phi_i^*(s)$, 做逆 L-S 变换可得系统首次故障前时间的分布函数 $\phi_i(t)$.

令 $E_{T_i}=\displaystyle\int_0^\infty t\mathrm{d}\phi_i(t)(i\in U\bigcup C_u)$, 它表示系统时刻 0 从状态 i 出发时的平均首次故障前时间. 由 L-S 变换的性质得 $E_{T_i}=-\dfrac{\mathrm{d}}{\mathrm{d}s}\phi_i^*(s)\Big|_{s=0}$.

4.3.2 故障频度

令 $N(t)$ 表示时间 $(0,t]$ 内系统的故障次数, 则

$$M_i(t) = E[N(t)\,|Z_0 = i], \quad i \in \tilde{\boldsymbol{S}}$$

表示时刻 0 系统从状态 i 出发时, 在 $(0,t]$ 内的平均故障次数. 对 $i \in U\bigcup C_u$, 由全概率公式可得

$$\begin{aligned} M_i(t) = &\sum_{j\in\tilde{\boldsymbol{S}},j\neq i} (E[N(t)\,|Z_1 = j, U_1 \leqslant t, Z_0 = i]P\{Z_1 = j, U_1 \leqslant t\,|Z_0 = i\}) \\ &+ \sum_{j\in\tilde{\boldsymbol{S}},j\neq i} (E[N(t)\,|Z_1 = j, U_1 > t, Z_0 = i]P\{Z_1 = j, U_1 > t\,|Z_0 = i\}). \end{aligned} \tag{4.5}$$

当 $U_1 > t$ 时, 系统在 $(0,t]$ 内没有故障, 从而式 (4.5) 可化为

$$M_i(t) = \sum_{j\in\tilde{\boldsymbol{S}},j\neq i} \int_0^t E[N(t)\,|Z_1 = j, U_1 = u, Z_0 = i]\mathrm{d}H_{ij}(u). \tag{4.6}$$

当 $j \in U\bigcup C_u$, $j \neq i$ 时, 系统在 $(0,u]$ 内没有发生故障. 当 $j \in D\bigcup C_d$ 时, 时刻 u 系统由正常状态 i 进入故障状态 j, 从而 $(0,t]$ 内的故障次数等于从状态 j 出发时, $(u,t]$ 内的故障次数与 1 的和. 因此由系统在 U_1 时刻的半马尔可夫性, 式 (4.6) 可表示为

$$\begin{aligned} M_i(t) = &\sum_{j\in U\bigcup C_u,j\neq i} \int_0^t E[N(t-u)\,|Z_0 = j]\mathrm{d}H_{ij}(u) \\ &+ \sum_{j\in D\bigcup C_d} \int_0^t E[N(t-u)+1\,|Z_0 = j]\mathrm{d}H_{ij}(u) \\ = &\sum_{j\in U\bigcup C_u,j\neq i} M_j(t) * H_{ij}(t) + \sum_{j\in D\bigcup C_d} (M_j(t)+1) * H_{ij}(t). \end{aligned}$$

类似地, 对 $i \in D\bigcup C_d$, 有

$$M_i(t) = \sum_{j\in\tilde{\boldsymbol{S}}} M_j(t) * H_{ij}(t).$$

从而得到以下方程组:

$$\begin{cases} M_i(t) = \displaystyle\sum_{j\in U\bigcup C_u,j\neq i} M_j(t) * H_{ij}(t) + \sum_{j\in DUC_d} (M_j(t)+1) * H_{ij}(t), & i \in U\bigcup C_u, \\ M_i(t) = \displaystyle\sum_{j\in\tilde{\boldsymbol{S}}} M_j(t) * H_{ij}(t), & i \in D\bigcup C_d, \\ M_i(0) = 0, & i \in \tilde{\boldsymbol{S}}. \end{cases}$$

在方程组两边做 L-S 变换得

$$\begin{cases} M_i^*(s) = \sum\limits_{j\in U\bigcup C_u, j\neq i} M_j^*(s)\tilde{\Psi}_{ij}(s) + \sum\limits_{j\in D\bigcup C_d} (M_j^*(s)+1)\tilde{\Psi}_{ij}(s), & i\in U\bigcup C_u, \\ M_i^*(s) = \sum\limits_{j\in\tilde{\boldsymbol{S}}} M_j^*(s)\tilde{\Psi}_{ij}(s), & i\in D\bigcup C_d, \end{cases} \tag{4.7}$$

其中

$$M_i^*(s) = \int_0^\infty \mathrm{e}^{-st}\mathrm{d}M_i(t).$$

解上述方程组可得 $M_i^*(s)$, $i\in\tilde{\boldsymbol{S}}$. 由 L-S 变换的性质知, $m_i(t) = \dfrac{\mathrm{d}M_i(t)}{\mathrm{d}t}$ 为 $M_i^*(s)\,(i\in\tilde{\boldsymbol{S}})$ 的 L 变换, 对 $M_i^*(s)\,(i\in\tilde{\boldsymbol{S}})$ 作逆 L 变换可得到 $m_i(t)\,(i\in\tilde{\boldsymbol{S}})$ 的表达式.

由托贝尔定理 (Widder, 1946), 系统稳态故障频度为

$$M = \lim_{t\to\infty}\frac{M_i(t)}{t} = \lim_{s\to 0} sM_i^*(s),$$

并且 M 与 i 无关.

在马尔可夫情形中, $\tilde{\Psi}_{ij}(s)\,(i,j\in\tilde{\boldsymbol{S}})$ 等于 $\tilde{q}_{ij}/(s-\tilde{q}_{ii})$ 或 0, 取决于能否从状态 i 转移到 j. 把它们代入方程组 (4.7) 并求解, 可得到故障频度的 L 变换 $m_i^*(s)\,(i\in\tilde{\boldsymbol{S}})$. 设 $\boldsymbol{Q}$ 为马尔可夫可修系统的转移率矩阵, 把它用类似于 $\tilde{\boldsymbol{E}}^Z$ 的方法进行分块, 可得

$$\boldsymbol{m}^*(s) = (s\boldsymbol{I}-\boldsymbol{Q})^{-1}\begin{pmatrix}\boldsymbol{Q}_{UD}\\ \boldsymbol{Q}_{C_uD}\\ \boldsymbol{0}\\ \boldsymbol{0}\end{pmatrix}\boldsymbol{e}_{\tilde{\boldsymbol{S}}}, \tag{4.8}$$

其中 $\boldsymbol{m}^*(s) = \left(m_1^*(s), m_2^*(s), \cdots, m_{\tilde{n}^*(s)}\right)^{\mathrm{T}}$.

4.4　聚合半马尔可夫过程及其核

4.4.1　聚合半马尔可夫过程

为研究状态历史相依半马尔可夫可修系统的各种随机时间分布, 定义以下聚合随机过程.

设状态历史相依半马尔可夫可修系统在 $t=0$ 时刻进入一个开工时间区间, N_G 为系统在该开工时间区间内访问可变工作状态集 C_u 的次数.

由图 4.1 可知, 一个开工时间区间可能结束于工作状态集 U, 也可能结束于可变工作状态集 C_u. 若它结束于工作状态集 U. 设 $S_0=0$, 对 $k=1,\ 2,\cdots,2N_G$, 令

$$S_k=\begin{cases}\inf\limits_{t>S_{k-1}}\{t:\tilde{X}(t)\in C_u\}, & k\ 是奇数,\\ \inf\limits_{t>S_{k-1}}\{t:\tilde{X}(t)\in U\}, & k\ 是偶数,\end{cases} \tag{4.9}$$

其中, $S_{2N_G+1}=\inf\limits_{t>S_{2N_G}}\{t:\tilde{X}(t)\in D\}$. 对 $k=0,1,\cdots,2N_G+1$, 令 $J_k=\tilde{X}(S_k)$, 则 J_{2k} 为一个开工时间区间内系统第 $k+1$ 次访问工作状态集 U 时的进入状态, J_{2N_G+1} 为系统访问该开工时间区间的后继停工时间区间的进入状态. 若 $N_G>0$, J_{2k+1} 为一个开工时间区间内系统第 $k+1$ 次访问可变工作状态集 C_u 时的进入状态.

若开工时间区间结束于可变工作状态集 C_u, 对 $k=1,2,\cdots,2N_G-1$, S_k 的定义与式 (4.9) 相同. 但是对 $k=2N_G$, 令 $S_{2N_G}=\inf\limits_{t>S_{2N_G-1}}\{t:\tilde{X}(t)\in D\}$, 则 J_{2N_G} 是开工时间区间的后继停工时间区间的初始状态. 显然, 用 D 替换 U, 用 C_d 替换 C_u, $\{(J_k,S_k),\ k=0,1,\cdots\}$ 也可以用来描述一个停工时间期间的运行情况. 从 $\{(J_k,S_k)\}$ 的定义可知, 它反映了过程 $\{\tilde{X}(t),t\geqslant 0\}$ 一个周期内在不同状态集之间的转移情况, 以及在不同状态集内的逗留时间, 因而是一个聚合随机过程, $\{\tilde{X}(t),t\geqslant 0\}$ 是相应的基本随机过程. 聚合随机过程 $\{(J_k,S_k)\}$ 的状态空间为 $\tilde{\boldsymbol{S}}$. 由 $\{(Z_l,\ R_l)\}$ 的马尔可夫性可知, $\{(J_k,S_k)\}$ 在状态发生转移的时刻 $\{S_k\}$ 也具有马尔可夫性, 因而是一个马尔可夫更新过程 (Ball et al.,1991). 设 $T_0=0$, $T_k=S_k-S_{k-1},k=1,2,\cdots$, 则 T_k 是过程 $\{\tilde{X}(t),t\geqslant 0\}$ 在 U,C_u,C_d 或 D 中的逗留时间长度. 在每个状态集中的逗留包含在同一子集中的若干次转移, 并且 $\{(J_k,T_k)\}$ 是和 $\{(Z_l,\ R_l)\}$ 等价的马尔可夫更新过程.

4.4.2 半马尔可夫核

设 $\boldsymbol{F}(t)=(F_{ij}(t))\,(i,j\in\tilde{\boldsymbol{S}})$ 是马尔可夫更新过程 $\{(J_k,T_k),\ k=0,1,\cdots\}$ 的核, 则

$$F_{ij}(t)=P(T_k\leqslant t,J_k=j\,|J_{k-1}=i)\,,\quad t\geqslant 0,\ i,j\in\tilde{\boldsymbol{S}},$$

并且 $\{(J_k,T_k)\}$ 的性质完全被 $\boldsymbol{F}(t)$ 决定. 设 $\boldsymbol{\Phi}(s)\,(s\geqslant 0)$ 为 $\boldsymbol{F}(t)$ 的 L-S 变换矩阵, $\boldsymbol{P}^J=\boldsymbol{F}(\infty)=\boldsymbol{\Phi}(0)$ 为嵌入离散时间马氏链 $\{J_k\}$ 的转移概率矩阵. 对 $\boldsymbol{P}^J$ 做如下分块:

$$\boldsymbol{P}^J=\begin{pmatrix}\boldsymbol{0} & \boldsymbol{P}^J_{UC_u} & \boldsymbol{P}^J_{UD} & \boldsymbol{0}\\ \boldsymbol{P}^J_{C_uU} & \boldsymbol{0} & \boldsymbol{P}^J_{C_uD} & \boldsymbol{0}\\ \boldsymbol{P}^J_{DU} & \boldsymbol{0} & \boldsymbol{0} & \boldsymbol{P}^J_{DC_d}\\ \boldsymbol{P}^J_{C_dU} & \boldsymbol{0} & \boldsymbol{P}^J_{C_dD} & \boldsymbol{0}\end{pmatrix},$$

其中非零子矩阵表示状态子集间的转移概率, 如 $\boldsymbol{P}_{UC_u}^J$ 表示从 U 中的状态转移到 C_u 中状态的概率.

对 $\boldsymbol{\Phi}(s)$ 做如下分块:

$$\boldsymbol{\Phi}(s)=\begin{pmatrix} \mathbf{0} & \boldsymbol{\Phi}_{UC_u}(s) & \boldsymbol{\Phi}_{UD}(s) & \mathbf{0} \\ \boldsymbol{\Phi}_{C_uU}(s) & \mathbf{0} & \boldsymbol{\Phi}_{C_uD}(s) & \mathbf{0} \\ \boldsymbol{\Phi}_{DU}(s) & \mathbf{0} & \mathbf{0} & \boldsymbol{\Phi}_{DC_d}(s) \\ \boldsymbol{\Phi}_{C_dU}(s) & \mathbf{0} & \boldsymbol{\Phi}_{C_dD}(s) & \mathbf{0} \end{pmatrix},$$

其中非零子矩阵表示系统从前一个状态子集转移到后一个状态子集时, 在前一个状态子集逗留时间的 L-S 变换. 如 $\boldsymbol{\Phi}_{UC_u}(s)$ 表示系统从 U 中的状态转移到 C_u 中的状态时, 在 U 中的逗留时间的 L-S 变换.

设 $\tilde{\boldsymbol{\Psi}}(s)=(\tilde{\Psi}_{ij}(s))$, 对 $\tilde{\boldsymbol{\Psi}}(s)$ 做如下分块:

$$\tilde{\boldsymbol{\Psi}}(s)=\begin{pmatrix} \tilde{\boldsymbol{\Psi}}_{UU}(s) & \tilde{\boldsymbol{\Psi}}_{UC_u}(s) & \tilde{\boldsymbol{\Psi}}_{UD}(s) & \mathbf{0} \\ \tilde{\boldsymbol{\Psi}}_{C_uU}(s) & \tilde{\boldsymbol{\Psi}}_{C_uC_u}(s) & \tilde{\boldsymbol{\Psi}}_{C_uD}(s) & \mathbf{0} \\ \tilde{\boldsymbol{\Psi}}_{DU}(s) & \mathbf{0} & \tilde{\boldsymbol{\Psi}}_{DD}(s) & \tilde{\boldsymbol{\Psi}}_{DC_d}(s) \\ \tilde{\boldsymbol{\Psi}}_{C_dU}(s) & \mathbf{0} & \tilde{\boldsymbol{\Psi}}_{C_dD}(s) & \tilde{\boldsymbol{\Psi}}_{C_dC_d}(s) \end{pmatrix}.$$

用类似于文献 (Ball et al., 1991) 中定理 3.1 的方法可以证明

$$\boldsymbol{\Phi}_{UC_u}(s)=\left(\boldsymbol{I}-\tilde{\boldsymbol{\Psi}}_{UU}(s)\right)^{-1}\tilde{\boldsymbol{\Psi}}_{UC_u}(s). \tag{4.10}$$

在式 (4.10) 中, 令 $s=0$ 可得

$$\boldsymbol{P}_{UC_u}^J=(\boldsymbol{I}-\boldsymbol{P}_{UU})^{-1}\boldsymbol{P}_{UC_u}. \tag{4.11}$$

设 $\boldsymbol{E}^J$ 表示 $\boldsymbol{F}(t)$ 的期望矩阵, 则 $\boldsymbol{E}^J=-\left.\frac{\mathrm{d}\boldsymbol{\Phi}(s)}{\mathrm{d}s}\right|_{s=0}$, 其中的求导运算是对矩阵中的每一个元素进行. 对 $\boldsymbol{E}^J$ 做如下分块:

$$\boldsymbol{E}^J=\begin{pmatrix} \mathbf{0} & \boldsymbol{E}_{UC_u}^J & \boldsymbol{E}_{UD}^J & \mathbf{0} \\ \boldsymbol{E}_{C_uU}^J & \mathbf{0} & \boldsymbol{E}_{C_uD}^J & \mathbf{0} \\ \boldsymbol{E}_{DU}^J & \mathbf{0} & \mathbf{0} & \boldsymbol{E}_{DC_d}^J \\ \boldsymbol{E}_{C_dU}^J & \mathbf{0} & \boldsymbol{E}_{C_dD}^J & \mathbf{0} \end{pmatrix}.$$

根据式 (4.10) 和式 (4.11), 通过计算可得

$$\boldsymbol{E}_{UC_u}^J=(\boldsymbol{I}-\boldsymbol{P}_{UU})^{-1}\left(\boldsymbol{E}_{UU}(\boldsymbol{I}-\boldsymbol{P}_{UU})^{-1}\boldsymbol{P}_{UC_u}+\boldsymbol{E}_{UC_u}\right). \tag{4.12}$$

式 (4.10)—(4.12) 对其他子集也成立, 从而由 $\tilde{\boldsymbol{E}}^Z$ 和 $\tilde{\boldsymbol{P}}^Z$ 可得 $\boldsymbol{E}^J$.

在马尔可夫情形下, $\tilde{\boldsymbol{\Psi}}_{ij}(s)$ 等于 $\tilde{q}_{ij}/(s-\tilde{q}_{ii})$ 或 0. 令 $\boldsymbol{Q}=\boldsymbol{Q}^D+\bar{\boldsymbol{Q}}$, 其中 $\boldsymbol{Q}^D=\mathrm{diag}\{\tilde{q}_{11},\tilde{q}_{22},\cdots,\tilde{q}_{\tilde{n}\tilde{n}}\}$ 是由矩阵 $\boldsymbol{Q}$ 对角线上的元素组成的对角阵, $\bar{\boldsymbol{Q}}=\boldsymbol{Q}-\boldsymbol{Q}^D$. 用和 $\tilde{\boldsymbol{\Psi}}(s)$ 同样的分块方法对 $\boldsymbol{Q}$, $\boldsymbol{Q}^D$ 和 $\bar{\boldsymbol{Q}}$ 进行分块. 把相应的表示式代入式 (4.10) 可得

$$\begin{aligned}\boldsymbol{\Phi}_{UC_u}(s)&=\left(\boldsymbol{I}-\left(s\boldsymbol{I}-\boldsymbol{Q}_{UU}^D\right)^{-1}\bar{\boldsymbol{Q}}_{UU}\right)^{-1}\left(s\boldsymbol{I}-\boldsymbol{Q}_{UU}^D\right)^{-1}\boldsymbol{Q}_{UC_u}\\&=\left(\left(s\boldsymbol{I}-\boldsymbol{Q}_{UU}^D\right)^{-1}\left(s\boldsymbol{I}-\boldsymbol{Q}_{UU}^D\right)-\left(s\boldsymbol{I}-\boldsymbol{Q}_{UU}^D\right)^{-1}\bar{\boldsymbol{Q}}_{UU}\right)^{-1}\\&\quad\times\left(s\boldsymbol{I}-\boldsymbol{Q}_{UU}^D\right)^{-1}\boldsymbol{Q}_{UC_u}\\&=\left(s\boldsymbol{I}-\left(\boldsymbol{Q}_{UU}^D+\bar{\boldsymbol{Q}}_{UU}\right)\right)^{-1}\boldsymbol{Q}_{UC_u}\\&=\left(s\boldsymbol{I}-\boldsymbol{Q}_{UU}\right)^{-1}\boldsymbol{Q}_{UC_u}.\end{aligned}\tag{4.13}$$

因此 $\boldsymbol{\Phi}_{UC_u}(s)$ 化简为文献 (Cui et al., 2007) 中 $\boldsymbol{G}_{UC_u}(t)$ 的 L 变换 $\boldsymbol{G}^*_{UC_u}(s)$. 同样的结论对其他子集也成立.

4.5 随机时间分布

利用 4.4 节中的相关结论, 可以得到状态历史相依半马尔可夫可修系统的两类时间分布. 一类是一个周期内系统在不同状态集内的总逗留时间, 包括开工时间、停工时间、在工作状态集的总逗留时间、在故障状态集的总逗留时间、在可变工作状态集的总逗留时间、在可变故障状态集的总逗留时间. 另一类是单个逗留时间分布, 包括系统第 $k(k\geqslant 1)$ 次访问工作状态集、故障状态集、可变工作状态集和可变故障状态集时的逗留时间.

4.5.1 总逗留时间分布

设 $T^u_{ij}(t)$ 为已知转入状态 $i(i\in U)$ 及转出状态 $j(j\in D)$ 时, 开工时间的条件分布函数, $\boldsymbol{\varphi}^u(s)=(\varphi^u_{ij}(s))$ 为 $\boldsymbol{T}^u(t)=(T^u_{ij}(t))$ 的 L-S 变换矩阵, 则

$$\boldsymbol{\varphi}^u(s)=\left(\boldsymbol{I}-\boldsymbol{\Phi}_{UC_u}(s)\boldsymbol{\Phi}_{C_uU}(s)\right)^{-1}\left(\boldsymbol{\Phi}_{UD}(s)+\boldsymbol{\Phi}_{UC_u}(s)\boldsymbol{\Phi}_{C_uD}(s)\right).\tag{4.14}$$

式 (4.14) 的推导主要基于两点: (a) 当系统从工作状态 U 转移到故障状态 D 时, 一个开工之间区间结束. 而从工作状态集转移到故障状态集时可能经过可变工作状态集. 因此这一段时间的 L-S 变换为 $\boldsymbol{\Phi}_{UD}(s)+\boldsymbol{\Phi}_{UC_u}(s)\boldsymbol{\Phi}_{C_uD}(s)$, 即式 (4.14) 中的第二个因子. (b) 系统在最后一次访问工作状态集 U 之前, 可能在工作状态集 U 和可变工作状态集 C_u 之间做 $k(k=0,1,\cdots,\infty)$ 次 “震荡”. 对所有的 k 值相加,

并利用过程 $\{(J_k, S_k)\}$ 的半马尔可夫性可得

$$\boldsymbol{\varphi}^u(s) = \sum_{k=0}^{\infty} \left(\boldsymbol{\Phi}_{UC_u}(s)\boldsymbol{\Phi}_{C_uU}(s)\right)^k \left(\boldsymbol{\Phi}_{UD}(s) + \boldsymbol{\Phi}_{UC_u}(s)\boldsymbol{\Phi}_{C_uD}(s)\right). \tag{4.15}$$

由几何级数的性质及式 (4.15) 可得式 (4.14). 用和文献 (Ball et al., 1991) 中定理 3.1 类似的方法可证明式 (4.14) 中的逆矩阵存在性.

设 $T_{ij}^d(t)$ 为已知转入状态 $i(i \in D)$ 及转出状态 $j(j \in U)$ 时, 停工时间的条件分布函数, $\boldsymbol{\varphi}^d(s) = (\varphi_{ij}^d(s))(s \geqslant 0)$ 为 $\boldsymbol{T}^d(t) = (\boldsymbol{T}_{ij}^d(t))$ 的 L-S 变换矩阵. 用和式 (4.14) 类似的推导方法可得

$$\boldsymbol{\varphi}^d(s) = \left(\boldsymbol{I} - \boldsymbol{\Phi}_{DC_d}(s)\boldsymbol{\Phi}_{C_dD}(s)\right)^{-1} \left(\boldsymbol{\Phi}_{DU}(s) + \boldsymbol{\Phi}_{DC_d}(s)\boldsymbol{\Phi}_{C_dU}(s)\right).$$

设 $\boldsymbol{\varphi}^U(s)$ 为已知开工时间区间的转入和转出状态时, 系统在工作状态集总逗留时间的 L-S 变换. $\boldsymbol{\varphi}^U(s)$ 仅包含系统在工作状态集 U 中的逗留时间, 不包括在可变工作状态集 C_u 中的逗留时间, 因此, 在式 (4.14) 中, 令 $\boldsymbol{\Phi}_{C_uU}(s)$ 及 $\boldsymbol{\Phi}_{C_uD}(s)$ 中的 $s = 0$, 其他项不变, 可得 $\boldsymbol{\varphi}^U(s)$. 设 $T^{C_u}(t)$ 为已知一个开工时间区间的转入和转出状态时, 系统在可变工作状态集的总逗留时间, $T^D(t)$ 及 $T^{C_d}(t)$ 分别是已知停工时间区间的转入和转出状态时, 系统在故障状态集 D, 可变故障状态集 C_d 中的总逗留时间, $\boldsymbol{\varphi}^{C_u}(s)$, $\boldsymbol{\varphi}^D(s)$, $\boldsymbol{\varphi}^{C_d}(s)$ 分别是它们的 L-S 变换. 在 $\boldsymbol{\varphi}^u(s)$ 和 $\boldsymbol{\varphi}^d(s)$ 中, 令相应的 $s = 0$ 可得

$$\boldsymbol{\varphi}^U(s) = \left(\boldsymbol{I} - \boldsymbol{\Phi}_{UC_u}(s)\boldsymbol{P}_{C_uU}^J\right)^{-1} \left(\boldsymbol{\Phi}_{UD}(s) + \boldsymbol{\Phi}_{UC_u}(s)\boldsymbol{P}_{C_uD}^J\right),$$

$$\boldsymbol{\varphi}^{C_u}(s) = \left(\boldsymbol{I} - \boldsymbol{P}_{UC_u}^J\boldsymbol{\Phi}_{C_uU}(s)\right)^{-1} \left(\boldsymbol{P}_{UD}^J + \boldsymbol{P}_{UC_u}^J\boldsymbol{\Phi}_{C_uD}(s)\right),$$

$$\boldsymbol{\varphi}^D(s) = \left(\boldsymbol{I} - \boldsymbol{\Phi}_{DC_d}(s)\boldsymbol{P}_{C_dD}^J\right)^{-1} \left(\boldsymbol{\Phi}_{DU}(s) + \boldsymbol{\Phi}_{DC_d}(s)\boldsymbol{P}_{C_dU}^J\right),$$

$$\boldsymbol{\varphi}^{C_d}(s) = \left(\boldsymbol{I} - \boldsymbol{P}_{DC_d}^J\boldsymbol{\Phi}_{C_dD}(s)\right)^{-1} \left(\boldsymbol{P}_{DU}^J + \boldsymbol{P}_{DC_d}^J\boldsymbol{\Phi}_{C_dU}(s)\right).$$

由式 (413) 可得, 在马尔可夫情形下, 本书中的 $\boldsymbol{\Phi}_{AB}(s)$ 化为 $\boldsymbol{G}_{AB}^*(s)$(Cui et al., 2007) 中 $\boldsymbol{G}_{AB}(t)$ 的 L 变换, 其中 A 和 B 为 $\tilde{\boldsymbol{S}}$ 的子集, 本书中的 $\boldsymbol{P}_{AB}^J$ 可化为 (Cui et al., 2007) 中的 $\boldsymbol{G}_{AB}$. 对 $\boldsymbol{\varphi}^u(s)$ 和 $\boldsymbol{\varphi}^d(s)$ 做逆拉氏变换, 可得 (Cui et al., 2007) 中定理 3.1 和定理 3.2. 类似地, 由本书中的 $\boldsymbol{\varphi}^U(s)$, $\boldsymbol{\varphi}^{C_u}(s)$, $\boldsymbol{\varphi}^D(s)$, $\boldsymbol{\varphi}^{C_d}(s)$, 可以得到状态历史相依马尔可夫可修系统情形下相应条件分布的 L 变换. 并且由 $\boldsymbol{\varphi}^{C_u}(s)$, $\boldsymbol{\varphi}^{C_d}(s)$ 可得本书第 3 章的式 (3.20) 和式 (3.22).

由式 (4.1) 和式 (4.14) 可得, 状态历史相依半马尔可夫可修系统稳态条件下, 开工时间区间的 L-S 变换为

$$f^u(s) = \boldsymbol{u}_U \left(\boldsymbol{I} - \boldsymbol{\Phi}_{UC_u}(s)\boldsymbol{\Phi}_{C_uU}(s)\right)^{-1} \left(\boldsymbol{\Phi}_{UD}(s) + \boldsymbol{\Phi}_{UC_u}(s)\boldsymbol{\Phi}_{C_uD}(s)\right)\boldsymbol{e}_D.$$

由 L-S 变换的性质, 平均开工时间 $m^u = -\left(\dfrac{\mathrm{d}f^u(s)}{\mathrm{d}s}\right)\bigg|_{s=0}$. 经计算可得

$$\begin{aligned}m^u =& \boldsymbol{u}_U\left(\boldsymbol{I}-\boldsymbol{P}^J_{UC_u}\boldsymbol{P}^J_{C_uU}\right)^{-1}\left\{\left(\boldsymbol{E}^J_{UC_u}\boldsymbol{P}^J_{C_uU}+\boldsymbol{P}^J_{UC_u}\boldsymbol{E}^J_{C_uU}\right)\left(\boldsymbol{I}-\boldsymbol{P}^J_{UC_u}\boldsymbol{P}^J_{C_uU}\right)^{-1}\right.\\ &\left.\times\left(\boldsymbol{P}^J_{UD}+\boldsymbol{P}^J_{UC_u}\boldsymbol{P}^J_{C_uD}\right)+\left(\boldsymbol{E}^J_{UD}+\boldsymbol{E}^J_{UC_u}\boldsymbol{P}^J_{C_uD}+\boldsymbol{P}^J_{UC_u}\boldsymbol{E}^J_{C_uD}\right)\right\}\boldsymbol{e}_D. \quad (4.16)\end{aligned}$$

类似地, 系统处于稳态条件下, 一个周期内在工作状态集的平均总逗留时间

$$\begin{aligned}m^U =& \boldsymbol{u}_U\left(\boldsymbol{I}-\boldsymbol{P}^J_{UC_u}\boldsymbol{P}^J_{C_uU}\right)^{-1}\left\{\left(\boldsymbol{E}^J_{UC_u}\boldsymbol{P}^J_{C_uU}\right)\left(\boldsymbol{I}-\boldsymbol{P}^J_{UC_u}\boldsymbol{P}^J_{C_uU}\right)^{-1}\right.\\ &\left.\times\left(\boldsymbol{P}^J_{UD}+\boldsymbol{P}^J_{UC_u}\boldsymbol{P}^J_{C_uD}\right)+\left(\boldsymbol{E}^J_{UD}+\boldsymbol{E}^J_{UC_u}\boldsymbol{P}^J_{C_uD}\right)\right\}\boldsymbol{e}_D, \quad (4.17)\end{aligned}$$

在可变工作状态集 C_u 的平均总逗留时间为

$$\begin{aligned}m^{C_u} =& \boldsymbol{u}_U\left(\boldsymbol{I}-\boldsymbol{P}^J_{UC_u}\boldsymbol{P}^J_{C_uU}\right)^{-1}\left\{\left(\boldsymbol{P}^J_{UC_u}\boldsymbol{E}^J_{C_uU}\right)\left(\boldsymbol{I}-\boldsymbol{P}^J_{UC_u}\boldsymbol{P}^J_{C_uU}\right)^{-1}\right.\\ &\left.\times\left(\boldsymbol{P}^J_{UD}+\boldsymbol{P}^J_{UC_u}\boldsymbol{P}^J_{C_uD}\right)+\boldsymbol{P}^J_{UC_u}\boldsymbol{E}^J_{C_uD}\right\}\boldsymbol{e}_D. \quad (4.18)\end{aligned}$$

从马尔可夫更新过程一般观点来看, 故障状态集和正常状态集的地位是对称的. 因此平均停工时间 m^d, 一个停工时间区间内在故障状态集的平均总逗留时间 m^D, 在可变故障状态集的总逗留时间 m^{C_d} 可分别由式 (4.16)—(4.18) 通过把 U 替换为 D, C_u 替换为 C_d 得到.

由式 (4.13) 可得, 在马尔可夫情形下, $\boldsymbol{E}^J_{AB}$ 可化为 $\boldsymbol{Q}^{-2}_{AA}\boldsymbol{Q}_{AB}$, 其中 $A,B\in\{U,C_u,D,C_d\}$, 因此由式 (4.16)—(4.18) 及替换方法可得到马尔可夫情形下的 m^u, m^d, m^U, m^D, m^{C_u} 及 m^{C_d}.

4.5.2 单个状态集逗留时间分布

状态历史相依半马尔可夫可修系统在一个周期内可能访问状态集 U, D, C_u 及 C_d 若干次. 每次访问的概率及逗留时间互不相同. 因此有必要对单个访问的性质进行研究. 下面首先讨论系统在单个可变工作状态集的逗留时间分布.

假设系统已经处于稳态. 在第 k 次访问 C_u 之前, 系统必须在 U 和 C_u 之间"震荡"$k-1$ 次, 然后再通过 U, 转移到 C_u. 若第 k 次访问是系统最后一次访问 C_u, 则第 k 访问 C_u 时, 在其中逗留时间的 L-S 变换为

$$\boldsymbol{u}_U\left(\boldsymbol{P}^J_{UC_u}\boldsymbol{P}^J_{C_uU}\right)^{k-1}\left(\boldsymbol{P}^J_{UC_u}\boldsymbol{\Phi}_{C_uU}(s)\boldsymbol{P}^J_{UD}+\boldsymbol{P}^J_{UC_u}\boldsymbol{\Phi}_{C_uD}(s)\right)\boldsymbol{e}_D/P^{C_u}_k, \quad (4.19)$$

其中 $\boldsymbol{P}^{C_u}_k$ 为一个开工时间区间内系统正好访问可变工作状态集 $k\,(k\geqslant 1)$ 次的概率. 在式 (4.19) 中, 令分子中的 s 等于 0 可得到 $P^{C_u}_k$.

若第 k 次访问不是系统最后一次访问 C_u, 并且系统在该开工时间区间内访问了可变工作状态集 $r(r>k)$ 次, 则第 k 访问 C_u 时, 在其中逗留时间的 L-S 变换为

$$\boldsymbol{u}_U\left(\boldsymbol{P}_{UC_u}^J\boldsymbol{P}_{C_uU}^J\right)^{k-1}\boldsymbol{P}_{UC_u}^J\boldsymbol{\Phi}_{C_uU}(s)\left(\boldsymbol{P}_{UC_u}^J\boldsymbol{P}_{C_uU}^J\right)^{r-k-1}$$
$$\times\boldsymbol{P}_{UC_u}^J\left(\boldsymbol{P}_{C_uU}^J\boldsymbol{P}_{UD}^J+\boldsymbol{P}_{C_uD}^J\right)\boldsymbol{e}_D/P_r^{C_u},\tag{4.20}$$

其中 $\boldsymbol{P}_r^{C_u}$ 为一个开工时间区间内系统正好访问可变工作状态集 $r(r>k)$ 次概率.

综合上述两种情形, 可得系统第 k 次访问 C_u 时, 在其中逗留时间的 L-S 变换为

$$\begin{aligned}f_k^{C_u}(s)=&\boldsymbol{u}_U\left(\boldsymbol{P}_{UC_u}^J\boldsymbol{P}_{C_uU}^J\right)^{k-1}\boldsymbol{P}_{UC_u}^J\left\{\boldsymbol{\Phi}_{C_uU}(s)\boldsymbol{P}_{UD}^J+\boldsymbol{\Phi}_{C_uD}(s)\right.\\&+\sum_{r=k+1}^{\infty}\left[\boldsymbol{\Phi}_{C_uU}(s)\left(\boldsymbol{P}_{UC_u}^J\boldsymbol{P}_{C_uU}^J\right)^{r-k-1}\right.\\&\left.\left.\times\left(\boldsymbol{P}_{UC_u}^J\boldsymbol{P}_{C_uU}^J\boldsymbol{P}_{UD}^J+\boldsymbol{P}_{UC_u}^J\boldsymbol{P}_{C_uD}^J\right)\right]\right\}\boldsymbol{e}_D/\tilde{P}_k^{C_u}\\=&\boldsymbol{u}_U\left(\boldsymbol{P}_{UC_u}^J\boldsymbol{P}_{C_uU}^J\right)^{k-1}\boldsymbol{P}_{UC_u}^J\left[\boldsymbol{\Phi}_{C_uU}(s)\boldsymbol{P}_{UD}^J+\boldsymbol{\Phi}_{C_uD}(s)\right.\\&+\boldsymbol{\Phi}_{C_uU}(s)\left(\boldsymbol{I}-\boldsymbol{P}_{UC_u}^J\boldsymbol{P}_{C_uU}^J\right)^{-1}\\&\left.\times\left(\boldsymbol{P}_{UC_u}^J\boldsymbol{P}_{C_uU}^J\boldsymbol{P}_{UD}^J+\boldsymbol{P}_{UC_u}^J\boldsymbol{P}_{C_uD}^J\right)\right]\boldsymbol{e}_D/\tilde{P}_k^{C_u},\end{aligned}\tag{4.21}$$

其中 $\tilde{P}_k^{C_u}$ 为一个开工时间区间内系统至少访问可变工作状态集 $k\,(k\geqslant 1)$ 次的概率. 在式 (3.21) 中, 令分子中的 $s=0$ 可以得到 $\tilde{P}_k^{C_u}$, 经计算可得

$$\begin{aligned}\tilde{P}_k^{C_u}=&\boldsymbol{u}_U\left(\boldsymbol{P}_{UC_u}^J\boldsymbol{P}_{C_uU}^J\right)^{k-1}\left(\boldsymbol{I}-\boldsymbol{P}_{UC_u}^J\boldsymbol{P}_{C_uU}^J\right)^{-1}\\&\times\left(\boldsymbol{P}_{UC_u}^J\boldsymbol{P}_{C_uU}^J\boldsymbol{P}_{UD}^J+\boldsymbol{P}_{UC_u}^J\boldsymbol{P}_{C_uD}^J\right)\boldsymbol{e}_D.\end{aligned}\tag{4.22}$$

由 L-S 变换的性质, 经计算可得系统第 k 次访问 C_u 时, 在其中的平均逗留时间为

$$\begin{aligned}m_k^{C_u}=&\boldsymbol{u}_U\left(\boldsymbol{P}_{UC_u}^J\boldsymbol{P}_{C_uU}^J\right)^{k-1}\left\{\left(\boldsymbol{P}_{UC_u}^J\boldsymbol{E}_{C_uU}^J\boldsymbol{P}_{UD}^J+\boldsymbol{P}_{UC_u}^J\boldsymbol{E}_{C_uD}^J\right)\right.\\&+\boldsymbol{P}_{UC_u}^J\boldsymbol{E}_{C_uU}^J\times\left(\boldsymbol{I}-\boldsymbol{P}_{UC_u}^J\boldsymbol{P}_{C_uU}^J\right)^{-1}\\&\left.\times\left(\boldsymbol{P}_{UC_u}^J\boldsymbol{P}_{C_uU}^J\boldsymbol{P}_{UD}^J+\boldsymbol{P}_{UC_u}^J\boldsymbol{P}_{C_uD}^J\right)\right\}\boldsymbol{e}_D/\tilde{P}_k^{C_u}.\end{aligned}\tag{4.23}$$

类似地, 可以得到系统第 k 次访问工作状态集时, 在其中逗留时间的 L-S 变换为

$$\begin{aligned} f_k^U(s) =& \boldsymbol{u}_U \left(\boldsymbol{P}_{UC_u}^J \boldsymbol{P}_{C_uU}^J\right)^{k-1} \left\{\left(\boldsymbol{\Phi}_{UD}(s) + \boldsymbol{\Phi}_{UC_u}(s)\boldsymbol{P}_{C_uD}^J\right) + \boldsymbol{\Phi}_{UC_u}(s)\boldsymbol{P}_{C_uU}^J \right. \\ & \left. \times \left(\boldsymbol{I} - \boldsymbol{P}_{UC_u}^J \boldsymbol{P}_{C_uU}^J\right)^{-1} \left(\boldsymbol{P}_{UD}^J + \boldsymbol{P}_{UC_u}^J \boldsymbol{P}_{C_uD}^J\right)\right\} \boldsymbol{e}_D / \tilde{P}_k^U, \end{aligned}$$

其中

$$\tilde{P}_k^U = \boldsymbol{u}_U \left(\boldsymbol{P}_{UC_u}^J \boldsymbol{P}_{C_uU}^J\right)^{k-1} \left(\boldsymbol{I} - \boldsymbol{P}_{UC_u}^J \boldsymbol{P}_{C_uU}^J\right)^{-1} (\boldsymbol{P}_{UD}^J + \boldsymbol{P}_{UC_u}^J \boldsymbol{P}_{C_uD}^J)\boldsymbol{e}_D \tag{4.24}$$

是系统在一个开工时间区间内至少访问工作状态集 $k\,(k \geqslant 1)$ 的概率. 平均逗留时间为

$$\begin{aligned} m_k^U =& \boldsymbol{u}_U \left(\boldsymbol{P}_{UC_u}^J \boldsymbol{P}_{C_uU}^J\right)^{k-1} \left\{\left(\boldsymbol{E}_{UD}^J + \boldsymbol{E}_{UC_u}^J \boldsymbol{P}_{C_uD}^J\right) + \boldsymbol{E}_{UC_u}^J \boldsymbol{P}_{C_uU}^J \right. \\ & \left. \times \left(\boldsymbol{I} - \boldsymbol{P}_{UC_u}^J \boldsymbol{P}_{C_uU}^J\right)^{-1} \left(\boldsymbol{P}_{UD}^J + \boldsymbol{P}_{UC_u}^J \boldsymbol{P}_{C_uD}^J\right)\right\} \boldsymbol{e}_D / \tilde{P}_k^U. \end{aligned} \tag{4.25}$$

在式 (4.24) 和式 (4.22) 中, 用 D 替换 U, 用 C_d 替换 C_u, 可以得到系统一个停工时间区间至少访问故障状态集 D, 可变故障状态集 $k\,(k \geqslant 1)$ 次的概率 $\tilde{P}_k^D$, $\tilde{P}_k^{C_d}$. 类似地, 可以得到系统第 $k\,(k \geqslant 1)$ 次访问状态集 D, C_d 时, 在其中的平均逗留时间 m_k^d 和 $m_k^{C_d}$.

用 $\boldsymbol{G}_{AB}^*(s)$, $\boldsymbol{G}_{AB}$, $\boldsymbol{Q}_{AA}^{-2}\boldsymbol{Q}_{AB}(A, B \in \{U, C_u, D, C_d\})$ 分别替换上述结论中的 $\boldsymbol{\Phi}_{AB}(s)$, $\boldsymbol{P}_{AB}^J$, $\boldsymbol{E}_{AB}^J$, 可以得到马尔可夫情形下的相应时间分布, 其中式 (4.21) 可以化为第 3 章中的式 (3.26).

4.6 数值算例

4.6.1 系统的可靠性度量

设一个状态历史相依半马尔可夫可修系统的状态空间为 $\boldsymbol{S} = \{1,2,3,4,5\}$, $\{X(t), t \geqslant 0\}$ 为该系统对应的半马尔可夫随机过程. 工作状态集 $U = \{1,2\}$, 故障状态集 $D = \{4,5\}$, $\{3\}$ 为可变状态集. 当系统从 U 中的一个状态转移到状态 3 时, 它是工作状态, 仍记它为状态 3, 即 $C_u = \{3\}$. 当系统从 D 中的状态转移到状态 3 时, 它是故障状态, 记之为状态 6, 即 $C_d = \{6\}$. 设 $\{\tilde{X}(t), t \geqslant 0\}$ 是 4.2 节定义的新半马尔可夫随机过程, 则其状态空间 $\tilde{\boldsymbol{S}} = \{1,2,3,4,5,6\}$, $U \bigcup C_u$ 和 $D \bigcup C_d$ 分别是过程 $\{\tilde{X}(t), t \geqslant 0\}$ 的工作和故障状态集. 假设过程 $\{\tilde{X}(t), t \geqslant 0\}$ 的半马尔可

夫核 $\boldsymbol{H}(t)=(H_{ij}(t))$ 由矩阵

$$\left(\frac{H_{ij}(t)}{p_{ij}}\right)=\begin{pmatrix} 0 & 1-(1+t)\mathrm{e}^{-t} & 1-\mathrm{e}^{-2t} & 1-\mathrm{e}^{-t} & 1-\mathrm{e}^{-3t} & 0 \\ 1-\mathrm{e}^{-t} & 0 & 1-(1+3t)\mathrm{e}^{-3t} & 1-\mathrm{e}^{-4t} & 1-\mathrm{e}^{-6t} & 0 \\ 1-(1+2t)\mathrm{e}^{-2t} & 1-\mathrm{e}^{-5t} & 0 & 1-\mathrm{e}^{-2t} & 1-\mathrm{e}^{-1/2t} & 0 \\ 1-\mathrm{e}^{-1/3t} & 1-\mathrm{e}^{-t} & 0 & 0 & 1-\mathrm{e}^{-2t} & 1-(1+5t)\mathrm{e}^{-5t} \\ 1-\left(1+t+\frac{t^2}{2}\right)\mathrm{e}^{-t} & 1-\mathrm{e}^{-20t} & 0 & 1-\mathrm{e}^{-1/4t} & 0 & 1-\mathrm{e}^{-9t} \\ 1-(1+2t)\mathrm{e}^{-2t} & 1-\mathrm{e}^{-5t} & 0 & 1-\mathrm{e}^{-2t} & 1-\mathrm{e}^{-1/2t} & 0 \end{pmatrix}$$

和以 $p_{ij}(i,j\in\tilde{\boldsymbol{S}})$ 为元素的转移概率矩阵

$$\tilde{\boldsymbol{P}}^Z=\begin{pmatrix} 0 & 0.2 & 0.4 & 0.2 & 0.2 & 0 \\ 0.1 & 0 & 0.5 & 0.3 & 0.1 & 0 \\ 0.05 & 0.35 & 0 & 0.5 & 0.1 & 0 \\ 0.1 & 0.1 & 0 & 0 & 0.6 & 0.2 \\ 0.4 & 0.1 & 0 & 0.4 & 0 & 0.1 \\ 0.05 & 0.35 & 0 & 0.5 & 0.1 & 0 \end{pmatrix}$$

确定.

用 4.3.1 节中的相关结果, 通过 Maple 软件计算, 可以得到首次故障前时间的密度函数 $\varphi_i(t) i\in U\bigcup C_u$. 它们的表达式比较繁琐, 不再列出. 平均首次故障前时间为

$$E_{T_1}=1.5385,\quad E_{T_2}=1.2149,\quad E_{T_3}=1.0721.$$

用 4.3.2 节中相关结果, 可以得到瞬时故障频度 $m_i(t)(i\in\tilde{\boldsymbol{S}})$(见图 4.3). 稳态故障频度 $M=0.1689$.

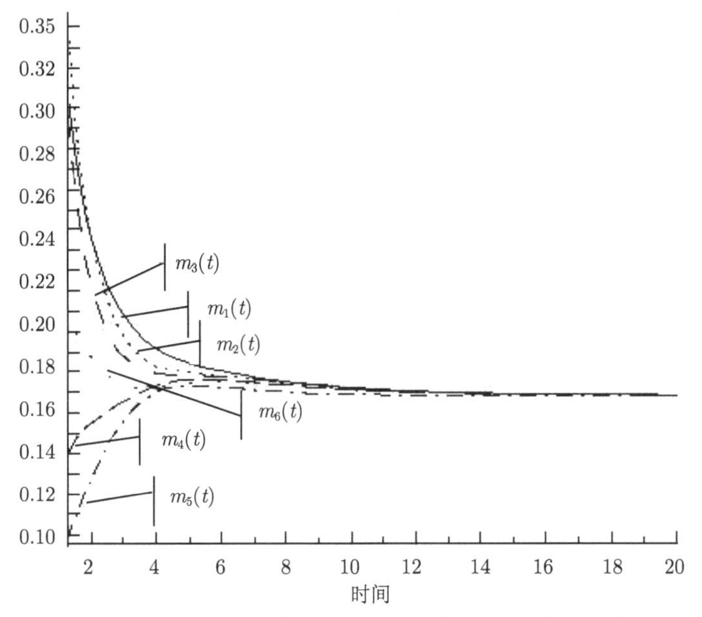

图 4.3 状态历史相依半马尔可夫可修系统的瞬时故障频度

由式 (4.2) 可得, 系统处于稳态条件下, 开工和停工时间区间分别开始于 U 中和 D 中各个状态的概率

$$\boldsymbol{u}_U = (0.6440, 0.3560), \quad \boldsymbol{u}_D = (0.4496, 0.5504).$$

由式 (4.11) 和式 (4.12) 可得聚合半马尔可夫过程对应的嵌入马尔可夫链的转移概率矩阵为

$$\boldsymbol{P}^J = \left(\begin{array}{cc|c|cc|c} 0 & 0 & 0.5102 & 0.2653 & 0.2245 & 0 \\ 0 & 0 & 0.5510 & 0.3265 & 0.1225 & 0 \\ \hline 0.05 & 0.35 & 0 & 0.5 & 0.1 & 0 \\ \hline 0.4474 & 0.2105 & 0 & 0 & 0 & 0.3421 \\ 0.5789 & 0.1842 & 0 & 0 & 0 & 0.2369 \\ \hline 0.05 & 0.35 & 0 & 0.5 & 0.1 & 0 \end{array}\right),$$

期望矩阵为

$$\boldsymbol{E}^J = \left(\begin{array}{cc|c|cc|c} 0 & 0 & 0.5074 & 0.3581 & 0.1260 & 0 \\ 0 & 0 & 0.4351 & 0.1373 & 0.0517 & 0 \\ \hline 0.05 & 0.07 & 0 & 0.25 & 0.2 & 0 \\ \hline 2.1357 & 0.4742 & 0 & 0 & 0 & 0.6397 \\ 2.7700 & 0.5315 & 0 & 0 & 0 & 0.8143 \\ \hline 0.05 & 0.7 & 0 & 0.25 & 0.2 & 0 \end{array}\right).$$

把它们代入式 (4.16) 得平均开工时间 $m^u = 1.4233$. 类似可得

$$m^U = 1.0406, \quad m^{C_u} = 0.3827, \quad m^d = 4.6578, \quad m^D = 4.4450, \quad m^{C_d} = 0.2128.$$

令 $k = 2$. 由式 (4.24) 可得系统处于稳态条件下, 在一个开工时间区间内至少访问工作状态集 2 次的概率 $\tilde{P}_2^U = 0.2099$. 第 2 次访问工作状态集时, 在其中的平均逗留时间 $m_2^U = 0.67$. 类似可得

$$\tilde{P}_2^{C_u} = 0.1146, \quad m_2^{C_u} = 0.57,$$

$$\tilde{P}_2^D = 0.1705, \quad m_2^D = 3.3940,$$

$$\tilde{P}_2^{C_d} = 0.0553, \quad m_2^{C_d} = 0.57.$$

4.6.2 状态历史相依半马尔可夫和马尔可夫系统可靠性比较分析

数值算例中的状态逗留时间是指数分布或 Γ 分布. 当平均值相同时, 指数分布比 Γ 分布更多变. 把数值算例中的所有的 Γ 分布变为与其期望相等的指数分布, 其他的指数分布不变, 可以得到一个状态历史相依马尔可夫可修系统. 和半马尔可夫可修系统相比, 该马尔可夫可修系统的故障或维修频度应更高或更低. 下面将从 4.6.1 节的数值算例出发, 构造合适的状态历史相依马尔可夫可修系统, 以比较两个系统的故障频度.

把数值算例中的所有的 Γ 分布变为与其期望相等的指数分布后, 得到的马尔可夫可修系统状态间的转移率 $\tilde{q}_{ij} = p_{ij}/E_{ij}(i, j \in \tilde{\boldsymbol{S}}, i \neq j)$, 其中 $E_{ij} = E(H_{ij}(t)/p_{ij})$ 为半马尔可夫可修系统从状态 i 转移到状态 j 时在状态 i 的平均逗留时间, p_{ij} 是矩阵 $\tilde{\boldsymbol{P}}^Z$ 的元素. 从而由矩阵 $(H_{ij}(t)/p_{ij})$ 和 $\tilde{\boldsymbol{P}}^Z$, 可以得到马尔可夫可修系统的转移率矩阵为

$$\boldsymbol{Q} = \left(\begin{array}{cc|c|cc|c} -1.7 & 0.1 & 0.8 & 0.2 & 0.6 & 0 \\ 0.1 & -2.65 & 0.75 & 1.2 & 0.6 & 0 \\ \hline 0.05 & 1.75 & -2.85 & 1 & 0.05 & 0 \\ \hline 0.033 & 0.1 & 0 & -1.833 & 1.2 & 0.5 \\ 0.133 & 2 & 0 & 0.1 & -3.133 & 0.9 \\ \hline 0.05 & 1.75 & 0 & 1 & 0.05 & -2.85 \end{array}\right)$$

$$= \begin{pmatrix} \boldsymbol{Q}_{UU} & \boldsymbol{Q}_{UC_u} & \boldsymbol{Q}_{UD} & \boldsymbol{Q}_{UC_d} \\ \boldsymbol{Q}_{C_uU} & \boldsymbol{Q}_{C_uC_u} & \boldsymbol{Q}_{C_uD} & \boldsymbol{Q}_{C_uC_d} \\ \boldsymbol{Q}_{DU} & \boldsymbol{Q}_{DC_u} & \boldsymbol{Q}_{DD} & \boldsymbol{Q}_{DC_d} \\ \boldsymbol{Q}_{C_dU} & \boldsymbol{Q}_{C_dC_u} & \boldsymbol{Q}_{C_dD} & \boldsymbol{Q}_{C_dC_d} \end{pmatrix}.$$

设 $\tilde{\boldsymbol{m}}(s)=(\tilde{m}_1^*(s),\tilde{m}_2^*(s),\cdots,\tilde{m}_6^*(s))^{\mathrm{T}}$, 其中 $\tilde{m}_i^*(s)(i=1,2,\cdots,6)$ 表示已知初始状态时, 上面构造的状态历史相依马尔可夫可修系统的故障频度. 由式 (4.8) 可得 $\tilde{\boldsymbol{m}}(s)$, 做逆拉氏变换可得瞬时故障频度 $\tilde{m}_i(t)(i=1,2,\cdots,6)$(见图 4.4). 求极限可得稳态故障频度为 0.6243, 高于半马尔可夫可修系统的稳态故障频度. 图 4.5—图 4.7 是初始状态相同时, 马尔可夫可修系统和半马尔可夫可修系统的瞬时故障频度曲线, 其中图 4.5 的初始状态为 1 和 2, 图 4.6 的初始状态分别为 3 和 4, 图 4.7 的初始状态分别为 5 和 6.

两类系统故障频度的比较分析可以为工程实际中模型的选择提供理论依据.

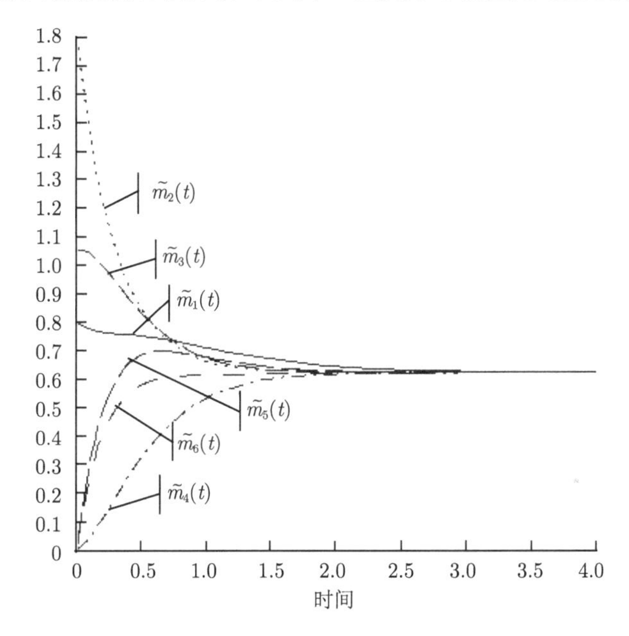

图 4.4 构造的马尔可夫可修系统瞬时故障频度

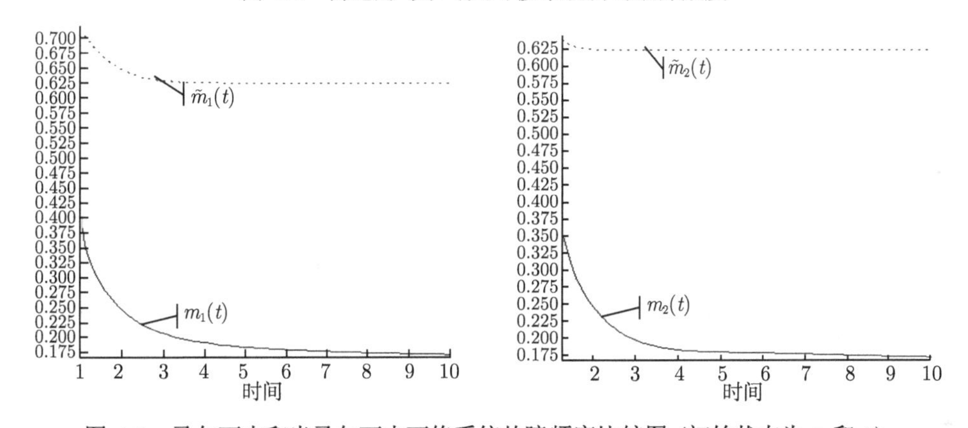

图 4.5 马尔可夫和半马尔可夫可修系统故障频度比较图 (初始状态为 1 和 2)

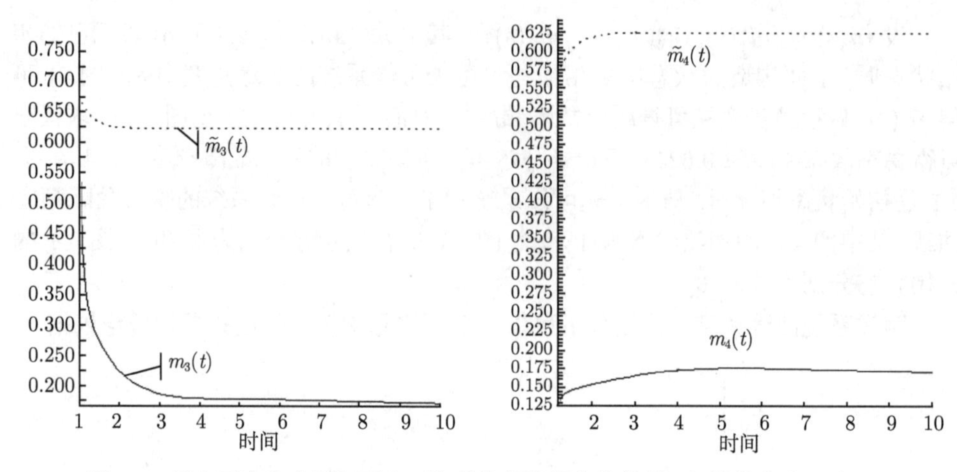

图 4.6　马尔可夫和半马尔可夫可修系统故障频度比较图 (初始状态为 3 和 4)

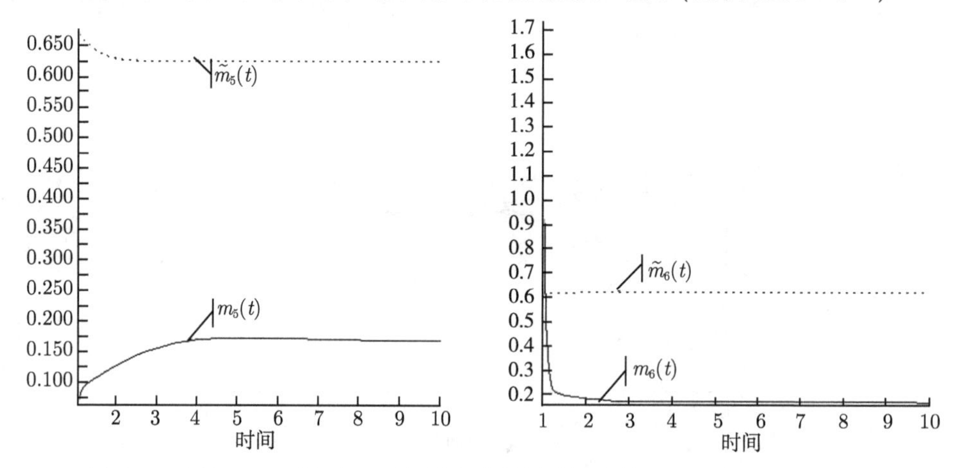

图 4.7　马尔可夫和半马尔可夫可修系统故障频度比较图 (初始状态为 5 和 6)

4.7　结　　论

本章提出基于 “位置” 的随机状态聚合模式, 建立了状态历史相依半马尔可夫可修系统模型, 定义了该系统对应的聚合半马尔可夫随机过程, 并给出了过程的核. 运用马尔可夫更新理论、离子通道理论等对系统的可靠性进行了评估, 得到首次故障前时间分布、故障频度、开工时间、停工时间、一个周期内系统在工作状态集、故障状态集、可变状态集的总逗留时间及在工作状态集、故障状态集、可变状态集的单次逗留的时间等可靠性运行指标. 通过数值算例说明了结论的应用, 并比较了状态历史相依半马尔可夫和马尔可夫可修系统的故障频度. 数值算例表明, 当系统在各个状态的平均逗留时间相同时, 半马尔可夫可修系统的故障频度高于马尔可夫可修系统的故障频度.

参 考 文 献

曹晋华, 程侃. 2006. 可靠性数学引论. 北京: 高等教育出版社.

郭永基. 2002. 可靠性工程原理. 北京: 清华大学出版社 & 施普林格出版社.

Ball F, Milne R K, Yeo G F. 1991. Aggregated semi-Markov process incorporating time interval omission. Advanced in Applied Probability, 23(4): 772~797.

Ball F, Milne R K, Yeo G F. 2002. Multivariable semi-Markov analysis of burst properties of multi-conductance single ion channels. Journal of Applied Probability, 39(1): 179~196.

Cinlar E. 1975. Markov renewal theory: A survey. Management Science, 21(7): 727~752.

Colquhoun D, Hawkes A G. 1982. On the stochastic properties of the bursts of a single ion channel opening and of clusters of bursts. Phil. Trans. R. Soc, London B., 300(1098): 1~59.

Colquhoun D, Hawkes A G. 1990. Stochastic properties of ion channel openings and bursts in a membrane patch that contains two channels: Evidence concerning the number of channel present when a record containing only single opening is observed. Proc. R. B., 240(1299): 453~477.

Cui L R, Li H J, Li J L. 2007. Markov repairable systems with history-dependent up and down states. Stochastic Models, 23(4): 665~681.

Colquhoun D, Hawkes A G, Merlushkin A, Edmonds B. 1997. Properties of single ion channel currents elicited by a pulse of agonist concentration or voltage. Phil. Trans. R. Soc. Lond., A, 335(1730): 1743~1786.

Rubino G，Sericola B. 1989. On weak lumpability in Markov chains. Journal of Applied Probability, 26(3): 446~457.

Rubino G，Sericola B. 1993. A finite characterization of weak lumpable Markov processes. Part II: The continuous time case. Stochastic Processes & Their Applications, 45(1): 115~125.

Ross S M. 1996. Stochastic Process. New York: John Wiley & Sons, Inc.

Stadje W. 2005. The evolution of aggregated Markov chains. Statistics & Probability Letters, 74(4): 303~311.

Schoenig R, Aubrya J F, Cambois T, Hutinet T T. 2006. An aggregation method of Markov graphs for the reliability analysis of hybrid systems. Reliability Engineering and System Safety, 91(2): 137~148.

Widder D V. 1946. The Laplace Transform. Princeton: Princeton University Press.

Zheng Z H, Cui L R, Li H J. 2008. Availability of semi-Markov repairable systems with history-dependent up and down states. Proceeding of the 3rd Asia International Workshop, Advanced Reliability Model III: 186~193.

第 5 章　多运行机制马尔可夫可修系统建模及可靠性分析

5.1　引　　言

机制转换模型首先应用于经济领域，可以用来解决隐藏在各种时间序列 (如通货膨胀率、GDP 增长率等) 中的机制结构变化问题. Engel 和 Hamilton (1990) 首先提出了马尔可夫机制转换模型, 用于描述经济环境中的不连续变化问题. 由于将来的机制受现行机制影响最大, 该模型比较合理. Janssen(1980) 用马尔可夫调节过程描述环境对保险策略的影响. 当外界环境, 如气候条件、经济和政治环境发生变化时, 保险策略需要发生相应的变化. 因此, 马尔可夫调节过程模型备受关注, 而且专家学者们做了大量的研究工作 (Zhang, 2009; Mamon, Duan, 2010; Elliott, Siu, 2010).

在可靠性领域, 一些学者也从工程实际出发建立了相应的机制转换模型. Lim (1998) 用机制转换模型刻画一类可修系统的故障过程. 在这类系统中, 故障间隔时间具有相依性, 但没有明显的趋势. 无论是更新过程还是非齐次泊松过程都不能精确地刻画这类系统的故障过程. Nalini 等 (2008) 用马尔可夫调节转换的非齐次泊松过程描述软件故障发现过程中的非光滑变化率, 所建模型可以更好地反应现代化工业软件的发展特点. Chiquet 等 (2008) 用马尔可夫机制转换过程刻画随机动力系统的运行, 并对系统的可靠性进行了评估. 但已有文献的研究重点大多数是系统的参数估计问题, 很少有作者研究系统的概率性质.

在实际工程中, 许多可修系统可以在不同的机制下运行. 下面是两个例子.

多热源联合供热系统的热源基本形式如下：一个热电厂作主热源, 一处或几处锅炉房为调峰热源. 系统中热源的启运是随着热负荷的变化而变化的. 主热源一直处于启动状态. 随着室外温度的降低, 供热系统的热负荷逐渐增加. 当主热源已全部投入仍无法满足全系统的供热量时, 启运调峰热源. 图 5.1 是有两个调峰能源的系统的四个不同的运行机制示意图, 其中 1 表示主热源, 2 和 3 表示调峰能源.

船舶电力系统由三组发电机组组成. 系统根据运行工况来改变其运行机制. 船舶出港或入港工况, 三个发电机组并联工作. 船舶航行工况, 两个发电机组并联工作, 另一个发电机组处于冷储备状态. 船舶停泊工况, 采用一台发电机组工作, 其余两台发电机组处于冷备旁待运行方式 (吴志良, 郭晨, 2007). 图 5.2 是该系统所有的运行机制示意图.

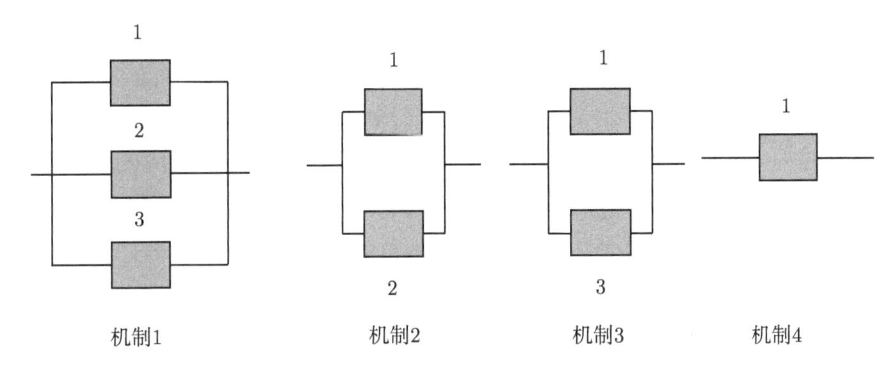

图 5.1 多热源联合供热系统的四种不同的运行机制

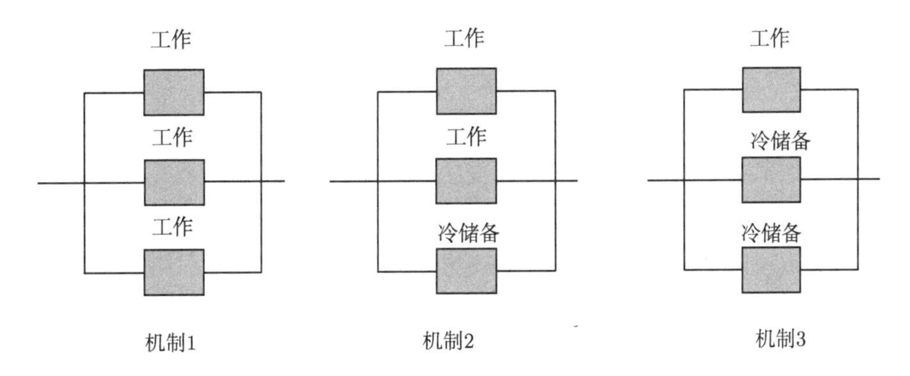

图 5.2 船舶电力系统的三种不同的运行机制

Hawkes 等 (2011) 用二机制马尔可夫过程刻画交替环境下运行的系统演化过程, 并分析了系统的可靠性. 本章将建立运行机制可随机转换的马尔可夫可修系统模型. 系统有两种以上的运行机制, 在下一个运行机制逗留时间的长短仅受现行运行机制的影响. 该模型可以用来刻画在多种不同环境下工作的系统的运行过程. 与 Hawkes 等建立的模型相比, 本模型更加贴近工程实际, 应用范围更加广泛.

5.2 系统描述

运行机制可随机转换的马尔可夫可修系统的假设条件如下:

(1) 一个可修系统有 $\tilde{K}(\tilde{K} \geqslant 2)$ 种运行机制, 分别记为机制 $i\,(i=1,2,\cdots,\tilde{K})$.

系统在机制 i 的运行可用一个状态有限的、时齐的、不可约的连续时间马尔可夫链 $\{X_i(t), t \geqslant 0\}\ (i=1,2,\cdots,\tilde{K})$ 描述, 其中 $X_i(t)$ 表示系统在 t 时刻的状态. 这些马尔可夫链的状态空间都是 $\boldsymbol{S}=\{1,2,\cdots,K\}$, $\boldsymbol{Q}^{(i)}\ (i=1,2,\cdots,\tilde{K})$ 为马尔可夫链 $\{X_i(t), t \geqslant 0\}$ 的转移率矩阵.

(2) 系统在每一个机制的逗留时间及机制间的转移被一个时齐的、不可约的马氏链 $\{W(t), t \geqslant 0\}$ 控制, 其中 $W(t)$ 表示系统时刻 t 所处的机制. 易知 $\{W(t), t \geqslant 0\}$ 的状态空间为 $\tilde{\boldsymbol{S}}=\{1,2,\cdots,\tilde{K}\}$. 设和随机过程 $\{W(t), t \geqslant 0\}$ 对应的转移率矩阵为 $\tilde{\boldsymbol{Q}}=(\tilde{q}_{ij})$. 随机过程 $\{W(t), t \geqslant 0\}$ 和 $\{X_i(t), t \geqslant 0\}\ (i=1,2,\cdots,\tilde{K})$ 相互独立.

(3) 系统在不同运行机制下的工作状态集可能不同, 即由于外界环境的变化或需求的变化, 运行机制 i 中的工作状态在运行机制 $j\ (i \neq j)$ 中可能为故障状态.

由假设条件 (1) 和 (2) 可知, 运行机制可随机转换的马尔可夫可修系统可用二维随机过程 $\{(X(t), W(t)), t \geqslant 0\}$ 来描述, 其中 $X(t)=X_{W(t)}(t)$. 即当 $W(t)=i$ 时, $X(t)=X_i(t),\ t \geqslant 0,\ i \in \tilde{\boldsymbol{S}}$.

定义系统的状态子集如下: 子集 $B_i(i \in \tilde{\boldsymbol{S}})$ 表示运行机制 i 的工作状态集, B_i 有 N_i 个元素. 子集 D_i 表示运行机制 $i(i \in \tilde{\boldsymbol{S}})$ 的故障状态集. 当 $i \leqslant j$ 时, $B_i \subseteq B_j$. 对 $i<j$, 令 $C_{ji}=B_j \bigcap \bar{B}_i$, 则 C_{ji} 中的状态在运行机制 j 下为工作状态但在运行机制 i 下为故障状态, 因此称它们为可变状态.

在可靠性工程实践中, 感兴趣的是系统访问工作状态集, 故障状态集的概率以及在其中的逗留时间. 因而需要以二维随机过程 $\{(X(t), W(t)), t \geqslant 0\}$ 为基本随机过程引入以下聚合随机过程. 假设初始时刻系统处于工作状态, 对 $k \in N$, 令

$$S_k=\begin{cases}\inf\limits_{t>S_{k-1}}\{t: X_{W(t)}(t) \in D_{W(t)}\}, & k \text{ 是奇数}, \\ \inf\limits_{t>S_{k-1}}\{t: X_{W(t)}(t) \in B_{W(t)}\}, & k \text{ 是偶数},\end{cases}$$

$S_0=0, J_k=X(S_k)\,(k=0,1,\cdots), T_0=0, T_k=S_k-S_{k-1}$, 则 $J_{2k}, J_{2k+1}(k=0,1,2\cdots)$ 分别是第 $k+1$ 个周期中的开工时间区间和停工时间区间的进入状态, $T_{2k-1}, T_{2k}\,(k=1,2\cdots)$ 分别是第 k 次访问工作状态集和故障状态集时, 在其中的逗留时间. 从 $\{J_k, S_k\}$ 的定义可知, 它反映了过程 $\{(X(t), W(t)), t \geqslant 0\}$ 在不同状态集之间的转移情况, 以及在不同状态集中的逗留时间, 因而是一个聚合随机过程, 称它为二维聚合马尔可夫随机过程.

设 $Y_i\,(i \in \tilde{\boldsymbol{S}})$ 为系统在运行机制 i 的逗留时间. 图 5.3 是有三个运行机制的马尔可夫可修系统的样本曲线图.

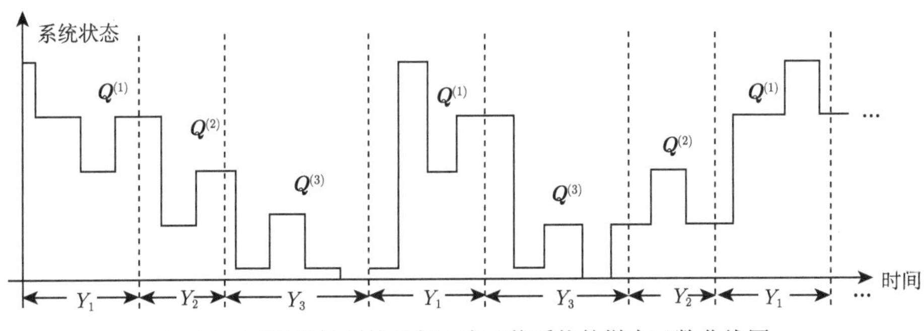

图 5.3 三运行机制的马尔可夫可修系统的样本函数曲线图

5.3 首次故障前时间

5.3.1 工作状态集可变情形的首次故障前时间

设 $Y_i\,(i \in \tilde{\boldsymbol{S}})$ 的概率密度函数为 $f_i(t)$, $R_i(t) = P\{Y_i > t\}$, 则由 $\{W(t),, t \geqslant 0\}$ 的马尔可夫性可知

$$f_i(t) = -\tilde{q}_{ii}\mathrm{e}^{\tilde{q}_{ii}t}, \quad R_i(t) = \mathrm{e}^{\tilde{q}_{ii}t}, \quad i \in \tilde{\boldsymbol{S}}.$$

所以 $f_i(t)$ 的 L 变换为

$$f_i^*(s) = (-\tilde{q}_{ii})/(s - \tilde{q}_{ii}). \tag{5.1}$$

为方便起见, 将系统状态重新排序, 并根据状态是故障还是工作, 对机制 i 的转移率矩阵 $\boldsymbol{Q}^{(i)}$ 进行如下分块:

$$\boldsymbol{Q}^{(i)} = \begin{pmatrix} \boldsymbol{Q}_{B_iB_i} & \boldsymbol{Q}_{B_iD_i} \\ \boldsymbol{Q}_{D_iB_i} & \boldsymbol{Q}_{D_iD_i} \end{pmatrix}, \ i \in \tilde{\boldsymbol{S}}.$$

当系统在机制 $i(i \in \tilde{\boldsymbol{S}})$ 下运行时间 t 后, 矩阵 $\exp\left(\boldsymbol{Q}_{B_iB_i}t\right)$ 的第 m 行 n 列的元素表示已知初始时刻系统处于状态 m 的条件下, 在 $(0, t)$ 内一直处于状态集 B_i 中, 且在 t 时刻处于状态 n 的概率, 即

$$P\{X_i(t) = n,\ X_i(v) \in B_i, 0 \leqslant v \leqslant t\,|X_i(0) = m\}, \quad m,n \in B_i.$$

如果系统在运行机制 i 内一直处于工作状态, 则

$$\boldsymbol{G}^*_{B_iB_i}(s) = \int_0^{\infty} \mathrm{e}^{-st}\exp\left(\boldsymbol{Q}_{B_iB_i}t\right)f_i(t)\mathrm{d}t$$

表示已知系统在机制 i 的初始和结束状态条件下, 包含在机制 i 内的首次故障前时间的 L 变换. 记 $\boldsymbol{G}^*_{B_iB_i}(0)$ 为 $\boldsymbol{G}_{B_iB_i}$, 则 $\boldsymbol{G}_{B_iB_i}$ 表示已知初始和结束状态的条件下,

系统在运行机制 i 内一直处于工作状态的概率. 根据 L 变换的平移性质, 得

$$\boldsymbol{G}^*_{B_iB_i}(s)=f_i^*\left(s\boldsymbol{I}-\boldsymbol{Q}_{B_iB_i}\right)=(-\tilde{q}_{ii})\times\left[(s-\tilde{q}_{ii})\boldsymbol{I}-\boldsymbol{Q}_{B_iB_i}\right]^{-1},\quad i\in\tilde{\boldsymbol{S}}.\tag{5.2}$$

如果系统在机制 i 开始时处于工作状态, 但在机制 i 结束前发生故障, 则矩阵

$$\begin{aligned}\boldsymbol{H}^*_{B_iD_i}(s)&=\int_0^\infty \mathrm{e}^{-st}\exp\left(\boldsymbol{Q}_{B_iB_i}t\right)\boldsymbol{Q}_{B_iD_i}R_i(t)\mathrm{d}t\\&=\left(s\boldsymbol{I}-\boldsymbol{Q}_{B_iB_i}\right)^{-1}\left(\boldsymbol{I}-f_i^*\left(s\boldsymbol{I}-\boldsymbol{Q}_{B_iB_i}\right)\right)\boldsymbol{Q}_{B_iD_i}\end{aligned}\tag{5.3}$$

表示已知系统在机制 i 的初始状态和后继停工时间区间的初始状态时, 包含在机制 i 中的首次故障前时间的 L 变换.

对 $l<i$ 时, 将矩阵 $\boldsymbol{G}^*_{B_iB_i}(s)$ 做如下分块:

$$\boldsymbol{G}^*_{B_iB_i}(s)=\begin{pmatrix}\boldsymbol{T}^*_{B_lB_l}(s) & \boldsymbol{T}^*_{B_lC_{il}}(s)\\ \boldsymbol{T}^*_{C_{il}B_l}(s) & \boldsymbol{T}^*_{C_{il}C_{il}}(s)\end{pmatrix}=\begin{pmatrix}\boldsymbol{T}^*_{B_iB_l}(s) & \boldsymbol{T}^*_{B_iC_{il}}(s)\end{pmatrix}.\tag{5.4}$$

$\boldsymbol{G}^*_{B_iB_i}(s)$ 的所有子块都表示机制 i 内系统一直处于工作状态集 B_i 时, 包含在机制 i 内的首次故障前时间的 L 变换, 不同之处在于初始和结束状态不同. 如 $\boldsymbol{T}^*_{B_iB_l}(s)$ 表示包含在机制 i 内的首次故障前时间开始于 B_i 中的状态而结束于 B_l 中的状态.

设 $\boldsymbol{\varPsi}^{(i)*}(s)(i\in\tilde{\boldsymbol{S}})$ 是一个 N_i 维列向量, 它的第 m 个分量为已知系统开始于 B_i 中的状态 m 的条件下, 首次故障前时间的 L 变换. 根据系统演化过程可得

$$\begin{aligned}\boldsymbol{\varPsi}^{(i)*}(s)=&\boldsymbol{H}^*_{B_iD_i}(s)\boldsymbol{e}_{D_i}+\sum_{i>h,h\in\tilde{S}}\left(\frac{\tilde{q}_{ih}}{-\tilde{q}_{ii}}\right)\left(\boldsymbol{T}^*_{B_iB_h}(s)\boldsymbol{\varPsi}^{(h)*}(s)+\boldsymbol{T}^*_{B_iC_{ih}}(s)\boldsymbol{e}_{C_{ih}}\right)\\&+\sum_{i<h,h\in\tilde{S}}\left(\frac{\tilde{q}_{ih}}{-\tilde{q}_{ii}}\right)\boldsymbol{G}^*_{B_iB_i}(s)\boldsymbol{\varPsi}_i^{(h)*}(s),\quad i\in\tilde{K},\end{aligned}\tag{5.5}$$

其中 $\boldsymbol{\varPsi}_i^{(h)*}(s)$ 为 $\boldsymbol{\varPsi}^{(h)*}(s)$ 的子向量, 其分量为 B_i 中的状态对应的首次故障前时间的 L 变换. 式 (5.5) 可做如下解释:

右端的第一项表示系统在机制 i 内由工作状态转移到故障状态情形下的首次故障前时间的 L 变换.

在第二项中, 系统在机制 i 内一直处于工作状态, 机制 i 结束后, 转移到机制 $h(i>h)$. 根据模型假设, 机制 i 的工作状态集 $B_i=B_h\bigcup C_{ih}$. 由于 B_h 在机制 h 下仍是工作状态集, 系统转入 B_h 后, 仍然处于工作状态. 由系统的马尔可夫性及 L 变换的性质, 在此情形下, 首次故障前时间的 L 变换为 $\boldsymbol{T}^*_{B_iB_h}(s)\boldsymbol{\varPsi}^{(h)*}(s)$. 而 C_{ih} 在机制 h 下是故障状态集, 系统转入机制 h 后, 立即进入故障状态, 此时首次故障前时间的 L 变换为 $\boldsymbol{T}^*_{B_iC_{ih}}(s)\boldsymbol{e}_{C_{ih}}$.

在第三项中, 系统从运行机制 i 转移到运行机制 $h(i<h)$. 由于 B_i 是机制 h 下的工作状态集的子集, 因此当系统转移到机制 h 后, 开工时间区间仍然继续. 在此情形下, 机制 h 内的首次故障前时间开始于 B_i 中的状态, 而不是 B_h 中的状态, 因此 $\boldsymbol{G}^*_{B_iB_i}(s)$ 应该乘以 $\boldsymbol{\varPsi}_i^{(h)*}(s)$, 而不是 $\boldsymbol{\varPsi}^{(h)*}(s)$.

设 $\boldsymbol{\varPsi}^*(s)=\left(\boldsymbol{\varPsi}^{(1)*}(s)^{\mathrm{T}},\boldsymbol{\varPsi}^{(2)*}(s)^{\mathrm{T}},\cdots,\boldsymbol{\varPsi}^{(\tilde{K})*}(s)^{\mathrm{T}}\right)^{\mathrm{T}}$, 则 $\boldsymbol{\varPsi}^*(s)$ 是一个 $\bar{K}\,(\bar{K}=\sum_{i=1}^{\tilde{K}}N_i)$ 维列向量, 其分量为已知系统开始于各个运行机制的工作状态的条件下, 首次故障前时间的 L 变换. 为了将式 (5.5) 表示成矩阵形式, 引入下列 $\bar{K}$ 维列向量和 $\bar{K}\times\bar{K}$ 维矩阵.

设

$$\boldsymbol{b}=\left(\boldsymbol{b}_1^{\mathrm{T}},\boldsymbol{b}_2^{\mathrm{T}},\cdots,\boldsymbol{b}_{\tilde{K}}^{\mathrm{T}}\right)^{\mathrm{T}},$$

其中

$$\boldsymbol{b}_i=\boldsymbol{H}^*_{B_iD_i}(s)\boldsymbol{e}_{D_i}+\sum_{h=1}^{i-1}\left(\frac{\tilde{q}_{ih}}{-\tilde{q}_{ii}}\right)\boldsymbol{T}^*_{B_iC_{ih}}(s)\boldsymbol{e}_{C_{ih}},\quad i\geqslant 2, b_1=\boldsymbol{H}^*_{B_1D_1}(s)\boldsymbol{e}_{D_1}.$$

令 $\boldsymbol{A}=\left(\boldsymbol{A}_1^{\mathrm{T}},\boldsymbol{A}_2^{\mathrm{T}},\cdots,\boldsymbol{A}_{\tilde{K}}^{\mathrm{T}}\right)^{\mathrm{T}}$, 其中 $\boldsymbol{A}_i\,(i\leqslant\tilde{K})$ 为 $N_i\times\bar{K}$ 维矩阵, 并且

$$\boldsymbol{A}_1=\left(\boldsymbol{I}_{N_1},(\tilde{q}_{12}/\tilde{q}_{11})\,\boldsymbol{G}^*_{B_1B_1}(s),\boldsymbol{0}_{N_1\times(N_2-N_1)},\cdots,(\tilde{q}_{1\tilde{K}}/\tilde{q}_{11})\,\boldsymbol{G}^*_{B_1B_1}(s),\boldsymbol{0}_{N_1\times(N_{\tilde{K}}-N_1)}\right),$$

$$\begin{aligned}\boldsymbol{A}_i=&\Big((\tilde{q}_{i1}/\tilde{q}_{ii})\,\boldsymbol{T}^*_{B_iB_1}(s),\cdots,(\tilde{q}_{ii-1}/\tilde{q}_{ii})\,\boldsymbol{T}^*_{B_iB_{i-1}}(s),\boldsymbol{I}_{N_i},(\tilde{q}_{ii+1}/\tilde{q}_{ii})\,\boldsymbol{G}^*_{B_iB_i}(s),\\&\boldsymbol{0}_{N_i\times(N_{i+1}-N_i)},\cdots,(\tilde{q}_{i\tilde{K}}/\tilde{q}_{ii})\,\boldsymbol{G}^*_{B_iB_i}(s),\boldsymbol{0}_{N_i\times(N_{\tilde{K}-N_i})}\Big),\quad 1<i\leqslant\tilde{K}-1,\end{aligned}$$

$$\boldsymbol{A}_{\tilde{K}}=\left((\tilde{q}_{\tilde{K}1}/\tilde{q}_{\tilde{K}\tilde{K}})\,\boldsymbol{T}^*_{B_{\tilde{K}}B_1}(s),\cdots,(\tilde{q}_{\tilde{K}\tilde{K}-1}/\tilde{q}_{\tilde{K}\tilde{K}})\,\boldsymbol{T}^*_{B_{\tilde{K}}B_{\tilde{K}-1}}(s),\boldsymbol{I}_{N_{\tilde{K}}}\right),$$

则由式 (5.5) 可得 $\boldsymbol{\varPsi}^*(s)=\boldsymbol{A}^{-1}\boldsymbol{b}$. 把式 (5.2)—(5.4) 代入 $\boldsymbol{A}$ 和 $\boldsymbol{b}$ 可得到 $\boldsymbol{\varPsi}^*(s)$, 可得到 $\boldsymbol{\varPsi}^{(i)*}(s)(i\in\tilde{K})$.

假设系统开始于运行机制 i, $\boldsymbol{p}_{B_i}(0)$ 为初始行向量, 则首次故障前时间的 L 变换为

$$f^*(s)=\boldsymbol{p}_{B_i}(0)\boldsymbol{\varPsi}^{(i)*}(s).\tag{5.6}$$

对式 (5.6) 做逆 L 变换, 可得到首次故障前时间的概率密度函数 $f(t)$. 由 L 变换的性质可得, 平均首次故障前时间

$$E=\left(-\frac{\mathrm{d}f^*(s)}{\mathrm{d}s}\right)_{s=0}.$$

5.3.2 没有可变状态集情形的首次故障前时间

当不存在可变状态时, 各个机制的工作状态集 $B_1 = B_2 = \cdots = B_{\tilde{K}}$, $N_1 = N_2 = \cdots = N_{\tilde{K}} \triangleq K'$. 在 5.3.1 节的各个等式中, 令包含 C_{ji} $(j > i)$ 的所有项都为零, 可得

$$\boldsymbol{G}^*_{B_iB_i}(s) = \boldsymbol{T}^*_{B_iB_l}(s), \quad i < l.$$

式 (5.5) 可化为

$$\boldsymbol{\Psi}^{(i)*}_{nc}(s) = \boldsymbol{H}^*_{B_iD_i}(s)\boldsymbol{e}_{D_i} + \sum_{i\neq h, h\in\tilde{S}} \left(\frac{\tilde{q}_{ih}}{-\tilde{q}_{ii}}\right) \boldsymbol{G}^*_{B_iB_h}(s)\boldsymbol{\Psi}^{(h)*}(s), \quad i \in \tilde{K}, \tag{5.7}$$

其中 $\boldsymbol{\Psi}^{(i)*}_{nc}(s)$ 为 K' 维列向量, 它的第 m 个分量表示系统开始于 B_i 中的状态 m 时的首次故障前时间的 L 变换.

类似地, 令

$$\boldsymbol{\Psi}^*_{nc}(s) = \left(\boldsymbol{\Psi}^{(1)*}_{nc}(s)^{\mathrm{T}}, \boldsymbol{\Psi}^{(2)*}_{nc}(s)^{\mathrm{T}}, \cdots, \boldsymbol{\Psi}^{(\tilde{K})*}_{nc}(s)^{\mathrm{T}}\right)^{\mathrm{T}},$$

则式 (5.7) 可表示为

$$\boldsymbol{A}_{nc}\boldsymbol{\Psi}^*_{nc}(s) = \boldsymbol{b}_{nc}, \tag{5.8}$$

其中

$$\boldsymbol{b}_{nc} = \left(\left(\boldsymbol{H}^*_{B_1D_1}(s)\boldsymbol{e}_{D_1}\right)^{\mathrm{T}}, \left(\boldsymbol{H}^*_{B_2D_2}(s)\boldsymbol{e}_{D_2}\right)^{\mathrm{T}}, \cdots, \left(\boldsymbol{H}^*_{B_{\tilde{K}}D_{\tilde{K}}}(s)\boldsymbol{e}_{D_{\tilde{K}}}\right)^{\mathrm{T}}\right)^{\mathrm{T}},$$

$$\boldsymbol{A}_{nc} = \left(\boldsymbol{A}^{\mathrm{T}}_{1nc}, \boldsymbol{A}^{\mathrm{T}}_{2nc}, \cdots, \boldsymbol{A}^{\mathrm{T}}_{\tilde{K}nc}\right)^{\mathrm{T}},$$

$\boldsymbol{A}_{inc}\,(1 \leqslant i \leqslant \tilde{K})$ 为 $K' \times \bar{K}$ 维矩阵,

$$\boldsymbol{A}_{1nc} = \left(\boldsymbol{I}'_K, (\tilde{q}_{12}/\tilde{q}_{11})\,\boldsymbol{G}^*_{B_1B_1}(s), \cdots, (\tilde{q}_{1\tilde{K}}/\tilde{q}_{11})\,\boldsymbol{G}^*_{B_1B_1}(s)\right),$$

$$\begin{aligned}\boldsymbol{A}_{inc} = \Big(& (\tilde{q}_{i1}/\tilde{q}_{ii})\,\boldsymbol{G}^*_{B_iB_i}(s), \cdots, \boldsymbol{I}'_K, (\tilde{q}_{ii+1}/\tilde{q}_{ii}) \\ & \times \boldsymbol{G}^*_{B_iB_i}(s), \cdots, (\tilde{q}_{i\tilde{K}}/\tilde{q}_{ii})\,\boldsymbol{G}^*_{B_iB_i}(s)\Big), \quad 1 < i \leqslant \tilde{K} - 1,\end{aligned}$$

$$\boldsymbol{A}_{\tilde{K}} = \left((\tilde{q}_{\tilde{K}1}/\tilde{q}_{\tilde{K}\tilde{K}})\,\boldsymbol{G}^*_{B_{\tilde{K}}B_{\tilde{K}}}(s), \cdots, (\tilde{q}_{\tilde{K}\tilde{K}-1}/\tilde{q}_{\tilde{K}\tilde{K}})\,\boldsymbol{G}^*_{B_{\tilde{K}}B_{\tilde{K}}}(s), \boldsymbol{I}'_K\right).$$

由式 (5.8), 可得 $\boldsymbol{\Psi}^*_{nc}(s)$. 用类似于有可变状态集情形的方法, 可以得到无可变状态情形下的首次故障前时间的密度函数 $g(t)$ 和平均首次故障前时间 $\boldsymbol{E}^{nc}$.

5.4 系统可用度

为讨论系统的可用度, 定义矩阵 $\boldsymbol{\Phi}_{ij}(t)=(\phi_{ij,mn}(t))\,(i,j\in\tilde{\boldsymbol{S}})$, 其元素

$$\phi_{ij,mn}(t)=P\{X(t)=n,W(t)=j\,|X(0)=m\,,W(0)=i\},\quad m,n\in\boldsymbol{S},$$

则 $\phi_{ij,mn}(t)$ 表示已知系统在初始时刻处于机制 i 状态 m 的条件下, 经时间 t 后, 处于机制 j 状态 n 的概率. 由系统的马尔可夫性可得

$$\boldsymbol{\Phi}_{ii}(t)=\sum_{l\in\tilde{\boldsymbol{S}},l\neq i}\int_0^t \mathrm{e}^{\boldsymbol{Q}^{(i)}(u)}f_i(u)\frac{\tilde{q}_{il}}{-\tilde{q}_{ii}}\boldsymbol{\Phi}_{li}(t-u)\mathrm{d}u+\mathrm{e}^{\boldsymbol{Q}^{(i)}(t)}R_i(t),\quad i\in\tilde{\boldsymbol{S}},$$

其中第一项对应于机制 i 在时刻 $u\,(u<t)$ 结束情形下的条件概率, 第二项对应于系统在机制 i 的逗留时间大于等于 t 情形下的条件概率. 在上式两端作 L 变换, 并利用 L 变换的性质可得

$$\begin{aligned}\boldsymbol{\Phi}_{ii}^{*}(s)=&\left(s\boldsymbol{I}-\boldsymbol{Q}^{(i)}\right)^{-1}\left\{\boldsymbol{I}+\tilde{q}_{ii}\left[(s-\tilde{q}_{ii})\,\boldsymbol{I}-\boldsymbol{Q}^{(i)}\right]^{-1}\right\}\\&+\sum_{l\in\tilde{S},l\neq i}\tilde{q}_{il}\left[(s-\tilde{q}_{ii})\,\boldsymbol{I}-\boldsymbol{Q}^{(i)}\right]^{-1}\boldsymbol{\Phi}_{li}^{*}(s),\quad i\in\tilde{\boldsymbol{S}}.\end{aligned}\tag{5.9}$$

类似地, 对 $i,j\in\tilde{\boldsymbol{S}},i\neq j$ 有

$$\boldsymbol{\Phi}_{ij}(t)=\sum_{l\in\tilde{S},l\neq i}\int_0^t \mathrm{e}^{\boldsymbol{Q}^{(i)}(u)}f_i(u)\frac{\tilde{q}_{il}}{-\tilde{q}_{ii}}\boldsymbol{\Phi}_{lj}(t-u)\mathrm{d}u,$$

其 L 变换为

$$\boldsymbol{\Phi}_{ij}^{*}(s)=\sum_{l\in\tilde{S},l\neq i}\tilde{q}_{il}\left[(s-\tilde{q}_{ii})\,\boldsymbol{I}-\boldsymbol{Q}^{(i)}\right]^{-1}\boldsymbol{\Phi}_{lj}^{*}(s).\tag{5.10}$$

为把式 (5.9) 和式 (5.10) 表示成矩阵形式, 引入下列矩阵:

$$\boldsymbol{\Psi}_{ii}^{D}(s)=\left((s-\tilde{q}_{ii})\,\boldsymbol{I}-\boldsymbol{Q}^{(i)}\right)^{-1}.$$

记 $\left(s\boldsymbol{I}-\boldsymbol{Q}^{(i)}\right)^{-1}\left\{\boldsymbol{I}+\tilde{q}_{ii}\left[(s-\tilde{q}_{ii})\,\boldsymbol{I}-\boldsymbol{Q}^{(i)}\right]^{-1}\right\}$ 为 $\boldsymbol{\Phi}_{ii}^{D}(s)$ $(i=1,2,\cdots,\tilde{K})$. 易知 $\boldsymbol{\Psi}_{ii}^{D}(s)$ 和 $\boldsymbol{\Phi}_{ii}^{D}(s)$ 都是 $K\times K$ 维矩阵.

令

$$\boldsymbol{\Psi}^{D}(s)=\mathrm{diag}\left\{\boldsymbol{\Psi}_{11}^{D}(s),\boldsymbol{\Psi}_{22}^{D}(s),\cdots,\boldsymbol{\Psi}_{\tilde{K}\tilde{K}}^{D}(s)\right\},$$

$$\boldsymbol{\Phi}^D(s) = \mathrm{diag}\left\{\boldsymbol{\Phi}_{11}^D(s), \boldsymbol{\Phi}_{22}^D(s), \cdots, \boldsymbol{\Phi}_{\tilde{K}\tilde{K}}^D(s)\right\}.$$

则 $\boldsymbol{\Phi}^D(s)$ 和 $\boldsymbol{\Psi}_{ii}^D(s)$ 均表示 $(K \times \tilde{K}) \times (K \times \tilde{K})$ 维对角分块矩阵.

设

$$\boldsymbol{Q}^D = \begin{pmatrix} \boldsymbol{0} & \tilde{q}_{12}\boldsymbol{I}_K & \tilde{q}_{13}\boldsymbol{I}_K & \cdots & \tilde{q}_{1\tilde{K}}\boldsymbol{I}_K \\ \tilde{q}_{21}\boldsymbol{I}_K & \boldsymbol{0} & \tilde{q}_{23}\boldsymbol{I}_K & \cdots & \tilde{q}_{2\tilde{K}}\boldsymbol{I}_K \\ \vdots & \vdots & \vdots & & \vdots \\ \tilde{q}_{\tilde{K}1}\boldsymbol{I}_K & \tilde{q}_{\tilde{K}2}\boldsymbol{I}_K & \tilde{q}_{\tilde{K}3}\boldsymbol{I}_K & \cdots & \boldsymbol{0} \end{pmatrix},$$

其中 $\boldsymbol{0}$ 表示 $K \times K$ 维零矩阵, $\boldsymbol{I}_K$ 表示 K 阶单位矩阵.

令 $\boldsymbol{\Phi}^*(s) = (\boldsymbol{\Phi}_{ij}^*(s)), i, j \in \tilde{\boldsymbol{S}}$, 则式 (5.9) 和式 (5.10) 可以表示为

$$\boldsymbol{\Phi}^*(s) = \boldsymbol{\Phi}^D(s) + \boldsymbol{\Psi}^D(s)\boldsymbol{Q}^D\boldsymbol{\Phi}^*(s).$$

解上述方程组得

$$\boldsymbol{\Phi}^*(s) = \left(\boldsymbol{I} - \boldsymbol{\Psi}^D(s)\boldsymbol{Q}^D\right)^{-1}\boldsymbol{\Phi}^D(s). \tag{5.11}$$

根据 5.3.1 节的假设, 系统开始于运行机制 i, $\boldsymbol{p}_{B_i}(0)$ 为初始向量. 因此系统的瞬时可用度为

$$A(t) = \boldsymbol{p}_{B_i}(0)\sum_{j \in \tilde{\boldsymbol{S}}}(\Phi_{ij}(t)\boldsymbol{u}_j), \tag{5.12}$$

其 L 变换

$$A^*(s) = \boldsymbol{p}_{B_i}(0)\sum_{j \in \tilde{\boldsymbol{S}}}\left(\Phi_{ij}^*(s)\boldsymbol{u}_j\right),$$

其中 $\boldsymbol{u}_j (j \in \tilde{\boldsymbol{S}})$ 为集合 B_j 上的 K 维示性列向量. 即 $\boldsymbol{u}_j$ 的对应于集合 B_j 中元素的分量为 1, 其他分量为 0. 稳态可用度为

$$A = \lim_{t \to \infty} A(t) = \lim_{s \to 0} sA^*(s).$$

5.5 数值算例

5.5.1 系统的可靠性评估

设一个三运行机制的马尔可夫可修系统, 可用二维随机过程 $\{(X(t), W(t)), t \geqslant 0\}$ 表示. 系统在各个机制运行时, 状态空间 $\boldsymbol{S} = \{1, 2, 3\}$. 设机制 1, 机制 2, 机制 3

的工作状态集 $B_1=\{1\},B_2=\{1,2\},B_3=\{1,2\}$. $\{W(t),t\geqslant 0\}$ 的转移率矩阵 $\tilde{\boldsymbol{Q}}$, $\{X_i(t),\ t\geqslant 0\}(i\in\{1,2,3\})$ 的转移率矩阵 $\boldsymbol{Q}^{(1)},\boldsymbol{Q}^{(2)}$ 和 $\boldsymbol{Q}^{(3)}$ 如下:

$$\tilde{\boldsymbol{Q}}=\begin{pmatrix}-2 & 2 & 0\\ 0 & -4 & 4\\ 6 & 0 & -6\end{pmatrix},\quad \boldsymbol{Q}^{(1)}=\begin{pmatrix}-5 & 5 & 0\\ 0 & -12 & 12\\ 14 & 0 & -14\end{pmatrix},$$

$$\boldsymbol{Q}^{(2)}=\begin{pmatrix}-4 & 4 & 0\\ 0 & -8 & 8\\ 10 & 0 & -10\end{pmatrix},\quad \boldsymbol{Q}^{(3)}=\begin{pmatrix}-3 & 3 & 0\\ 0 & -6 & 6\\ 8 & 0 & -8\end{pmatrix}.$$

根据模型假设, 系统在机制 1 的逗留时间为指数分布, 平均逗留时间为 1/2. 类似地, 在机制 2 和机制 3 的逗留时间也是指数分布, 平均逗留时间为 1/4 和 1/6. 运行机制之间的转移由 $\tilde{\boldsymbol{Q}}$ 控制, 意味着系统可从机制 1 转移到机制 2, 从机制 2 转移到机制 3, 从机制 3 转移到机制 1, 而其他机制间的转移是不可能的. 系统在运行机制 $i(i=1,2,3)$ 下的状态转移由矩阵 $\boldsymbol{Q}^{(i)}$ 控制. 工作状态集 $B_1\subset B_2(B_3)$ 意味着运行机制 1 中的某些故障状态在机制 2 和 3 中是工作状态, 如状态 2. 因此系统在机制 2 和 3 运行时的故障率小于在机制时 1 的故障率.

假设系统开始于机制 1 中的状态 1, 所以初始向量 $\boldsymbol{p}_{B_i}(0)=(1)$. 将矩阵 $\boldsymbol{Q}^{(i)}(i=1,2,3)$ 做如下分块:

$$\boldsymbol{Q}^{(1)}=\left(\begin{array}{c|cc}-5 & 5 & 0\\ \hline 0 & -12 & 12\\ 14 & 0 & -14\end{array}\right)=\begin{pmatrix}\boldsymbol{Q}_{B_1B_1} & \boldsymbol{Q}_{B_1D_1}\\ \boldsymbol{Q}_{D_1B_1} & \boldsymbol{Q}_{D_1D_1}\end{pmatrix},$$

$$\boldsymbol{Q}^{(2)}=\left(\begin{array}{cc|c}-4 & 4 & 0\\ 0 & -8 & 8\\ \hline 10 & 0 & -10\end{array}\right)=\begin{pmatrix}\boldsymbol{Q}_{B_2B_2} & \boldsymbol{Q}_{B_2D_2}\\ \boldsymbol{Q}_{D_2B_2} & \boldsymbol{Q}_{D_2D_2}\end{pmatrix},$$

$$\boldsymbol{Q}^{(3)}=\left(\begin{array}{cc|c}-3 & 3 & 0\\ 0 & -6 & 6\\ \hline 8 & 0 & -8\end{array}\right)=\begin{pmatrix}\boldsymbol{Q}_{B_3B_3} & \boldsymbol{Q}_{B_3D_3}\\ \boldsymbol{Q}_{D_3B_3} & \boldsymbol{Q}_{D_3D_3}\end{pmatrix}.$$

由式 (5.6) 可得有可变状态情形下的首次故障前时间的 L 变换 $f^*(s)$. 通过做逆 L 变换可得 $f(t)$, 其曲线见图 5.4. 经计算可得平均首次故障前时间 E=0.2368.

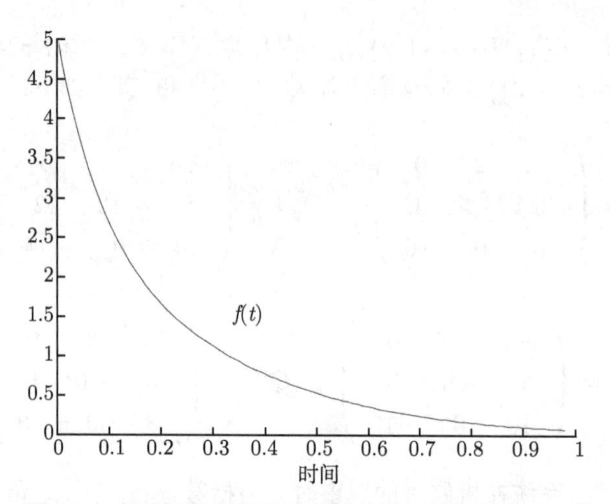

图 5.4　有可变状态的首次故障前时间的概率密度函数

设无可变状态时, 系统的工作状态集 $B_1 = \{1\}$. 根据式 (5.8) 并做逆 L 变换, 可得首次故障前时间的密度函数 $g(t)$(见图 5.5), 经计算可得平均首次故障前时间 $\boldsymbol{E}^{nc}$=0.2149, 小于有可变状态情形下的首次故障前时间.

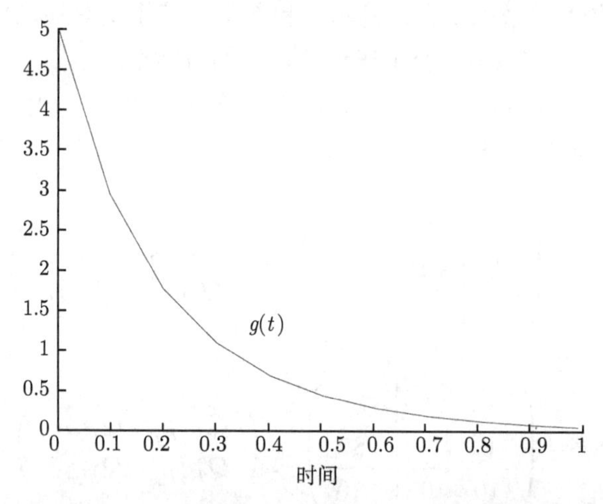

图 5.5　无可变状态的首次故障前时间的概率密度函数

根据假设和式 (5.12), 瞬时可用度的 L 变换为

$$A^*(s) = \phi^*_{11,11}(s) + \phi^*_{12,11}(s) + \phi^*_{12,12}(s) + \phi^*_{13,11}(s) + \phi^*_{13,12}(s),$$

其中 $\phi^*_{ij,mn}(s)$ 表示 $\phi_{ij,mn}(t)(i = 1, j \in \tilde{\boldsymbol{S}}, m = 1, n \in \{1,2\})$ 的 L 变换, 为矩阵 $\boldsymbol{\Phi}^*(s)$ 的元素. 因此根据式 (5.11) 可得 $A^*(s)$. 对 $A^*(s)$ 做逆 L 变换, 可得瞬时可用度, 其曲线如图 5.6 所示. 经计算可得稳态可用度 A=0.6672.

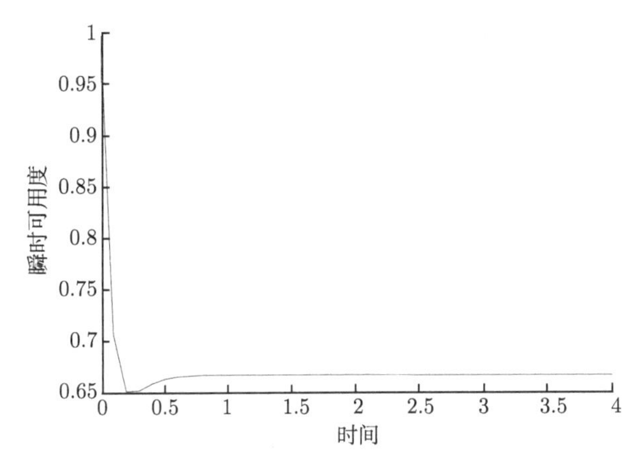

图 5.6 从运行机制 1 的状态 1 出发时的系统瞬时可用度

5.5.2 机制逗留时间对系统的影响分析

下面讨论系统在各个机制的逗留时间对可用度和首次故障前时间的影响.

设 $\mu_i\,(i=1,2,3)$ 为系统在机制 i 的逗留时间, 则 $1/\mu_i=-\tilde{q}_{ii}$. 记 $1/\mu_i$ 为 $\lambda_i(i=1,2,3)$, λ_i 被称作转移率. 为研究 $\mu_i\,(i=1,2,3)$ 对可用度和首次故障前时间的影响, 以 $\tilde{\boldsymbol{Q}}$ 为基础, 构造下列矩阵

$$\tilde{\boldsymbol{Q}}_1=\begin{pmatrix}-\lambda_1 & \lambda_1 & 0\\ 0 & -4 & 4\\ 6 & 0 & -6\end{pmatrix},\quad \tilde{\boldsymbol{Q}}_2=\begin{pmatrix}-2 & 2 & 0\\ 0 & -\lambda_2 & \lambda_2\\ 6 & 0 & -6\end{pmatrix},$$

$$\tilde{\boldsymbol{Q}}_3=\begin{pmatrix}-2 & 2 & 0\\ 0 & -4 & 4\\ \lambda_3 & 0 & -\lambda_3\end{pmatrix}.$$

在矩阵 $\tilde{\boldsymbol{Q}}_1$ 中, λ_2, λ_3 固定, λ_1 变化. 即系统在机制 2 和机制 3 的逗留时间不变, 而在机制 1 的逗留时间 $\mu_1=1/\lambda_1$ 变化. 因此可用来研究系统在机制 1 的逗留时间对可用度和首次故障前时间的影响. 类似地, 可用 $\tilde{\boldsymbol{Q}}_2$ 和 $\tilde{\boldsymbol{Q}}_3$ 来研究系统在机制 2 和机制 3 的逗留时间对上述两个可靠性指标的影响.

设 $\lambda_i(i=1,2,3)$ 以 0.5 为步长, 从 0 增加到 10. 保持 $\boldsymbol{Q}^{(1)}$, $\boldsymbol{Q}^{(2)}$ 和 $\boldsymbol{Q}^{(3)}$ 不变, 把 $\tilde{\boldsymbol{Q}}_i(i=1,2,3)$ 及 $\boldsymbol{Q}^{(1)}$, $\boldsymbol{Q}^{(2)}$ 和 $\boldsymbol{Q}^{(3)}$ 代入数值算例, 用 Matlab 软件可以得到 $\lambda_i(i=1,2,3)$ 变化时的稳态可用度曲线和平均首次故障前时间曲线, 分别见图 5.7 和图 5.8.

图 5.7 的曲线表明: 当转移率 λ_1 递增时, 稳态可用度递增; 当转移率 λ_2 和 λ_3 递增时, 稳态可用度递减. 根据模型假设, 运行机制 2 和 3 的工作状态集比运行机

制 1 所含的状态数目多, 维修率也比运行机制 1 低. 随着 λ_1 的增加, 系统访问运行机制 1 的概率减小, 因此稳态可用度增加. 相反, 随着 λ_2 或 λ_3 的增加, 系统访问运行机制 2 和 3 的概率减小, 系统的稳态可用度减小. 由于系统在运行机制 i 的逗留时间 $\mu_i = 1/\lambda_i$, 所以稳态可用度是 μ_2 和 μ_3 的递增函数, 是 μ_1 的递减函数. 图 5.8 中的曲线趋势和图 5.7 类似, 原因也类似.

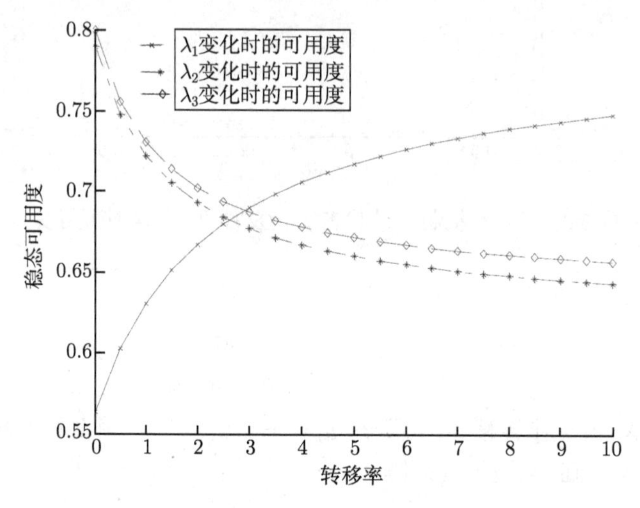

图 5.7　转移率对稳态可用度的影响

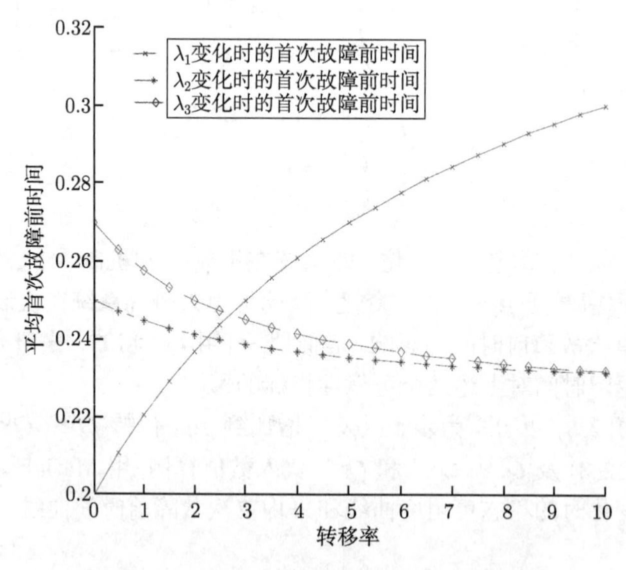

图 5.8　转移率对平均首次故障前时间的影响

5.6 结　　论

为了对复杂环境下运行的可修系统进行可靠性评估，本章提出基于运行机制的随机状态聚合模式，构建了运行机制可随机转换的马尔可夫可修系统模型．这类系统在不同的环境下，按照不同的机制运行，工作状态集随着环境的变化而变化．定义了该系统对应的聚合随机过程——二维聚合马尔可夫随机过程．运用马尔可夫过程理论和离子通道理论，通过概率分析方法对系统进行了可靠性评估，得到了系统的可用度和首次故障前时间分布．通过数值算例说明了结论的应用，并分析了系统在各个运行机制的逗留时间对可用度和首次故障前时间的影响．

参 考 文 献

吴志良，郭晨．2007．基于马尔可夫过程的船舶电力系统可靠性和维修性分析．武汉理工大学学报(交通科学与工程版)，31(2)：192～194．

Colquhoun D, Hawkes A G. 1982. On the stochastic properties of the bursts of a single ion channel opening and of clusters of bursts. Phil. Trans. R. Soc. Lond. B., 300(1098): 1～59.

Chiquet J, Eid M, Limnios N. 2008.Modelling and estimation the reliability of stochastic dynamical systems with Markovian switching. Reliability Engineer and System Safety, 93(12): 1801～1808.

Engel C, Hamilton J D. 1990. Long swings in the dollar: are they in the date and do markets know it? The American Economic Review, 80(4): 689～713.

Elliott R J, Siu T K. 2010. On risk minimizing portfolios under a Markovian regime-switching Black -Scholes economy. Annals of Operations Researches, 176(1): 271～291.

Hawkes A G, Cui L R, Zheng Z H. 2011. Modeling the evolution of system reliability performance under alternative environments. IIE Transactions, 43(11): 761～772.

Janssen J. 1980. Some transition results on the M/SM/1 Markov model in risk and queuing theories. ASTIN Bulletin, 11(1): 41～51.

Lim T J. 1998. A stochastic regime switching model for the failure process of a repairable system. Reliability Engineer and System Safety, 59(2): 225～238.

Mamon R, Duan Z. 2010. A self-tuning model for inflation rate dynamics. Communications in Nonlinear Science and Numerical, 15(9): 2521～2528.

Nalini R, Liu Z H, Bonnie K R. 2008. NHPP models with Markov switching for software reliability. Computational Statistics & Data Analysis, 52(8): 3988～3999.

Zhang X. 2009. Applications of Markov-Modulated process in insurance and finance. Tianjin, China: School of Mathematical Sciences, Nankai University.

第 6 章　交替环境中的半马尔可夫可修系统建模及可靠性分析

6.1　引言及系统描述

在工程实际中, 环境对系统的运行和生产率等有很大的影响, 因此进行系统建模时, 必须把环境因素考虑进去. 在许多情形下, 可用交替随机过程描述处于可变环境中的系统的运行过程, 如在温和及恶劣环境下运行的设备; 化学浓度变化前后离子通道的开关过程; 熊市和牛市的股市行情; 旺季和淡季的旅游市场; 等等. Hawkes 等 (2011) 建立了交替环境中的马尔可夫可修系统模型, 并分析了系统的可靠性. 本章将 Hawkes 等建立的模型进行推广, 建立交替环境中的半马尔可夫可修系统模型, 并对系统的可靠性进行研究.

交替环境中的半马尔可夫可修系统的假设条件如下：

(1) 一个半马尔可夫可修系统在两种不同的环境中交替运行. 环境不同, 系统的运行机制不同, 分别记为机制 1 和机制 2. 系统在机制 1 内的逗留时间为独立同分布的随机变量序列 $\{X_n\}$,X_n 的概率密度函数为 $f_1(t)$. 系统在机制 2 内的逗留时间为独立同分布的随机变量序列 $\{Y_n\}$, Y_n 的概率密度函数为 $f_2(t)$. 随机变量序列 $\{X_n\}$ 和 $\{Y_n\}$ 相互独立. 若用 $W(t)$ 表示系统时刻 t 所处的机制, 则随机过程 $\{W(t), t \geqslant 0\}$ 是一个交替更新过程, 其状态空间为 $\{1,2\}$.

(2) 系统在机制 $k\,(k=1,2)$ 的运行过程可用状态有限的、时齐的、不可约的半马尔可夫过程 $\{X^{(k)}(t), t \geqslant 0\}\,(k=1,2)$ 描述, 其中 $X^{(k)}(t)$ 表示系统在机制 k 下运行时, 时刻 t 所处的状态. $\{(Z_l^{(k)}, R_l^{(k)})\} = \{(Z_l^{(k)}, R_l^{(k)}), l=0,1,\cdots\}$ 是和 $\{X^{(k)}(t), t \geqslant 0\}$ 等价的马尔可夫更新过程, 其中 $\{Z_l^{(k)}, l=0,1,\cdots\}$ 表示系统在机制 k 下运行时, 相继访问的状态, $\{R_l^{(k)}, l=0,1,\cdots\}$ 表示系统在机制 k 下运行时, 在各个状态的逗留时间. 两个半马尔可夫过程的状态空间都是 $\boldsymbol{S}$, $\boldsymbol{S}$ 中包含 N 个元素. $\boldsymbol{H}_k(t) = (H_{kij}(t))(i,j \in \boldsymbol{S}, k=1,2)$ 为过程 $\{X^{(k)}(t), t \geqslant 0\}$ 的半马尔可夫核. 过程 $\{X^{(1)}(t), t \geqslant 0\}$ 和 $\{X^{(2)}(t), t \geqslant 0\}$ 相互独立.

(3) 系统在不同机制下的工作状态集可能不同, 即由于外界环境的变化, 运行机制 i 中的工作状态在运行机制 $j\,(i \neq j)$ 中可能为故障状态.

由假设条件 (1) 和 (2) 可知, 交替环境下的半马尔可夫可修系统可用二维随

机过程 $\{(X(t),W(t)),t\geqslant 0\}$ 来描述, 其中 $X(t)=X^{(W(t))}(t)$, 即当 $W(t)=k$ 时, $X(t)=X^{(k)}(t)$. 图 6.1 是交替环境下的半马尔可夫可修系统的样本函数曲线图.

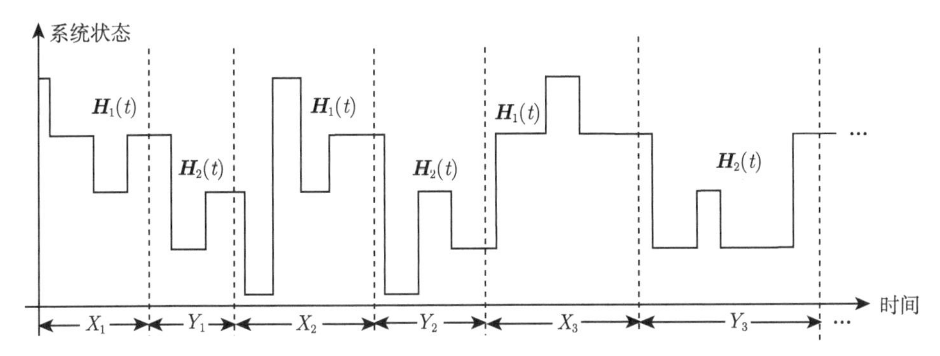

图 6.1 交替环境中的半马尔可夫可修系统的样本函数曲线图

设 $B_k\,(k=1,2)$ 表示系统在机制 k 下运行时的工作状态集, 其中有 N_k 个元素. 假设 $B_1\subset B_2$. 令 $C=B_2\bigcap\bar{B}_1$, 则 C 中的状态在机制 2 为工作状态但在机制 1 下为故障状态, 称它们为可变状态. 用和 5.2 节类似的方法, 以 $\{(X(t),W(t)),t\geqslant 0\}$ 为基本随机过程, 可以定义交替环境下的半马尔可夫可修系统对应的二维聚合半马尔可夫随机过程.

6.2 系统可用度

6.2.1 转移概率函数

系统的可用度和转移概率函数密切相关, 下面给出转移概率函数定义和表达式.

假设系统在机制 1 下运行, 设 $\boldsymbol{\varphi}_1(t)=(\varphi_{1ij}(t))$, 其中 $\varphi_{1ij}(t)\,(i,j\in\boldsymbol{S})$ 表示已知系统在时刻 0 从状态 i 出发, 在时刻 t 处于状态 $j\,(j\in\boldsymbol{S})$ 的概率. 称 $\varphi_{1ij}(t)$ 为系统在机制 1 下的转移概率函数, 称 $\boldsymbol{\varphi}_1(t)$ 为转移概率矩阵. $\varphi_{1ij}(t)$ 可以表示为

$$\varphi_{1ij}(t)=P\left\{X^{(1)}(t)=j\,\middle|\,X^{(1)}(0)=i\right\},\quad i,j\in\boldsymbol{S}. \tag{6.1}$$

对 $i\neq j$, 由全概率公式可得

$$\begin{aligned}\varphi_{1ij}(t)=&\sum_{l\in\boldsymbol{S},l\neq i}P\left\{X^{(1)}(t)=j,\,Z_1=l,\,U_1^{(1)}>t\,\middle|\,X^{(1)}(0)=i\right\}\\&+\sum_{l\in\boldsymbol{S},l\neq i}P\left\{X^{(1)}(t)=j,\,Z_1=l,\,U_1^{(1)}\leqslant t\,\middle|\,X^{(1)}(0)=i\right\},\end{aligned} \tag{6.2}$$

其中 $U_1^{(1)}=R_1^{(1)}-R_0^{(1)}$ 表示系统离开状态 i 的时刻. 在式 (6.2) 右端的第一项中, 事件 $U_1^{(1)}>t$ 表示时刻 t 系统仍然停留在状态 i. 由于 $i\neq j$, 它与事件 $X^{(1)}(t)=j$ 不可能同时发生, 故该项为零. 根据全概率公式, 式 (6.2) 右端第二项中的各个加项可化为

$$
\begin{aligned}
&P\left\{X^{(1)}(t)=j,\, Z_1=l,\, U_1^{(1)}\leqslant t\,\middle|\,X^{(1)}(0)=i\right\}\\
=&\int_0^t P\left\{X^{(1)}(t)=j\,\middle|\,U_1^{(1)}=u, Z_1=l, X^{(1)}(0)=i\right\}\mathrm{d}H_{1il}(u)\\
=&\int_0^t \varphi_{1lj}(t-u)\mathrm{d}H_{1il}(u)=\varphi_{1lj}(t)*H_{1il}(t),
\end{aligned}
\tag{6.3}
$$

其中第二个等号成立是由于系统在状态转移时刻 $U_1^{(1)}=u$ 的马尔可夫性. 把式 (6.3) 代入式 (6.2) 可得

$$
\varphi_{1ij}(t)=\sum_{l\in\boldsymbol{S},l\neq i}H_{1il}(t)*\varphi_{1lj}(t). \tag{6.4}
$$

对式 (6.4) 做 L 变换得

$$
\varphi_{1ij}^*(s)=\sum_{l\in\boldsymbol{S},l\neq i}H_{1il}^*(s)\varphi_{1lj}^*(s), \tag{6.5}
$$

其中 $H_{1il}^*(s)$ 是 $H_{1il}(t)$ 的 L-S 变换.

类似地, 当 $i=j$ 时, 事件 $U_1^{(1)}>t$ 表示时刻 t 系统仍然停留在状态 i, 它与 $X^{(1)}(t)=i$ 表示同一个事件, 所以式 (6.2) 中的第一项化为 $1-\sum\limits_{l\in\boldsymbol{S},l\neq i}H_{1il}(t)$. 从而

$$
\varphi_{1ii}(t)=1-\sum_{l\in\boldsymbol{S},l\neq i}H_{1il}(t)+\sum_{l\in\boldsymbol{S},l\neq i}H_{1il}(t)*\varphi_{1li}(t). \tag{6.6}
$$

对式 (6.6) 做 L 变换得

$$
\varphi_{1ii}^*(s)=\frac{1}{s}-\sum_{l\in\boldsymbol{S},l\neq i}\frac{H_{1il}^*(s)}{s}+\sum_{l\in\boldsymbol{S},l\neq i}H_{1il}^*(s)\varphi_{1li}^*(s). \tag{6.7}
$$

令 $h_{1ii}^*(s)=\dfrac{1}{s}\left(1-\sum\limits_{l\in\boldsymbol{S},l\neq i}H_{1il}^*(s)\right)$ $(i=1,2,\cdots,N)$, 构造 $N\times N$ 维对角阵

$$
\boldsymbol{\varphi}_{1D}^*(s)=\mathrm{diag}\left\{h_{111}^*(s),h_{122}^*(s),\cdots,h_{1NN}^*(s)\right\}.
$$

设 $\boldsymbol{\varphi}_1^*(s)=(\varphi_{1ij}^*(s))$, $\boldsymbol{H}_1^*(s)=(H_{1ij}^*(s)), i,j\in\boldsymbol{S}$, 则由式 (6.5) 和式 (6.7) 可得

$$
\boldsymbol{\varphi}_1^*(s)=\left(\boldsymbol{I}-\boldsymbol{H}_1^*(s)\right)^{-1}\boldsymbol{\varphi}_{1D}^*(s), \tag{6.8}
$$

对上式做逆 L 变换可得 $\boldsymbol{\varphi}_1(t)=(\varphi_{1ij}(t))$.

类似地, 当系统在机制 2 下运行时, 令 $\boldsymbol{\varphi}_2(t)=(\varphi_{2ij}(t))$, 其中

$$\varphi_{2ij}(t)=P\left\{X^{(2)}(t)=j\,\middle|\,X^{(2)}(0)=i\right\},\quad i,j\in\boldsymbol{S},\tag{6.9}$$

易知, $\varphi_{2ij}(t)$ 表示已知系统在时刻 0 从状态 i 出发的条件下, 在时刻 t 处于状态 j 的概率. 令 $\boldsymbol{\varphi}_2^*(s)=(\varphi_{2ij}^*(s))$, 其中 $\varphi_{2ij}^*(s)\,(i,j\in S)$ 是 $\varphi_{2ij}(t)$ 的 L 变换, 则

$$\boldsymbol{\varphi}_2^*(s)=[\boldsymbol{I}-\boldsymbol{H}_2^*(s)]^{-1}\,\boldsymbol{\varphi}_{2D}^*(s),$$

其中$\boldsymbol{\varphi}_{2D}^*(s)=\mathrm{diag}\{h_{211}^*(s),h_{222}^*(s),\cdots,h_{2NN}^*(s)\}$ 是一 $N\times N$ 维对角阵, 其对角线元素 $h_{2ii}^*(s)=\dfrac{1}{s}\left(1-\sum\limits_{l\in\boldsymbol{S},l\neq i}H_{2il}^*(s)\right)$ $(i=1,2,\cdots,N)$, $\boldsymbol{H}_2^*(s)=(H_{2ij}^*(s))$ $(i,j\in\boldsymbol{S})$ 是 $\boldsymbol{H}_2(t)$ 的 L-S 变换矩阵.

在马尔可夫情形下, $H_{1ij}^*(s)=q_{ij}^{(1)}/(s-q_{ii}^{(1)})\,(i\neq j)$, 其中 $q_{ij}^{(1)},q_{ii}^{(1)}$ 为系统在机制 1 下运行时, 对应的转移率矩阵 $\boldsymbol{Q}^{(1)}$ 中的元素, 且

$$h_{1ii}^*(s)=\frac{1}{s}-\sum_{l\in\boldsymbol{S},l\neq i}\frac{q_{ij}^{(1)}}{(s-q_{ii}^{(1)})s}=\frac{1}{s}+\frac{q_{ii}^{(1)}}{(s-q_{ii}^{(1)})s}=\frac{1}{(s-q_{ii}^{(1)})},\quad i=1,2,\cdots,N.$$

令 $\boldsymbol{Q}^{(1)}=\boldsymbol{Q}_{1D}+\bar{\boldsymbol{Q}}_1$, 其中 $\boldsymbol{Q}_{1D}=\mathrm{diag}\{q_{11}^{(1)},q_{22}^{(1)},\cdots,q_{NN}^{(1)}\}$ 是由 $\boldsymbol{Q}^{(1)}$ 的对角线上的元素组成的对角阵, $\bar{\boldsymbol{Q}}_1=\boldsymbol{Q}^{(1)}-\boldsymbol{Q}_{1D}$. 式 (6.8) 可表示为

$$\begin{aligned}\boldsymbol{\varphi}_1^*(s)&=\left(\boldsymbol{I}-(s\boldsymbol{I}-\boldsymbol{Q}_{1D})^{-1}\bar{\boldsymbol{Q}}_1\right)^{-1}(s\boldsymbol{I}-\boldsymbol{Q}_{1D})^{-1}\\&=\left((s\boldsymbol{I}-\boldsymbol{Q}_{1D})^{-1}(s\boldsymbol{I}-\boldsymbol{Q}_{1D})-(s\boldsymbol{I}-\boldsymbol{Q}_{1D})^{-1}\bar{\boldsymbol{Q}}_1\right)^{-1}(s\boldsymbol{I}-\boldsymbol{Q}_{1D})^{-1}\\&=\left(s\boldsymbol{I}-\left(\boldsymbol{Q}_{1D}+\bar{\boldsymbol{Q}}_1\right)\right)^{-1}\\&=\left(s\boldsymbol{I}-\boldsymbol{Q}^{(1)}\right)^{-1}.\end{aligned}\tag{6.10}$$

所以 $\boldsymbol{\varphi}_1(t)=\exp(\boldsymbol{Q}^{(1)}t)$. 类似地可得 $\boldsymbol{\varphi}_2(t)=\exp(\boldsymbol{Q}^{(2)}t)$, 其中 $\boldsymbol{Q}^{(2)}$ 为系统在机制 2 下的转移率矩阵.

6.2.2 系统的瞬时和稳态可用度

令矩阵 $\boldsymbol{\Phi}_{mn}(t)=(\phi_{ij,mn}(t))\,(i,j\in\boldsymbol{S})$, 其元素

$$\phi_{ij,mn}(t)=P\left\{W(t)=n,X(t)=j\,|W(0)=m,X(0)=i\right\},\quad m,n\in\{1,2\},$$

则 $\phi_{ij,mn}(t)$ 表示已知系统在初始时刻处于机制 i 状态 m 的条件下, 经时间 t 后, 在机制 j 状态 n 的概率. 由全概率公式和系统在状态转移时刻的马尔可夫性可得

$$\boldsymbol{\Phi}_{11}(t)=\int_0^t \boldsymbol{\varphi}_1(u)\boldsymbol{\Phi}_{21}(t-u)\mathrm{d}F_1(u)+\boldsymbol{\varphi}_1(t)R_1(t), \tag{6.11}$$

其中 $F_1(t)$ 是随机变量 $X_n\,(n=1,2,\cdots)$ 的分布函数, $R_1(t)=1-F_1(t)$. 式 (6.11) 的第一项对应于机制 1 在时刻 t 之前结束情形下的条件概率. 在第二项中, 系统在机制 1 的逗留时间大于等于 t. 设 $\boldsymbol{\Phi}_{mn}(t)$, $\boldsymbol{\varphi}_1(t)f_1(t)$, $\boldsymbol{\varphi}_1(t)R_1(t)$ 的 L 变换分别为 $\boldsymbol{\Phi}^*_{mn}(s)$, $\boldsymbol{G}^*_1(s)$, $\tilde{\boldsymbol{G}}^*_1(s)$, 在式 (6.11) 两边做 L 变换得

$$\boldsymbol{\Phi}^*_{11}(s)=\boldsymbol{G}^*_1(s)\boldsymbol{\Phi}^*_{21}(s)+\tilde{\boldsymbol{G}}^*_1(s). \tag{6.12}$$

如果系统在初始时刻处于机制 2, 经时间 t 后处于机制 1, 则系统在机制 2 内的首次逗留时间 $u<t$. 根据系统的半马尔可夫性可得

$$\boldsymbol{\Phi}_{21}(t)=\int_0^t \boldsymbol{\varphi}_2(u)f_2(u)\boldsymbol{\Phi}_{11}(t-u)\mathrm{d}u. \tag{6.13}$$

在式 (6.13) 两边做 L 变换, 可得 $\boldsymbol{\Phi}_{21}(t)$ 的 L 变换

$$\boldsymbol{\Phi}^*_{21}(s)=\boldsymbol{G}^*_2(s)\boldsymbol{\Phi}^*_{11}(s), \tag{6.14}$$

其中 $\boldsymbol{G}^*_2(s)$ 为 $\boldsymbol{\varphi}_2(t)f_2(t)$ 的 L 变换.

把式 (6.12) 和式 (6.14) 联立, 组成方程组, 并求解得

$$\boldsymbol{\Phi}^*_{11}(s)=\left(\boldsymbol{I}-\boldsymbol{G}^*_1(s)\boldsymbol{G}^*_2(s)\right)^{-1}\tilde{\boldsymbol{G}}^*_1(s),\quad \boldsymbol{\Phi}^*_{21}(s)=\boldsymbol{G}^*_2(s)\left(\boldsymbol{I}-\boldsymbol{G}^*_1(s)\boldsymbol{G}^*_2(s)\right)^{-1}\tilde{\boldsymbol{G}}^*_1(s). \tag{6.15}$$

同理可得

$$\boldsymbol{\Phi}^*_{22}(s)=\left(\boldsymbol{I}-\boldsymbol{G}^*_2(s)\boldsymbol{G}^*_1(s)\right)^{-1}\tilde{\boldsymbol{G}}^*_2(s),\quad \boldsymbol{\Phi}^*_{12}(s)=\boldsymbol{G}^*_1(s)\left(\boldsymbol{I}-\boldsymbol{G}^*_2(s)\boldsymbol{G}^*_1(s)\right)^{-1}\tilde{\boldsymbol{G}}^*_2(s), \tag{6.16}$$

其中 $\tilde{\boldsymbol{G}}^*_2(s)$ 是 $\boldsymbol{\varphi}_2(t)R_2(t)$ 的 L 变换.

设时刻 0 系统开始于运行机制 1, $\boldsymbol{p}(0)$ 表示初始行向量, 则系统的瞬时可用度

$$A(t)=\boldsymbol{p}(0)\boldsymbol{\Phi}_{11}(t)\boldsymbol{u}_1+\boldsymbol{p}(0)\boldsymbol{\Phi}_{12}(t)\boldsymbol{u}_2.$$

其 L 变换为

$$A^*(s)=\boldsymbol{p}(0)\boldsymbol{\Phi}^*_{11}(s)\boldsymbol{u}_1+\boldsymbol{p}(0)\boldsymbol{\Phi}^*_{12}(s)\boldsymbol{u}_2,$$

其中 $\boldsymbol{u}_k(k\in\{1,2\})$ 为集合 B_k 上的 N 维示性列向量. 即 $\boldsymbol{u}_k$ 的对应于集合 B_k 的分量为 1, 其他分量为 0. 当极限 $\lim\limits_{t\to\infty}A(t)=\lim\limits_{s\to 0}sA^*(s)$ 存在时, 称之为稳态可用度, 并记之为 A.

6.3 首次故障前时间

6.3.1 在工作状态集内的逗留概率和逗留时间分布

为方便起见, 将状态进行排序, 使系统首先访问状态集 $B_k(k \in \{1,2\})$, 再访问状态集 D_k. 根据状态是故障还是工作, 对两个半马尔可夫核进行如下分块:

$$\boldsymbol{H}_k(t) = \begin{pmatrix} \boldsymbol{H}_{B_kB_k}(t) & \boldsymbol{H}_{B_kD_k}(t) \\ \boldsymbol{H}_{D_kB_k}(t) & \boldsymbol{H}_{D_kD_k}(t) \end{pmatrix}, \quad k \in \{1,2\}.$$

设系统在机制 1 下运行. 令 $\boldsymbol{\gamma}_1(t) = (\gamma_{1ij}(t))(i,j \in B_1)$, 其中 $\gamma_{1ij}(t)$ 表示已知系统时刻 0 从工作状态集 B_1 中的状态 i 出发的条件, 在 $(0,t]$ 一直处于工作状态并且在时刻 t 处于状态 $j(j \in B_1)$ 的条件概率. 即

$$\gamma_{1ij}(t) = P\left\{X^{(1)}(t) = j,\, X^{(1)}(h) \in B_1,\, h \in (0,t] \middle| X^{(1)}(0) = i\right\}, \quad i,j \in B_1.$$

由全概率公式可得

$$\begin{aligned}\gamma_{1ij}(t) = &\sum_{l \in B_1, l \neq i} P\Big\{X^{(1)}(t)=j,\, Z_1 = l,\, U_1^{(1)} > t,\\ &X^{(1)}(h) \in B_1, h \in (0,t] \Big| X^{(1)}(0)=i\Big\}\\ &+ \sum_{l \in B_1, l \neq i} P\Big\{X^{(1)}(t)=j,\, Z_1=l,\, U_1^{(1)} \leqslant t,\\ &X^{(1)}(h) \in B_1, h \in (0,t] | X^{(1)}(0)=i\Big\}.\end{aligned} \tag{6.17}$$

当 $i \neq j$ 时, 事件 $U_1^{(1)} > t$ 表示时刻 t 系统仍然停留在状态 i. 由于 $i \neq j$, 它与事件 $X^{(1)}(t) = j$ 不可能同时发生, 故上式右端第一项为零. 由全概率公式, 式 (6.17) 右端第二个项中的各加项

$$\begin{aligned}&P\Big\{X^{(1)}(t) = j,\, Z_1 = l,\, U_1^{(1)} \leqslant t,\, X^{(1)}(h) \in B_1, h \in (0,t] \Big| X^{(1)}(0) = i\Big\}\\ &= \int_0^t P\left\{X^{(1)}(t)=j,\, Z_1=l,\, U_1^{(1)}=u,\, X^{(1)}(h) \in B_1, h \in (0,t] \middle| X^{(1)}(0)=i\right\} \mathrm{d}H_{1il}(u)\\ &= \int_0^t P\left\{X^{(1)}(t) = j,\; X^{(1)}(h) \in B_1, h \in (u,t] \middle| X^{(1)}(u) = l\right\} \mathrm{d}H_{1il}(u)\\ &= \int_0^t \gamma_{1lj}(t-u)\mathrm{d}H_{1il}(u) = H_{1il}(t) * \gamma_{1lj}(t),\end{aligned}$$

其中第二个等号成立是由于系统在状态转移时刻 $U_1^{(1)}=u$ 的马尔可夫性. 从而式 (6.17) 可简化为

$$\gamma_{1ij}(t)=\sum_{l\in B_1,l\neq i}H_{1il}(t)*\gamma_{1lj}(t). \tag{6.18}$$

对式 (6.18) 两边做拉氏变换得

$$\gamma_{1ij}^*(s)=\sum_{l\in B_1,l\neq i}H_{1il}^*(s)\gamma_{1lj}^*(s), \tag{6.19}$$

其中 $\gamma_{1ij}^*(s),\gamma_{1lj}^*(s)$ 是 $\boldsymbol{\gamma}_1(t)$ 的 L 变换矩阵 $\boldsymbol{\gamma}_1^*(s)=(\gamma_{1ij}^*(s))$ 中的元素.

类似地, 当 $i=j$ 时, 事件 $U_1^{(1)}>t$ 表示时刻 t 系统仍然停留在状态 i, 它与 $X^{(1)}(t)=i$ 表示同一个事件, 所以式 (6.17) 中的第一项化为 $\left(\sum_{l\in B_1,l\neq i}H_{1il}(\infty)-\sum_{l\in B_1,l\neq i}H_{1il}(t)\right)\frac{1}{P_{iB_1}}$, 其中 $P_{iB_1}=\sum_{l\in B_1,l\neq i}H_{1il}(\infty)$, 表示已知系统从状态 $i(i\in B_1)$ 出发的条件下, 经一次状态转移仍在 B_1 中的概率. 从而

$$\gamma_{1ii}(t)=\sum_{l\in B_1,l\neq i}H_{1il}(t)*\gamma_{1li}(t)+\frac{1}{P_{iB_1}}\left(\sum_{l\in B_1,l\neq i}H_{1il}(\infty)-\sum_{l\in B_1,l\neq i}H_{1il}(t)\right). \tag{6.20}$$

对式 (6.20) 两边做 L 变换得

$$\gamma_{1ii}^*(s)=\sum_{l\in B_1,l\neq i}H_{1il}^*(s)\gamma_{1li}^*(s)+\frac{1}{P_{iB_1}}\left(\frac{\sum\limits_{l\in B_1,l\neq i}H_{1il}(\infty)}{s}-\sum_{l\in B_1,l\neq i}\frac{H_{1il}^*(s)}{s}\right). \tag{6.21}$$

令

$$g_{1ii}^*(s)=\frac{1}{P_{iB_1}}\left(\frac{\sum\limits_{l\in B_1,l\neq i}H_{1il}(\infty)}{s}-\sum_{l\in B_1,l\neq i}\frac{H_{1il}^*(s)}{s}\right),\quad i=1,2,\cdots,N,$$

构造 $N\times N$ 维对角阵

$$\boldsymbol{\gamma}_{1D}^*(s)=\mathrm{diag}\left\{g_{111}^*(s),g_{122}^*(s),\cdots,g_{1NN}^*(s)\right\}.$$

设 $\boldsymbol{H}_{B_1B_1}^*(s)=(H_{1ij}^*(s))\,(i,j\in B_1)$, 则由式 (6.19) 和式 (6.21) 可得

$$\boldsymbol{\gamma}_1^*(s)=\left(\boldsymbol{I}-\boldsymbol{H}_{B_1B_1}^*(s)\right)^{-1}\boldsymbol{\gamma}_{1D}^*(s). \tag{6.22}$$

对上式做逆 L 变换可得 $\boldsymbol{\gamma}_1(t)$. 类似地, 可得系统在机制 2 下运行时, 在 $(0, t]$ 一直处于工作状态的条件概率矩阵 $\boldsymbol{\gamma}_2(t)$.

在马尔可夫情形下,

$$H_{1ij}^*(s) = q_{ij}^{(1)}/(s - q_{ii}^{(1)}), \quad i \neq j,$$

$$P_{iB_1} = \left(\sum_{l \in B_1, l \neq i} q_{il}\right) / (-q_{ii}),$$

所以

$$\begin{aligned} g_{1ii}^*(s) &= \frac{1}{P_{iB_1}} \left(\frac{\sum\limits_{l \in B_1, l \neq i} H_{1il}(\infty)}{s} - \sum_{l \in B_1, l \neq i} \frac{H_{1il}^*(s)}{s} \right) \\ &= \frac{(-q_{ii})}{\sum\limits_{l \in B_1, l \neq i} q_{il}} \left(\frac{\sum\limits_{l \in B_1, l \neq i} q_{il}}{(-q_{ii})s} - \sum_{l \in B_1, l \neq i} \frac{q_{il}}{s(s - q_{ii})} \right) \\ &= \left(\frac{1}{s} + \frac{q_{ii}}{s(s - q_{ii})} \right) = \frac{1}{(s - q_{ii})}. \end{aligned}$$

令 $\boldsymbol{Q}_{B_1B_1} = \boldsymbol{Q}_{B_1}^D + \bar{\boldsymbol{Q}}_{1B_1}$, 其中 $\boldsymbol{Q}_{B_1}^D$ 是由 $\boldsymbol{Q}_{B_1B_1}$ 的对角线上元素组成的对角阵, $\bar{\boldsymbol{Q}}_{1B_1} = \boldsymbol{Q}_{B_1B_1} - \boldsymbol{Q}_{B_1}^D$, 则式 (6.22) 可表示为

$$\begin{aligned} \boldsymbol{\gamma}_1^*(s) &= \left(\boldsymbol{I} - \left(s\boldsymbol{I} - \boldsymbol{Q}_{B_1}^D \right)^{-1} \bar{\boldsymbol{Q}}_{1B_1} \right)^{-1} \left(s\boldsymbol{I} - \boldsymbol{Q}_{B_1}^D \right)^{-1} \\ &= \left(\left(s\boldsymbol{I} - \boldsymbol{Q}_{B_1}^D \right)^{-1} \left(s\boldsymbol{I} - \boldsymbol{Q}_{\mathrm{B}_1}^D \right) - \left(s\boldsymbol{I} - \boldsymbol{Q}_{B_1}^D \right)^{-1} \bar{\boldsymbol{Q}}_{1B_1} \right)^{-1} \left(s\boldsymbol{I} - \boldsymbol{Q}_{B_1}^D \right)^{-1} \\ &= \left(s\boldsymbol{I} - \left(\boldsymbol{Q}_{B_1}^D + \bar{\boldsymbol{Q}}_{1B_1} \right) \right)^{-1} \\ &= \left(s\boldsymbol{I} - \boldsymbol{Q}_{B_1B_1} \right)^{-1}. \end{aligned} \tag{6.23}$$

所以 $\boldsymbol{\gamma}_1(t) = \exp(\boldsymbol{Q}_{B_1B_1}t)$. 类似地, 可得 $\boldsymbol{\gamma}_2(t) = \exp(\boldsymbol{Q}_{B_2B_2}t)$, 其中 $\boldsymbol{Q}_{B_2B_2}$ 是为系统在机制 2 下运行时的状态转移率矩阵 $\boldsymbol{Q}^{(2)}$ 的子矩阵.

假设系统在机制 $k\,(k = 1, 2)$ 下运行. 令 $\boldsymbol{\Psi}_k(t) = (\varphi_{kij}(t))\,(i \in B_k, j \in D_k)$ 表示已知系统的初始状态及后继停工时间区间的转入状态时, 系统在工作状态集 B_k 的逗留时间的条件分布函数矩阵. 根据系统的马尔可夫性, 系统在单个状态的逗留时间条件独立. 当系统进行了 $l - 1\,(l \geqslant 1)$ 次工作状态间的转移时, 在工作状态集 B_k 的逗留时间的条件分布函数矩阵为

$$\underbrace{\boldsymbol{H}_{B_kB_k}(t)*\boldsymbol{H}_{B_kB_k}(t)*\cdots*\boldsymbol{H}_{B_kB_k}(t)}_{l-1\text{个}}*\boldsymbol{H}_{B_kD_k}(t),$$

相应的 L-S 变换为 $\left(\boldsymbol{H}^*_{B_kB_k}(s)\right)^{l-1}\boldsymbol{H}^*_{B_kD_k}(s)$. 所以 $\boldsymbol{\Psi}_k(t)$ 的 L-S 变换矩阵为

$$\boldsymbol{\Psi}^*_k(s)=\sum_{l=1}^{\infty}\left(\boldsymbol{H}^*_{B_kB_k}(s)\right)^{l-1}\boldsymbol{H}^*_{B_kD_k}(s)=\left(\boldsymbol{I}-\boldsymbol{H}^*_{B_kB_k}(s)\right)^{-1}\boldsymbol{H}^*_{B_kD_k}(s),\tag{6.24}$$

其中 $\boldsymbol{H}^*_{B_kB_k}(s)$, $\boldsymbol{H}^*_{B_kD_k}(s)$ 分别是 $\boldsymbol{H}_{B_kB_k}(t)$ 和 $\boldsymbol{H}_{B_kD_k}(t)$ 的 L-S 变换.

用类似于第 4 章中式 (4.13) 的方法可以证明, 在马尔可夫情形下, 式 (6.24) 可化为

$$\boldsymbol{\Psi}^*_k(s)=\left(s\boldsymbol{I}-\boldsymbol{Q}_{B_kB_k}\right)^{-1}\boldsymbol{Q}_{B_kD_k},\tag{6.25}$$

其中 $\boldsymbol{Q}_{B_kB_k}$, $\boldsymbol{Q}_{B_kD_k}$ 为矩阵 $\boldsymbol{Q}^{(k)}=\begin{pmatrix}\boldsymbol{Q}_{B_kB_k} & \boldsymbol{Q}_{B_kD_k}\\ \boldsymbol{Q}_{D_kB_k} & \boldsymbol{Q}_{D_kD_k}\end{pmatrix}$ 的子矩阵.

6.3.2　首次故障前时间分布

系统的首次故障前时间由两类时间构成. 当系统在整个运行机制内都处于工作状态时, 系统在该运行机制的逗留时间是首次故障前时间的一部分. 当系统在一个运行机制内的出现故障状态集和工作状态集间的转换时, 在工作状态集的逗留时间成为首次故障前时间的一部分.

当系统在整个运行机制内都处于工作状态时, 做下列 L-S 变换:

$$\boldsymbol{G}^*_{B_1B_1}(s)=\int_0^{\infty}\mathrm{e}^{-st}\boldsymbol{\gamma}_1(t)\mathrm{d}F_1(t),\quad \boldsymbol{G}^*_{B_2B_2}(s)=\int_0^{\infty}\mathrm{e}^{-st}\boldsymbol{\gamma}_2(t)\mathrm{d}F_2(t).$$

由 $\gamma_k(t)(k\in\{1,2\})$ 的定义可知, $\boldsymbol{G}^*_{B_kB_k}(s)$ 的第 i 行第 j 列元素表示系统在整个机制 k 内都处于工作状态, 并且机制 k 开始于状态 $i(i\in B_k)$, 结束于状态 $j(j\in B_k)$ 时, 该机制长度的 L-S 变换.

当系统在一个机制内由工作状态集转移到故障状态集时, 做下列 L-S 变换:

$$\boldsymbol{K}^*_{B_1D_1}(s)=\int_0^{\infty}\mathrm{e}^{-st}R_1(t)\mathrm{d}\boldsymbol{\Psi}_1(t),\quad \boldsymbol{K}^*_{B_2D_2}(s)=\int_0^{\infty}\mathrm{e}^{-st}R_2(t)\mathrm{d}\boldsymbol{\Psi}_2(t).$$

由 $\boldsymbol{\Psi}_k(t)(k\in\{1,2\})$ 的定义可知, 矩阵 $\boldsymbol{K}^*_{B_kD_k}(s)$ 的元素表示系统在初始时刻处于机制 k 的工作状态, 但是在机制 k 结束之前, 由工作状态集转移到故障状态集时, 在工作状态集 B_k 内的逗留时间的 L-S 变换.

对 $\boldsymbol{G}^*_{B_2B_2}(s)$ 做如下分块:

$$\boldsymbol{G}^*_{B_2B_2}(s)=\begin{pmatrix}\boldsymbol{T}^*_{B_1B_1}(s) & \boldsymbol{T}^*_{B_1C}(s)\\ \boldsymbol{T}^*_{C_1B_1}(s) & \boldsymbol{T}^*_{CC}(s)\end{pmatrix}=\begin{pmatrix}\boldsymbol{T}^*_{B_2B_1}(s) & \boldsymbol{T}^*_{B_2C}(s)\end{pmatrix},$$

其中每个子块都表示系统在机制 2 内一直处于工作状态时, 在工作状态集 B_2 内逗留时间的 L-S 变换. 它们的区别是系统在机制 2 内的初始和结束状态不同. 如 $\boldsymbol{T}^*_{B_2B_1}(s)$ 表示开始于 B_2 中的状态而结束于 B_1 中的状态.

类似地, 对矩阵 $\boldsymbol{K}^*_{B_2D_2}(s)$ 进行如下分块:

$$\boldsymbol{K}^*_{B_2D_2}(s)=\begin{pmatrix}\boldsymbol{E}^*_{B_1D_2}(s)\\ \boldsymbol{E}^*_{CD_2}(s)\end{pmatrix},$$

其中子块 $\boldsymbol{E}^*_{B_1D_2}(s)$ 表示机制 2 开始于工作状态集 B_1 且在该机制结束之前系统发生故障时, 系统在 B_2 中逗留时间的 L-S 变换, 而 $\boldsymbol{E}^*_{CD_2}(s)$ 表示机制 2 开始于可变状态集 C 情形下, 系统在 B_2 中逗留时间的 L-S 变换.

假设系统开始于运行机制 1 中的工作状态集. 当已知初始状态时, 首次故障前时间有以下几种情形.

情形 1 系统前 $r\,(r\geqslant 0)$ 个机制 1 和机制 2 都处于工作状态, 在第 $r+1$ 次访问机制 1 过程中, 由工作状态集转移到故障状态集. 由系统在各个机制下的半马尔可夫性可知, 首次故障前时间的 L-S 变换为

$$\left(\boldsymbol{G}^*_{B_1B_1}(s)\boldsymbol{T}^*_{B_1B_1}(s)\right)^r\boldsymbol{K}^*_{B_1D_1}(s)\boldsymbol{e}_{D_1}.$$

情形 2 系统前 $r\,(r\geqslant 0)$ 个机制 1, 机制 2, 第 $r+1$ 个机制 1 都访问工作状态集, 在第 $r+1$ 次访问运行机制 2 过程中, 由工作状态集转移到故障状态集. 此时, 首次故障前时间的 L-S 变换为

$$\left(\boldsymbol{G}^*_{B_1B_1}(s)\boldsymbol{T}^*_{B_1B_1}(s)\right)^r\boldsymbol{G}^*_{B_1B_1}(s)\boldsymbol{E}^*_{B_1D_2}(s)\boldsymbol{e}_{D_2}.$$

情形 3 系统前 $r\,(r\geqslant 0)$ 个机制 1, 机制 2, 第 $r+1$ 个机制 1 都访问工作状态集, 在第 $r+1$ 访问运行机制 2 过程中, 由工作状态集转移到可变状态集 C. 根据模型假设, 虽然 C 在机制 2 下是工作状态集的子集, 但在机制 1 下是故障状态集的子集, 所以当系统从对机制 2 的第 $r+1(r\geqslant 0)$ 次访问, 转入对机制 1 的第 $r+2(r\geqslant 0)$ 次访问时, 立刻进入故障状态. 因此, 首次故障前时间的 L-S 变换为

$$\left(\boldsymbol{G}^*_{B_1B_1}(s)\boldsymbol{T}^*_{B_1B_1}(s)\right)^r\boldsymbol{G}^*_{B_1B_1}(s)\boldsymbol{T}^*_{B_1C}(s)\boldsymbol{e}_C.$$

综上所述, 当系统开始于机制 1 的工作状态时, 首次故障前时间的 L-S 变换为

$$\begin{aligned}\boldsymbol{\Psi}^{(1)*}(s)&=\sum_{r=0}^{\infty}\left(\boldsymbol{G}^*_{B_1B_1}(s)\boldsymbol{T}^*_{B_1B_1}(s)\right)^r\left(\boldsymbol{K}^*_{B_1D_1}(s)\boldsymbol{e}_{D_1}\right.\\&\quad\left.+\boldsymbol{G}^*_{B_1B_1}(s)\boldsymbol{T}^*_{B_1C}(s)\boldsymbol{e}_C+\boldsymbol{G}^*_{B_1B_1}(s)\boldsymbol{E}^*_{B_1D_2}(s)\boldsymbol{e}_{D_2}\right)\\&=\left(\boldsymbol{I}-\boldsymbol{G}^*_{B_1B_1}(s)\boldsymbol{T}^*_{B_1B_1}(s)\right)^{-1}\\&\quad\times\left[\boldsymbol{K}^*_{B_1D_1}(s)\boldsymbol{e}_{D_1}+\boldsymbol{G}^*_{B_1B_1}(s)\left(\boldsymbol{T}^*_{B_1C}(s)\boldsymbol{e}_C+\boldsymbol{E}^*_{B_1D_2}(s)\boldsymbol{e}_{D_2}\right)\right].\end{aligned}\tag{6.26}$$

类似地, 当系统开始于机制 2 的工作状态时, 首次故障前时间的 L-S 变换为

$$\boldsymbol{\Psi}^{(2)*}(s)=\boldsymbol{K}^*_{B_2D_2}(s)\boldsymbol{e}_{D_2}+\boldsymbol{T}^*_{B_2C}(s)\boldsymbol{e}_C+\boldsymbol{T}^*_{B_2B_1}(s)\boldsymbol{\Psi}^{(1)*}(s). \tag{6.27}$$

式 (6.27) 可做如下解释：等式右端的第一项表示系统在第一次访问机制 2 过程中, 由工作状态集转移到故障状态集情形下的首次故障前时间的 L-S 变换. 在第二项中, 系统在整个运行机制 2 中, 都处于工作状态集, 但结束于可变状态集 C 中的状态. 由于可变状态集 C 为机制 1 下的故障状态集, 系统转入机制 1 后, 立即进入故障状态, 因此首次故障前时间的 L-S 变换为 $\boldsymbol{T}^*_{B_2C}(s)\boldsymbol{e}_C$. 而在第三项中, 系统在机制 2 中一直处于工作状态, 并且结束状态是机制 1 下的工作状态. 由系统的半马尔可夫性, 在此情形下, 首次故障前时间为在 B_2 中的逗留时间与从机制 1 的工作状态出发的首次故障前时间之和, 因此其 L-S 变换为 $\boldsymbol{T}^*_{B_2B_1}(s)\boldsymbol{\Psi}^{(1)*}(s)$.

假设系统开始于机制 1, 且初始向量为 $\boldsymbol{p}_{B_i}(0)$, 则首次故障前时间的 L-S 变换为

$$f^{(1)*}(s)=\boldsymbol{p}_{B_i}(0)\boldsymbol{\Psi}^{(1)*}(s). \tag{6.28}$$

在式 (6.28) 两边做逆 L 变换, 可得首次故障前时间的概率密度函数 $f^{(1)}(t)$. 由 L 变换的性质, 平均首次故障前时间为

$$E^{(1)}=\left(-\frac{\mathrm{d}f^{(1)*}(s)}{\mathrm{d}s}\right)_{s=0}.$$

当不存在可变状态集时, $B_1=B_2, \boldsymbol{T}^*_{B_1B_1}(s)=\boldsymbol{T}^*_{B_2B_1}(s)=\boldsymbol{G}^*_{B_2B_2}(s)$, $\boldsymbol{E}^*_{B_1D_2}=\boldsymbol{K}^*_{B_2D_2}(s)$. 设 $\boldsymbol{\Psi}^{(1)*}_{nc}(s), \boldsymbol{\Psi}^{(2)*}_{nc}(s)$ 分别为没有可变状态集情形下, 系统开始于机制 1 和机制 2 的工作状态时的首次故障前时间的 L-S 变换. 在本节已有的各个等式中, 令所有包含 C 的项为零, 可得

$$\boldsymbol{\Psi}^{(1)*}_{nc}(s)=\left(\boldsymbol{I}-\boldsymbol{G}^*_{B_1B_1}(s)\boldsymbol{G}^*_{B_2B_2}(s)\right)^{-1}\left(\boldsymbol{K}^*_{B_1D_1}(s)\boldsymbol{e}_{D_1}+\boldsymbol{G}^*_{B_1B_1}(s)\boldsymbol{K}^*_{B_2D_2}(s)\boldsymbol{e}_{D_2}\right),$$

$$\boldsymbol{\Psi}^{(2)*}_{nc}(s)=\boldsymbol{K}^*_{B_2D_2}(s)\boldsymbol{e}_{D_2}+\boldsymbol{G}^*_{B_2B_2}(s)\boldsymbol{\Psi}^{(1)*}(s).$$

把 $\boldsymbol{\Psi}^{(1)*}_{nc}(s), \boldsymbol{\Psi}^{(2)*}_{nc}(s)$ 代入相关表达式, 可得到没有可变状态情形下的首次故障前时间分布. 根据式 (6.10), 式 (6.23), 式 (6.25), 可得到交替环境中的马尔可夫可修系统的可用度, 首次故障前时间分布.

6.4 机制逗留时间为常数情形下的半马尔可夫可修系统

6.4.1 常数情形下的可用度

假设系统在机制 1 和机制 2 的逗留时间分别为常数 m_1 和 m_2. 令

$$\boldsymbol{P}_{12}=\boldsymbol{\varphi}_1(m_1), \quad \boldsymbol{P}_{21}=\boldsymbol{\varphi}_2(m_2). \tag{6.29}$$

假设时刻 0 系统从运行机制 1 出发, 且初始分布为 $\boldsymbol{p}(0)$, 则第 $n\,(n \geqslant 1)$ 次访问机制 1 和 2 时的初始分布分别为

$$\boldsymbol{\pi}_1(n) = \boldsymbol{p}(0)\left(\boldsymbol{P}_{12}\boldsymbol{P}_{21}\right)^{n-1}, \quad \boldsymbol{\pi}_2(n) = \boldsymbol{p}(0)\left(\boldsymbol{P}_{12}\boldsymbol{P}_{21}\right)^{n-1}\boldsymbol{P}_{12}. \tag{6.30}$$

由于系统在各个运行机制的逗留时间为常数, 其可用度取决于系统访问机制 1 和机制 2 的次数. 把一次访问运行机制 1 和机制 2 称为一个周期, 则一个周期的长度 $m_c = m_1 + m_2$. 根据 $\boldsymbol{\varphi}_1(t)$ 和 $\boldsymbol{\varphi}_2(t)$ 的定义, 系统在第 $n\,(n \geqslant 1)$ 个周期内的可用度为

$$A_{nc}(t) = \begin{cases} \boldsymbol{\pi}_1(n)\boldsymbol{\varphi}_1(t - m_c(n-1))\boldsymbol{u}_1, & m_c(n-1) < t < m_c(n-1) + m_1, \\ \boldsymbol{\pi}_2(n)\boldsymbol{\varphi}_2(t - m_c(n-1) - m_1)\boldsymbol{u}_2, & m_c(n-1) + m_1 < t < m_c n. \end{cases}$$

6.4.2 常数情形下的首次故障前时间分布

首次故障前时间和系统访问机制 1 和机制 2 的次数有关. 令 T 表示系统的首次故障前时间, $F(t)$ 表示随机变量 T 的分布函数.

当 $m_c(n-1) < t < m_c(n-1)+m_1\ (n \geqslant 1)$ 时, $T \leqslant t$ 表明系统在前 $n-1\,(n \geqslant 1)$ 次访问机制 1 和机制 2 时, 都处于工作状态, 而第 $n\,(n \geqslant 1)$ 次访问机制 1 时, 由工作状态集 B_1 转移到故障状态集 D_1, 并且在 B_1 中的逗留时间小于等于 $t - m_c(n-1)$. 所以, 当 $m_c(n-1) < t < m_c(n-1) + m_1\ (n \geqslant 1)$ 时

$$F(t) = \boldsymbol{p}(0)\left(\boldsymbol{G}^{(1)}_{B_1B_1}(m_1)\boldsymbol{T}^{(2)}_{B_1B_1}(m_2)\right)^{n-1}\boldsymbol{\Psi}_1(t - m_c(n-1))\boldsymbol{e}_{D_1}, \tag{6.31}$$

其中 $\boldsymbol{G}^{(1)}_{B_1B_1}(m_1) = \boldsymbol{\gamma}_1(m_1)$, $\boldsymbol{T}^{(2)}_{B_1B_1}(m_2)$ 是矩阵

$$\boldsymbol{G}^{(2)}_{B_2B_2}(m_2) = \boldsymbol{\gamma}_2(m_2) = \begin{pmatrix} \boldsymbol{T}^{(2)}_{B_1B_1}(m_2) & \boldsymbol{T}^{(2)}_{B_1C}(m_2) \\ \boldsymbol{T}^{(2)}_{CB_1}(m_2) & \boldsymbol{T}^{(2)}_{CC}(m_2) \end{pmatrix}$$

的子块.

类似地, 当 $m_c(n-1)+m_1 < t < m_c n\ (n \geqslant 1)$ 时, $T \leqslant t$ 表明系统在前 $n\,(n \geqslant 1)$ 次访问运行机制 1, 前 $(n-1)$ 次运行机制 2 时, 都处于工作状态, 而第 $n\,(n \geqslant 1)$ 次访问运行机制 2 时由工作状态集 B_1 转移到故障状态集 D_2, 并且在 B_2 中的逗留时间小于等于 $t - m_c(n-1) - m_1$. 所以, 当 $m_c(n-1) + m_1 < t < m_c n\ (n \geqslant 1)$ 时

$$F(t) = \boldsymbol{p}(0)\left(\boldsymbol{G}^{(1)}_{B_1B_1}(m_1)\boldsymbol{T}^{(1)}_{B_1B_1}(m_2)\right)^{n-1}\boldsymbol{G}^{(1)}_{B_1B_1}(m_1)\boldsymbol{E}^{(2)}_{B_1D_2}(t - m_c(n-1) - m_1)\boldsymbol{e}_{D_2}, \tag{6.32}$$

其中 $\boldsymbol{E}^{(2)}_{B_1D_2}(t)$ 是矩阵 $\boldsymbol{\Psi}_2(t) = \begin{pmatrix} \boldsymbol{E}^{(2)}_{B_1D_2}(t) \\ \boldsymbol{E}^{(2)}_{CD_2}(t) \end{pmatrix}$ 的子块.

6.5 机制逗留时间为指数分布情形下的半马尔可夫可修系统

假设系统在机制 1 和机制 2 逗留时间的概率密度函数分别为

$$f_1(t) = \mu_1 \mathrm{e}^{-\mu_1 t}, \quad f_2(t) = \mu_2 \mathrm{e}^{-\mu_2 t}, \quad t \geqslant 0,$$

则 $R_k(t) = \mathrm{e}^{-\mu_k t}$, $t \geqslant 0, k \in \{1,2\}$, 且 $f_k(t)$ 的 L 变换为 $1/(s+\mu_k)$. 由 L 变换的性质, $\boldsymbol{\varphi}_k(t) f_k(t)$ 和 $\boldsymbol{\varphi}_k(t) R_k(t)$ 的 L 变换为

$$\boldsymbol{G}_k^*(s) = \mu_k \boldsymbol{\varphi}_k^*(s+\mu_k), \quad \tilde{\boldsymbol{G}}_k^*(s) = \boldsymbol{\varphi}_k^*(s+\mu_k), \qquad k \in \{1,2\}. \tag{6.33}$$

把式 (7.33) 代入式 (7.15) 和式 (7.16) 得

$$\boldsymbol{\Phi}_{11}^*(s) = \left(\boldsymbol{I} - \mu_1\mu_2 \boldsymbol{\varphi}_1^*(s+\mu_1)\boldsymbol{\varphi}_2^*(s+\mu_2)\right)^{-1} \boldsymbol{\varphi}_1^*(s+\mu_1), \tag{6.34}$$

$$\boldsymbol{\Phi}_{21}^*(s) = \mu_2 \boldsymbol{\varphi}_2^*(s+\mu_2) \left(\boldsymbol{I} - \mu_1\mu_2 \boldsymbol{\varphi}_1^*(s+\mu_1)\boldsymbol{\varphi}_2^*(s+\mu_2)\right)^{-1} \boldsymbol{\varphi}_1^*(s+\mu_1),$$

$$\boldsymbol{\Phi}_{22}^*(s) = \left(\boldsymbol{I} - \mu_1\mu_2 \boldsymbol{\varphi}_2^*(s+\mu_2)\boldsymbol{\varphi}_1^*(s+\mu_1)\right)^{-1} \boldsymbol{\varphi}_2^*(s+\mu_2),$$

$$\boldsymbol{\Phi}_{12}^*(s) = \mu_1 \boldsymbol{\varphi}_1^*(s+\mu_1) \left(\boldsymbol{I} - \mu_1\mu_2 \boldsymbol{\varphi}_2^*(s+\mu_2)\boldsymbol{\varphi}_1^*(s+\mu_1)\right)^{-1} \boldsymbol{\varphi}_2^*(s+\mu_2). \tag{6.35}$$

把它们代入 $A^*(s)$ 的表达式, 然后做逆 L 变换可得机制逗留时间为指数分布情形下的瞬时可用度.

类似地, 当机制逗留时间是指数分布时, 有

$$\boldsymbol{G}_{B_1B_1}^*(s) = \mu_1 \boldsymbol{\gamma}_1^*(s+\mu_k), \quad \boldsymbol{G}_{B_2B_2}^*(s) = \mu_2 \boldsymbol{\gamma}_2^*(s+\mu_2), \tag{6.36}$$

$$\boldsymbol{K}_{B_1D_1}^*(s) = \boldsymbol{\Psi}_1^*(s+\mu_1), \quad \boldsymbol{K}_{B_2D_2}^*(s) = \boldsymbol{\Psi}_2^*(s+\mu_2). \tag{6.37}$$

把它们代入相关表达式, 然后做逆 L 变换可得首次故障前时间的概率密度函数.

6.6 数 值 算 例

算例 1 假设一个交替环境中运行的半马尔可夫可修系统在机制 1 的逗留时间 $\{X_n\}$ 的概率密度函数为 $f_1(t) = \mathrm{e}^{-t}$, 在机制 2 的逗留时间 $\{Y_n\}$ 的概率密度函数为 $f_2(t) = \mathrm{e}^{-2t}$. 系统的状态空间 $\boldsymbol{S} = \{1, 2, 3, 4\}$, 机制 1 下的工作状态集 $B_1 = \{1, 2\}$, 故障状态集 $D_1 = \{3, 4\}$; 机制 2 下的工作状态集 $B_2 = \{1, 2, 3\}$, 故障状态集 $D_2 = \{4\}$. 根据模型假设, 可变状态集 $C = \{3\}$. 系统开始于机制 1, 并且初始向量 $\boldsymbol{p}(0) = (1, 0, 0, 0)$. 系统在机制 1 下运行时, 状态间的转移由下列两个矩阵

$$\left(\frac{\tilde{H}_{1ij}(t)}{\tilde{p}_{1ij}}\right) = \begin{pmatrix} 0 & 1-\mathrm{e}^{-t} & 1-\mathrm{e}^{-5t} & 1-(1+t)\mathrm{e}^{-t} \\ 1-\mathrm{e}^{-t} & 0 & 1-(1+3t)\mathrm{e}^{-3t} & 1-\mathrm{e}^{-6t} \\ 1-\mathrm{e}^{-2t} & 1-\mathrm{e}^{-t} & 0 & 1-\mathrm{e}^{-3t} \\ 1-\mathrm{e}^{-t} & 1-\mathrm{e}^{-1/3t} & -\left(1+t+\dfrac{t^2}{2}\right)\mathrm{e}^{-t} & 0 \end{pmatrix},$$

$$\tilde{\boldsymbol{P}}_1 = \begin{pmatrix} 0 & 0.2 & 0.8 & 0 \\ 0.1 & 0 & 0 & 0.9 \\ 0.05 & 0.85 & 0 & 0.1 \\ 0.1 & 0.1 & 0.8 & 0 \end{pmatrix}$$

确定, 其中矩阵 $\tilde{\boldsymbol{H}}_1(t) = (\tilde{H}_{1ij}(t))\,(i,j \in \boldsymbol{S})$ 是系统对应的半马尔可夫过程 $\{X^{(1)}(t), t \geqslant 0\}$ 的核, $\tilde{\boldsymbol{P}}_1$ 为 $\{X^{(1)}(t), t \geqslant 0\}$ 的嵌入马尔可夫链的转移概率矩阵, $\tilde{p}_{1ij}$ 是矩阵 $\tilde{\boldsymbol{P}}_1$ 的元素.

类似地, 系统在机制 2 下的运行过程由下列两个矩阵

$$\left(\frac{\tilde{H}_{2ij}(t)}{\tilde{p}_{2ij}}\right) = \begin{pmatrix} 0 & 1-\mathrm{e}^{-t} & 1-\mathrm{e}^{-2t} & 1-(1+t)\mathrm{e}^{-t} \\ 1-\mathrm{e}^{-t} & 0 & 1-(1+3t)\mathrm{e}^{-3t} & 1-\mathrm{e}^{-2t} \\ 1-\mathrm{e}^{-2t} & 1-\mathrm{e}^{-t} & 0 & 1-\mathrm{e}^{-1/2t} \\ 1-\mathrm{e}^{-10t} & 1-\mathrm{e}^{-8t} & -\left(1+t+\dfrac{t^2}{2}\right)\mathrm{e}^{-t} & 0 \end{pmatrix},$$

$$\tilde{\boldsymbol{P}}_2 = \begin{pmatrix} 0 & 0.6 & 0.2 & 0.2 \\ 0.5 & 0 & 0.4 & 0.1 \\ 0.3 & 0.6 & 0 & 0.1 \\ 0.5 & 0.3 & 0.2 & 0 \end{pmatrix}$$

确定, 其中矩阵 $\tilde{\boldsymbol{H}}_2(t) = (\tilde{H}_{2ij}(t))\,(i,j \in \boldsymbol{S})$ 是系统对应的半马尔可夫过程 $\{X^{(2)}(t), t \geqslant 0\}$ 的核. $\tilde{\boldsymbol{P}}_2$ 为 $\{X^{(2)}(t), t \geqslant 0\}$ 的嵌入马尔可夫链的转移概率矩阵, $\tilde{p}_{2ij}$ 是矩阵 $\tilde{\boldsymbol{P}}_2$ 的元素.

根据 6.2.1 节中的相关结论可得 $\boldsymbol{\varphi}_1^*(s)$ 和 $\boldsymbol{\varphi}_2^*(s)$, 然后由式 (6.34) 和式 (6.35) 可得 $\boldsymbol{\varPhi}_{11}^*(s)$ 和 $\boldsymbol{\varPhi}_{12}^*(s)$. 把其代入 6.2.2 节中 $A^*(s)$ 的表达式, 用 Matlab 做相关运算, 并做逆 L 变换, 可得机制逗留时间是指数情形下的瞬时可用度曲线 $A_1(t)$(见图 6.2). 稳态可用度 $A_1(\infty) = 0.5091$.

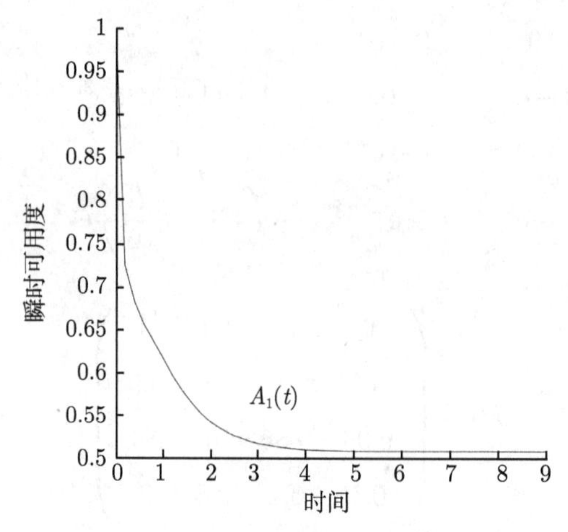

图 6.2 指数分布情形下的瞬时可用度

类似地, 把式 (6.36) 和式 (6.37) 代入 6.3.2 节中相关表达式, 经计算可得机制逗留时间指数分布情形下的首次故障前时间的密度函数曲线 $f_1^{(1)}(t)$(见图 6.3). 平均开工时间 $E_1^{(1)} = 3.9653$.

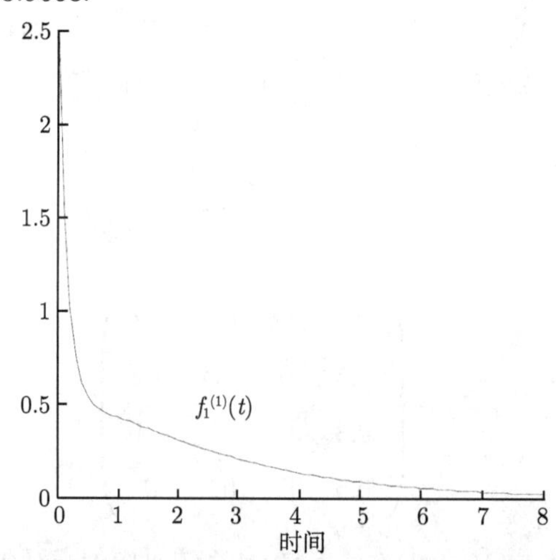

图 6.3 指数分布情形下首次故障前时间的概率密度函数

算例 2 假设一个在交替环境中运行的半马尔可夫可修系统的状态空间 $\boldsymbol{S} = \{1, 2, 3, 4, 5, 6\}$. 当系统在机制 1 下运行时, 工作状态集 $B_1 = \{1, 2\}$, 故障状态集 $D_1 = \{3, 4, 5, 6\}$; 在机制 2 下运行时, 工作状态集 $B_2 = \{1, 2, 3, 4\}$, 故障状态集 $D_2 = \{5, 6\}$. 根据模型假设, 可变状态集 $C = \{3, 4\}$. 描述系统在机制 1 运行特征的半马尔可夫过程 $\{X^{(1)}(t), t \geqslant 0\}$ 的核 $\boldsymbol{H}_1(t) = (H_{1ij}(t))\,(i, j \in \boldsymbol{S})$ 由矩阵

$$\left(\frac{H_{1ij}(t)}{p_{1ij}}\right)=\begin{pmatrix} 0 & 1-(1+t)\mathrm{e}^{-t} & 1-\mathrm{e}^{-5t} & 1-\mathrm{e}^{-2t} & 1-\mathrm{e}^{-3t} & 1-\mathrm{e}^{-4t} \\ 1-\mathrm{e}^{-t} & 0 & 1-(1+3t)\mathrm{e}^{-3t} & 1-\mathrm{e}^{-6t} & 1-\mathrm{e}^{-7t} & 1-\mathrm{e}^{-9t} \\ 1-(1+2t)\mathrm{e}^{-2t} & 1-\mathrm{e}^{-t} & 0 & 1-\mathrm{e}^{-3t} & 1-\mathrm{e}^{-1/2t} & 1-\mathrm{e}^{-4t} \\ 1-\mathrm{e}^{-t} & 1-\mathrm{e}^{-1/3t} & 1-\mathrm{e}^{-2t} & 0 & 1-\mathrm{e}^{-5t} & 1-(1+5t)\mathrm{e}^{-5t} \\ 1-\left(1+t+\dfrac{t^2}{2}\right)\mathrm{e}^{-t} & 1-\mathrm{e}^{-t} & 1-\mathrm{e}^{-2t} & 1-\mathrm{e}^{-1/4t} & 0 & 1-\mathrm{e}^{-6t} \\ 1-(1+2t)\mathrm{e}^{-2t} & 1-\mathrm{e}^{-2t} & 1-\mathrm{e}^{-t} & 1-\mathrm{e}^{-2t} & 1-\mathrm{e}^{-1/2t} & 0 \end{pmatrix}$$

给出, 以 $p_{1ij}\,(i,j\in\boldsymbol{S})$ 为元素的矩阵

$$\boldsymbol{P}_1=\begin{pmatrix} 0 & 0.2 & 0.3 & 0.2 & 0.2 & 0.1 \\ 0.1 & 0 & 0.4 & 0.3 & 0.1 & 0.1 \\ 0.05 & 0.25 & 0 & 0.4 & 0.2 & 0.1 \\ 0.1 & 0.1 & 0.2 & 0 & 0.4 & 0.2 \\ 0.2 & 0.1 & 0.3 & 0.3 & 0 & 0.1 \\ 0.05 & 0.15 & 0.2 & 0.5 & 0.1 & 0 \end{pmatrix}.$$

$\boldsymbol{P}_1$ 也是系统在机制 1 下运行时对应的嵌入马尔可夫链的转移概率矩阵.

类似地, 系统在机制 2 下的运行规律由矩阵

$$\left(\frac{H_{2ij}(t)}{p_{2ij}}\right)=\left(\begin{matrix} 0 & 1-(1+t)\mathrm{e}^{-t} & 1-\mathrm{e}^{-4t} \\ 1-\mathrm{e}^{-2t} & 0 & 1-(1+3t)\mathrm{e}^{-3t} \\ 1-(1+2t)\mathrm{e}^{-2t} & 1-\mathrm{e}^{-5t} & 0 \\ 1-\mathrm{e}^{-6t} & 1-\mathrm{e}^{-t} & 1-\mathrm{e}^{-2t} \\ 1-\left(1+t+\dfrac{t^2}{2}\right)\mathrm{e}^{-t} & 1-\mathrm{e}^{-3t} & 1-\mathrm{e}^{-4t} \\ 1-(1+2t)\mathrm{e}^{-2t} & 1-\mathrm{e}^{-9t} & 1-\mathrm{e}^{-10t} \end{matrix}\right.$$

$$\left.\begin{array}{ccc} 1-\mathrm{e}^{-2t} & 1-\mathrm{e}^{-t} & 1-\mathrm{e}^{-2t} \\ 1-\mathrm{e}^{-5t} & 1-\mathrm{e}^{-4t} & 1-\mathrm{e}^{-3t} \\ 1-\mathrm{e}^{-3t} & 1-\mathrm{e}^{-1/4t} & 1-\mathrm{e}^{-2t} \\ 0 & 1-\mathrm{e}^{-10t} & 1-(1+5t)\mathrm{e}^{-5t} \\ 1-\mathrm{e}^{-t} & 0 & 1-\mathrm{e}^{-6t} \\ 1-\mathrm{e}^{-6t} & 1-\mathrm{e}^{-2t} & 0 \end{array}\right)$$

和

$$\boldsymbol{P}_2=\begin{pmatrix} 0 & 0.3 & 0.3 & 0.2 & 0.15 & 0.05 \\ 0.1 & 0 & 0.4 & 0.3 & 0.1 & 0.1 \\ 0.2 & 0.3 & 0 & 0.3 & 0.15 & 0.05 \\ 0.2 & 0.3 & 0.2 & 0 & 0.15 & 0.15 \\ 0.2 & 0.1 & 0.3 & 0.35 & 0 & 0.05 \\ 0.1 & 0.5 & 0.2 & 0.1 & 0.1 & 0 \end{pmatrix}$$

确定, 其中 $\boldsymbol{H}_2(t)=(H_{2ij}(t))\,(i,j\in S)$ 是半马尔可夫过程 $\{X^{(2)}(t),\ t\geqslant 0\}$ 的核, $\boldsymbol{P}_2$ 是嵌入马尔可夫链的转移概率矩阵.

假设系统在机制 1 和机制 2 的逗留时间 $m_1=1$, $m_2=0.5$. 系统开始于机制 1, 初始向量 $\boldsymbol{p}(0)=(1, 0, 0, 0, 0, 0)$. 根据式 (6.29) 和式 (6.30), 用 Matlab 软件可得系统每次访问各个机制的初始向量, 计算结果见表 6.1 及表 6.2.

表 6.1　系统访问机制 1 的初始概率向量

次数	状态 1	状态 2	状态 3	状态 4	状态 5	状态 6
1	1.0000	0	0	0	0	0
2	0.1931	0.1578	0.2525	0.1824	0.1787	0.0355
3	0.1701	0.1565	0.2608	0.1862	0.1904	0.0360
4	0.1693	0.1564	0.2609	0.1862	0.1912	0.0360
5	0.1693	0.1564	0.2609	0.1862	0.1912	0.0360
6	0.1693	0.1564	0.2609	0.1862	0.1912	0.0360
$\vdots$	$\vdots$	$\vdots$	$\vdots$	$\vdots$	$\vdots$	$\vdots$
∞	0.1693	0.1564	0.2609	0.1862	0.1912	0.0360

表 6.2　系统访问机制 2 的初始概率向量

次数	状态 1	状态 2	状态 3	状态 4	状态 5	状态 6
1	0.2072	0.0658	0.1966	0.1662	0.2475	0.1167
2	0.0669	0.0784	0.2408	0.1846	0.3041	0.1252
3	0.0628	0.0781	0.2416	0.1845	0.3080	0.1250
4	0.0626	0.0781	0.2416	0.1845	0.3082	0.1250
5	0.0626	0.0781	0.2416	0.1845	0.3082	0.1250
6	0.0626	0.0781	0.2416	0.1845	0.3082	0.1250
$\vdots$	$\vdots$	$\vdots$	$\vdots$	$\vdots$	$\vdots$	$\vdots$
∞	0.0626	0.0781	0.2416	0.1845	0.3082	0.1250

从表 6.1 和表 6.2 中可以看出, 经过 3 个周期后, 系统访问机制 1 和机制 2 的初始概率向量已经稳定. 根据式 (6.8), 做逆 L 变换, 可得 $\varphi_1(t)$, 类似可得 $\varphi_2(t)$. 把它们代入 $A_{nc}(t)$ 的表达式, 可得常数情形下的瞬时可用度 $A_2(t)$, 图 6.4 给出了瞬时可用度 $A_2(t)$ 前 3 个周期的图像.

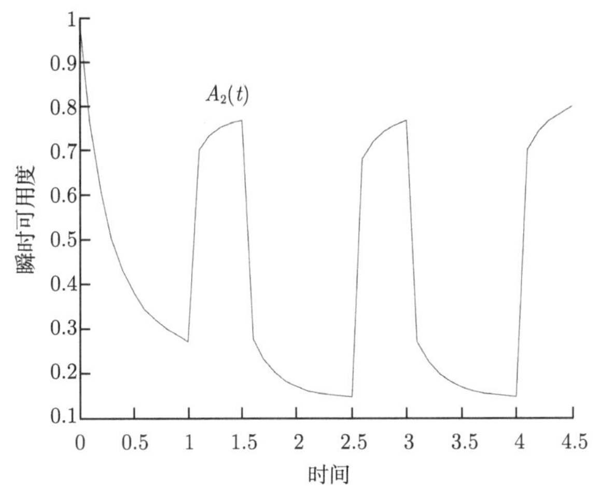

图 6.4 常数情形下的瞬时可用度

类似地, 把 6.3 节中相关表达式代入式 (6.31) 和式 (6.32), 经计算可得机制逗留时间为常数情形下的首次故障前时间的密度函数 $f_2^{(1)}(t)$, 图 6.5 是前 3 个周期的图像.

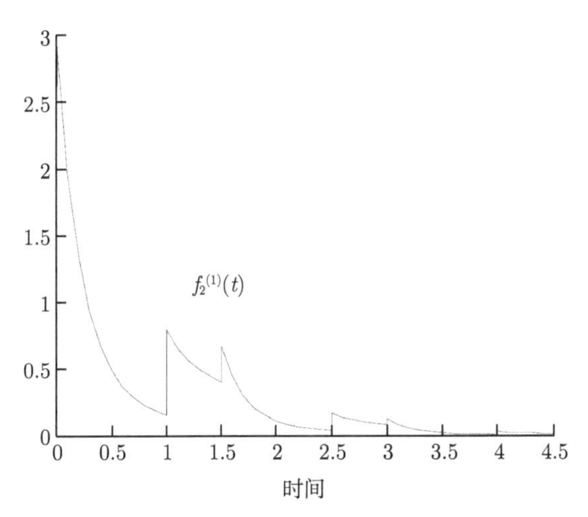

图 6.5 常数情形下首次故障前时间的概率密度函数

6.7 结 论

本章构建交替环境下的半马尔可夫可修系统模型. 这类系统的运行机制及各个机制下的工作状态集都随环境的变化而变化. 讨论了该系统对应的聚合随机过程 —— 二维聚合半马尔可夫随机过程的一些概率性质. 运用半马尔可夫过程理论, 通过概率分析方法对系统的可靠性进行了分析. 在交替环境的逗留时间分别是常数和指数分布两种情形下, 得到了系统的可用度和首次故障前时间分布, 并通过数值算例说明了结论的应用.

参考文献

Hawkes A G, Cui L R, Zheng Z H. 2011. Modeling the evolution of system reliability performance under alternative environments. IIE Transactions, 43(11): 761~772.

第7章　冗余相依多状态马尔可夫可修系统可靠性分析

7.1　引　　言

现代系统有很多方面的相依性, 如软件、硬件、人因环境等. 同时系统部件间的寿命也有潜在的相依性. 怎么描述上述相依性是现代可靠性工程领域的巨大挑战.

文献中提出了许多部件相依系统模型, 其中共因失效系统是研究最多的系统. 学者们从工程实际出发, 提出了许多共因失效系统, 如有 "Common Supply Failures" 的线性滑行窗系统 (Levitin, 2003), 多状态串并联系统 (Li et al., 2010), 故障有选择传播的多状态系统 (Levitin, Xing, 2010) 等. Vaurio (2002) 用联合概率估计共因失效概率. 许多数学理论, 如最小割集理论、概率方程法、动态故障树、通用生成函数法用于共因失效系统的可靠性评估.

Fu (1986) 提出 $k-1$ 阶马氏相依系统, Papastavridis 和 Lambiris (1987), Ge 和 Wang (1990), Yun et al. (2008), Xiao 和 Li (2008) 及其他学者对该系统进行了深入研究. Fricks 和 Trivedi (1997), Cui et al. (2007), Xing et al. (2011), Wang 和 Cui (2011) 等提出了其他类型的部件相依系统, 不再一一列出.

在多状态系统中, 一个部件的故障可能从两个方面降低系统可靠性: 一是故障部件所担负可靠性度的缺失, 二是系统结构的重构 (Yu et al., 2007). 在工程设计中, 冗余是提高可靠性的重要手段. 但是文献中冗余相依方面的研究很少. 文献 (Kotz et al., 2003) 研究了正相依情形下, 并联系统中部件间的冗余相关性对系统寿命的影响. 文献(Ebeling, 1997) 及 (Barros et al., 1997) 假设部件故障时, 系统中的工作部件由于载荷的增加故障率增加, 分别考虑了两部件载荷并联系统及载荷共享系统的可靠性问题.

文献 (Yu et al., 2007) 引入相依函数定量刻画部件间的相依性, 假设冗余系统中部件的故障率不大于其正常故障率 (系统中只有一个部件故障时的故障率), 并且由正常故障率及系统中工作部件的个数共同确定.

本章引入了一个新的冗余相依马尔可夫可修系统模型. 在这个系统中每个部件有三种状态: 完美工作状态、劣化工作状态及故障状态. 在一些冗余系统中, 如载荷共享系统中, 故障部件的载荷将由系统中的其他工作部件承担. 因而一个部件性能下降或故障后, 系统中的其他工作部件故障率增加并且增减的多少与其个数密切相关. 基于上述工程实际, 本书假设相依函数随系统中完美工作状态及劣化状态部件个数的变化而变化. 定义系统状态为完美工作状态及劣化状态部件个数. 根据状态的不同, 把整个状态空间分成不同的状态集. 为了缓解维数灾难, 得到和状态集类相关的可靠性指标, 本书运用了聚合随机过程相关理论.

7.2 系统假设

7.2.1 冗余相依多状态马尔可夫可修系统

冗余相依多状态马尔可夫可修系统假设如下:

(1) 系统有 n 个同型部件组成. 每个部件有三种运行状态: 完美工作状态 (记为状态 2)、劣化工作状态 (记为状态 1) 及故障状态 (记为状态 0). 每个部件有专属的修理工. 部件故障或劣化后, 立刻进行维修, 并且修复如新. 每个部件在状态 2,1,0 的逗留时间是相互独立的指数分布.

(2) 每个部件都是其他部件的冗余. 当系统中有 i 个部件工作 (完美工作或劣化工作) 时, 每个完美 (劣化) 工作部件以转移率 $\lambda_{21}/g(i)(\lambda_{10}/g(i))$ 转移至劣化工作 (故障) 状态, 其中 $g(i)$ 被称作相依函数, 表征部件间的相依性. 部件在劣化工作状态的修复率为 μ_{12}, 在故障状态的修复率为 μ_{02}, 并且都修复为完美工作状态.

一般而言, 部件间的相依性加速部件向性能较低的状态转移, 因此假设 $0 < g(i) < 1$. 当系统中工作部件个数 i 固定时, $g(i)$ 的值越小, 部件间的相依性越强. 因此可以根据 $g(i)$ 的值, 对部件间相依程度做如下分类 (见表 7.1).

表 7.1 冗余相依类型

相依类型	相依函数	状态转移率$\lambda_{21}/g(i)(\lambda_{10}/g(i))$
独立	$g(i) \equiv 1$	$\lambda_{21}/g(i)(\lambda_{10}/g(i)) = \lambda_{21}(\lambda_{10})$
弱相依	$1/i < g(i) < 1$	$\lambda_{21}(\lambda_{10}) < \lambda_{21}/g(i)(\lambda_{10}/g(i)) < i\lambda_{21}(\lambda_{10})$
线性相依	$g(i) = 1/i$	$\lambda_{21}/g(i)(\lambda_{10}/g(i)) = i\lambda_{21}(\lambda_{10})$
强相依	$g(i) < 1/i$	$\lambda_{21}/g(i)(\lambda_{10}/g(i)) > i\lambda_{21}(\lambda_{10})$

7.2.2 系统状态转移分析

由假设 (1), (2), 系统演化可由不可约的连续时间向量马氏过程 $X(t) = \{(X_1(t), X_2(t), \cdots, X_n(t))\}$ 表示, 其状态空间为 $\{0,1,2\}^n$, 称 $X(t)$ 基本马氏链. 由于部件是同型的, 可以根据状态相同的部件个数, 把 $X(t)$ 的状态空间进行聚合. 令

$$Y_1(t)=\sum_{i=1}^{n}\boldsymbol{I}_{\{X_i(t)=1\}},\quad Y_2(t)=\sum_{i=1}^{n}\boldsymbol{I}_{\{X_i(t)=2\}},$$

则 $\{(Y_1(t),Y_2(t))\}$ 表示系统在时刻 t 处于状态 $(1,2)$ 的部件个数. 称 $\{(Y_1(t),Y_2(t))\}$ 为聚合过程, 它也是不可约的齐次连续时间马氏链 (Ball et al., 2000), 并且多状态马尔可夫系统的劣化过程完全由 $\{(Y_1(t),Y_2(t))\}$ 确定. 设 $\boldsymbol{S}$ 为 $\{(Y_1(t),Y_2(t))\}$ 的状态空间, 则

$$\boldsymbol{S}=\{(l,k),0\leqslant l\leqslant n,0\leqslant k\leqslant n,k+l\leqslant n\}.$$

根据系统假设, 当 $l=i(0\leqslant i\leqslant n)$ 时, $k\leqslant n-i$, 即 k 的可能取值为 $0,1,\cdots,n-i$, 因此 $\boldsymbol{S}$ 中有 $(n+1)(n+2)/2\left(\sum_{i=0}^{n}(n-i+1)\right)$ 个元素.

设 $q_{(l,k)}^{(m,n)}$ 表示系统由状态 (l,k) 到 (m,n) 的转移率, $\boldsymbol{Q}=(q_{(l,k)}^{(m,n)})\,((l,k)\in\boldsymbol{S},(m,n)\in\boldsymbol{S})$ 为 $\{(Y_1(t),Y_2(t))\}$ 的转移率矩阵. 由于在无穷小时间内 h, 发生两次以上状态的概率为 $o(h)$, 因此当 $|m-l|+|n-k|\geqslant 3$ 时, $q_{(l,k)}^{(m,n)}=0$.

当 $|m-l|=1$ 和 $|n-k|=1$ 同时发生时, 事件 $|m-l|+|n-k|=2$ 发生. 根据系统假设, k 个处于完美工作状态的一个部件劣化时, 系统将由状态 (l,k) 转移至 $(l+1,k-1)$. 因此, 当 $m-l=1$, $k-n=1$, $m>1$, $k>1$ 时, $q_{(l,k)}^{(m,n)}=\lambda_{21}k/g(l+k)$. 当处于劣化状态的 l 个部件中的一个维修完成时, 系统将由状态 (l,k) 转移至 $(l-1,k+1)$, 因此当 $l-m=1$, $n-k=1$时, $l>1$, $n>1$ 时, $q_{(l,k)}^{(m,n)}=\mu_{12}l$.

当 $|m-l|=1$, $|n-k|=0$ 或 $|m-l|=0$, $|n-k|=1$ 时, 事件 $|m-l|+|n-k|=1$ 发生. 当 l 个劣化部件中的一个故障时, 系统由状态 (l,k) 转移 $(l-1,k)$, 因此, 当 $l-m=1$, $n=k$, $l>1$ 时, $q_{(l,k)}^{(m,n)}=\lambda_{10}l/g(l+k)$. 如果 $n-l-k$ 个故障部件中的一个维修完成时, 系统将由状态 (l,k) 转移至 $(l,k+1)$, 因此, 当 $n-k=1$, $l=m$, $l+k<n$, $n>1$时, $q_{(l,k)}^{(m,n)}=\mu_{02}(n-l-k)$.

综上, 当 $|m-l|+|n-k|\geqslant 1$ 时, 有

$$q_{(l,k)}^{(m,n)}=\begin{cases}\lambda_{10}l/g(l+k), & l-m=1,n=k,l>1,\\ \mu_{02}(n-l-k), & n-k=1,l=m,l+k<n,n>1,\\ \lambda_{21}k/g(l+k), & m-l=1,k-n=1,m>1,k>1,\\ \mu_{12}l, & l-m=1,n-k=1,l>1,n>1,\\ 0, & \text{其他}.\end{cases}\tag{7.1}$$

矩阵 $\boldsymbol{Q}$ 中对角线的元素 $q_{(l,k)}^{(l,k)}$ 可由非对角线上元素及每行和为零确定.

根据考虑的问题不同, 可以对 $\boldsymbol{Q}$ 进行不同的分块. 如根据系统状态是否可接

受 (系统输出满足需求), 对 $\boldsymbol{Q}$ 进行如下分块:

$$\boldsymbol{Q}=\begin{pmatrix} \boldsymbol{Q}_{AA} & \boldsymbol{Q}_{A\bar{A}} \\ \boldsymbol{Q}_{\bar{A}A} & \boldsymbol{Q}_{\bar{A}\bar{A}} \end{pmatrix},$$

其中 A 为可接受状态集, $\bar{A}$ 为不可接受两个状态集. 可接受状态集 A 又可分为完美工作状态集 (记为 E)、工作状态集 (记为 O) 和警戒状态集 (记为 W)(Saqib, Siddiqi, 2008).

因此把 $\boldsymbol{Q}$ 中的元素重新排列, 子矩阵 $\boldsymbol{Q}_{AA}$ 可以进行如下分块:

$$\boldsymbol{Q}_{AA}=\begin{pmatrix} \boldsymbol{Q}_{EE} & \boldsymbol{Q}_{E\bar{E}} \\ \boldsymbol{Q}_{\bar{E}E} & \boldsymbol{Q}_{\bar{E}\bar{E}} \end{pmatrix}=\begin{pmatrix} \boldsymbol{Q}_{OO} & \boldsymbol{Q}_{O\bar{O}} \\ \boldsymbol{Q}_{\bar{O}O} & \boldsymbol{Q}_{O\bar{O}} \end{pmatrix}=\begin{pmatrix} \boldsymbol{Q}_{WW} & \boldsymbol{Q}_{W\bar{W}} \\ \boldsymbol{Q}_{\bar{W}W} & \boldsymbol{Q}_{\bar{W}\bar{W}} \end{pmatrix},$$

其中 $\bar{E}=A-E,\bar{O}=A-O,\bar{W}=A-W$. 类似地, $\boldsymbol{Q}$ 可以做如下分块:

$$\boldsymbol{Q}_B=\begin{pmatrix} \boldsymbol{Q}_{BB} & \boldsymbol{Q}_{B\bar{B}} & \boldsymbol{Q}_{B\bar{A}} \\ \boldsymbol{Q}_{\bar{B}B} & \boldsymbol{Q}_{\bar{B}\bar{B}} & \boldsymbol{Q}_{\bar{B}\bar{A}} \\ \boldsymbol{Q}_{\bar{A}B} & \boldsymbol{Q}_{\bar{A}\bar{B}} & \boldsymbol{Q}_{\bar{A}\bar{A}} \end{pmatrix},$$

其中 B 可取 E, O 及 W.

7.3　访问各个状态集的概率及首次故障前时间

7.3.1　访问各个状态集概率

考虑一个冗余相依多状态马尔可夫可修系统. 设 n 表示部件个数. 定义 $(n+1)(n+2)/2$ 维行向量 $\boldsymbol{p}(t)=(p_{(l,k)}(t)),(l,k)\in\boldsymbol{S}$, 其元素

$$p_{(l,k)}(t)=P(\text{系统在时刻 } t \text{ 处于状态}(l,k))=P((Y_1(t),Y_2(t))=(l,k)),\quad (l,k)\in\boldsymbol{S},$$

则 $\boldsymbol{p}(t)$ 满足微分方程组

$$\frac{\mathrm{d}\boldsymbol{p}(t)}{\mathrm{d}t}=\boldsymbol{p}(t)\boldsymbol{Q}. \tag{7.2}$$

设系统在 $t=0$ 是新的, 即处于状态 $(0,n)$, 并把它记为 i_u. 设 $\boldsymbol{p}_0$ 表示初始向量, 则 $\boldsymbol{p}_0$ 中的元素 $p_{(l,k)}$ 为

$$p_{(l,k)}=\begin{cases} 1, & (l,k)=i_u, \\ 0, & \text{其他}. \end{cases} \tag{7.3}$$

定义 $|\boldsymbol{S}|\times|\boldsymbol{S}|$ 矩阵 $\boldsymbol{P}(t)=(P_{(l,k)}^{(m,n)}(t))$, 其元素

$$P_{(l,k)}^{(m,n)}(t)=P(X(t)=(m,n)\,|X(0)=(l,k)\,),\quad i,j\in\boldsymbol{S}$$

则

$$\frac{\mathrm{d}\boldsymbol{P}(t)}{\mathrm{d}t}=\boldsymbol{P}(t)\boldsymbol{Q},\tag{7.4}$$

其中 $\boldsymbol{P}(0)=\boldsymbol{I}$. 在式 (7.2) 和式 (7.4) 两边做 L 变换, 由 L 变换得性质 (Widder, 1946), 可得 $\boldsymbol{p}(t)$ 及 $\boldsymbol{P}(t)$ 的 L 变换

$$\boldsymbol{p}^*(s)=\boldsymbol{p}_0(s\boldsymbol{I}-\boldsymbol{Q})^{-1},\quad \boldsymbol{P}^*(s)=(s\boldsymbol{I}-\boldsymbol{Q})^{-1}\tag{7.5}$$

做逆 L 变换, 可得 $\boldsymbol{p}(t)$ 及 $\boldsymbol{P}(t)$.

对多状态系统而言, 工程实践中更关心访问一个特殊状态集的概率. 令 B(B 可以为 A, $\bar{A}$, E, O 或者 W) 表示 $\boldsymbol{S}$ 的一个子集, 则系统在 t 时刻访问状态 B 的概率为

$$p_B(t)=\boldsymbol{p}(t)\boldsymbol{u}_B,\tag{7.6}$$

其中 $\boldsymbol{u}_B$ 是一个 $|\boldsymbol{S}|$ 维列向量, B 中状态对应分量为 1, 其他分量为 0.

特别地, 系统的瞬时可用度 $A(t)$,

$$A(t)=\boldsymbol{p}(t)\boldsymbol{u}_A.\tag{7.7}$$

其极限值 $A(\infty)=\lim\limits_{t\to\infty}A(t)$, 如果存在, 称为稳态可用度. $A(\infty)$ 表示系统运行长时间后满足需求的比例.

由 L 变换的性质, 稳态可用度为

$$A(\infty)=\lim_{t\to\infty}A(t)=\lim_{s\to 0}s\boldsymbol{p}^*(s)\boldsymbol{u}_A.\tag{7.8}$$

7.3.2 首次故障前时间

为了得到多状态系统的可靠性度量指标, 一个重要的量是系统在 0 到 t 内一直访问一个状态集的概率. 考虑一个 $|B|\times|B|$ 矩阵 $\boldsymbol{P}_{BB}(t)=\left({}^{B}P_{(l,k)}^{(m,n)}(t)\right)$ $((l,k),(m,n)\in B)$, 其中

$$\begin{aligned}&{}^{B}P_{(l,k)}^{(m,n)}(t)\\&=P((Y_1(t),Y_2(t))=(m,n),(Y_1(s),Y_2(s))\in B,0\leqslant s\leqslant t\,|(Y_1(0),Y_2(0))=(l,k)).\end{aligned}\tag{7.9}$$

根据相关结论 (Colqhoun, Hawkes, 1982)

$$\frac{\mathrm{d}\boldsymbol{P}_{BB}(t)}{\mathrm{d}t}=\boldsymbol{P}_{BB}(t)\boldsymbol{Q}_{BB},\tag{7.10}$$

初始条件为 $\boldsymbol{P}_{BB}(0)=\boldsymbol{I}$. 因此 $\boldsymbol{P}_{BB}(t)=\exp(\boldsymbol{Q}_{BB}t)$, 其 L 变换 $\boldsymbol{P}^*_{BB}(s)=(s\boldsymbol{I}-\boldsymbol{Q}_{BB})^{-1}$.

另一有用的量是在 0 到 t 内一直访问一个状态集 U, 而后从 U 中的状态转移至 C 中的状态的转移率

$$\begin{aligned}g^{UC}_{(l,k)(m,n)}(t)=&\lim_{\Delta t\to 0}\frac{1}{t}P\left((Y_1(s),Y_2(s))\in U,(Y_1(t+\Delta t),Y_2(t+\Delta t))\right.\\&\left.=(m,n)\left|X(0)=(l,k)\right.\right),\\&0\leqslant s\leqslant t,\quad (l,k)\in U,\quad (m,n)\in C.\end{aligned}$$

由 Colquhoun 和 Hawkes (1982) 中的相关结论

$$g^{UC}_{(l,k)(m,n)}(t)=\sum_{(i,j)\in U}{}^{U}P^{(i,j)}_{(l,k)}(t)q^{(m,n)}_{(i,j)},\quad (l,k)\in U,(m,n)\in C,$$

其中 ${}^{U}P^{(i,j)}_{(l,k)}(t)$ 由式 (7.9) 给出. 上式用矩阵形式表示, 可得一个 $|U|\times|C|$ 矩阵

$$\boldsymbol{G}_{UC}(t)=\left(g^{UC}_{(l,k)(m,n)}(t)\right)=\boldsymbol{P}_{UU}(t)\boldsymbol{Q}_{UC},\tag{7.11}$$

其中 $\boldsymbol{Q}_{UC}$ 是 $\boldsymbol{Q}$ 的子矩阵, 表示从状态集 U 到 C 的转移. 其 L 变换 $\boldsymbol{G}^*_{UC}(s)=(s\boldsymbol{I}-\boldsymbol{Q}_{UU})^{-1}\boldsymbol{Q}_{UC}$. 特别地,

$$\boldsymbol{G}^*_{UC}(0)=\left(\tilde{g}^{UC}_{(l,k)(m,n)}(0)\right)=-\boldsymbol{Q}^{-1}_{UU}\boldsymbol{Q}_{UC},$$

其中

$$\begin{aligned}\tilde{g}^{UC}_{(l,k)(m,n)}(0)&=\int_0^\infty g^{UC}_{(l,k)(m.n)}(u)\mathrm{d}u\\&=P(\text{从}U\text{转移至}(m,\ n)\left|X(0)=(l,k)\right.),\quad (l,k)\in U,(m,n)\in C.\end{aligned}$$

令

$$\boldsymbol{G}_{UC}=-\boldsymbol{Q}^{-1}_{UU}\boldsymbol{Q}_{UC},\tag{7.12}$$

则它表示已知 U 中初始状态和 C 中转出状态条件下, 从状态集 U 转移至 C 的条件概率.

根据 $\boldsymbol{G}_{UC}(t)$ 的定义, 等式 (7.10)—(7.11) 可得首次故障前时间的概率密度函数 (Colqhoun, Hawkes, 1982) 为

$$f_A(t)=\boldsymbol{p}^A_0\exp(\boldsymbol{Q}_{AA}t)\boldsymbol{Q}_{A\bar{A}}\boldsymbol{u}_{\bar{A}},\tag{7.13}$$

其中 $\boldsymbol{p}^A_0$ 为 $\boldsymbol{p}_0$ 的子向量, 由 A 中状态对应的元素组成, $\boldsymbol{u}_{\bar{A}}$ 为所有分量都为 1 的 $|\bar{A}|$ 维列向量. 首次故障前平均时间

$$E^A=-\left(\frac{\mathrm{d}f^*_A(s)}{\mathrm{d}s}\right)_{s=0}=-\left(\frac{d\boldsymbol{p}^A_0(s\boldsymbol{I}-\boldsymbol{Q}_{AA})^{-1}\boldsymbol{Q}_{A\bar{A}}\boldsymbol{u}_{\bar{A}}\cdot}{ds}\right)_{s=0}=\boldsymbol{p}^A_0\boldsymbol{Q}^{-2}_{AA}\boldsymbol{Q}_{A\bar{A}}\boldsymbol{u}_{\bar{A}}.\tag{7.14}$$

7.4 可接受状态集逗留时间分布

本书考虑的系统是一个可接受和不可接受集的交替过程. 而可接受时间是由系统在完美工作状态、工作状态及警戒工作状态集的逗留时间组成. 本部分内容将考虑系统稳态条件下, 一个周期内在可接受状态集的逗留时间分布.

在可接受状态的逗留可能开始于 A 中的任何一个状态. 用 $|A|$ 维向量 $\boldsymbol{U}_a$ 表示此概率分布. 设 $\boldsymbol{p}(\infty)$ 表示系统的稳态分布, 以 $\boldsymbol{p}(\infty)\boldsymbol{u_S}=1$ 为初始条件, 解方程组 $\boldsymbol{p}(\infty)\boldsymbol{Q}=\boldsymbol{0}$ 可得 $\boldsymbol{p}(\infty)$. 注意到系统访问 $\bar{A}$ 状态集以后将访问 A 中的状态, 因此

$$\boldsymbol{U}_a=\frac{\boldsymbol{p}_{\bar{A}}(\infty)\boldsymbol{Q}_{\bar{A}A}}{\boldsymbol{p}_{\bar{A}}(\infty)\boldsymbol{Q}_{\bar{A}A}\boldsymbol{u}_A}, \tag{7.15}$$

其中 $\boldsymbol{p}_{\bar{A}}(\infty)=(p_{(l,k)}(\infty),(l,k)\in\bar{A})$ 为系统稳态分布 $\boldsymbol{p}(\infty)$ 的子向量, 对应于系统访问 $\bar{A}$ 中状态的概率.

根据 $\boldsymbol{G}_{UC}(t)$ 的定义及式 (7.11), 系统一个周期内在可接受状态集逗留时间的密度函数为

$$\tilde{f}_A(t)=\boldsymbol{U}_a\exp(\boldsymbol{Q}_{AA}t)\boldsymbol{Q}_{A\bar{A}}\boldsymbol{u}_{\bar{A}}, \tag{7.16}$$

平均逗留时间为 $\tilde{E}^A=\boldsymbol{U}_a\boldsymbol{Q}_{AA}^{-2}\boldsymbol{Q}_{A\bar{A}}\boldsymbol{u}_{\bar{A}}$. 类似地, 根据文献 (Colqhoun, Hawkes, 1982) 中相关结论, 可得系统在状态集 E, O 及 W 中的逗留时间分布.

7.5 数 值 算 例

7.5.1 系统描述

本节将通过一个数值算例说明结论的应用. 考虑一个三部件冗余相依多状态马尔可夫可修系统. 据 7.2 节的假设, 系统有 10 个状态, 它们分别是 $(0,3),(1,2),(0,2),(2,1),(1,1),(0,1),(3,0),(2,0),(1,0),(0,0)$. 假设所有部件都处于完美工作状态时, 系统处于完美工作状态, 即 $E=(0,3)$. 两个或一个部件处于完美工作状态时, 系统处于工作状态, 则 $O=\{(1,2),(0,2),(2,1),(1,1),(0,1)\}$. 所有的部件都处于劣化状态时, 系统处于报警状态, 则 $W=\{(3,0)\}$. 显然不可接受状态集 $\bar{A}=\{(2,0),\ (1,0),(0,0)\}$.

在本例中, 设 $\lambda_{21}=0.5,\lambda_{10}=1,\mu_{12}=2,\mu_{02}=1,\ g(1)=3^{-1.2}$. 对 $1<i\leqslant 3$, 相依函数 $g(i)$ 统一为 $g(i)=i^c g(1)$, 其中 $c\in\{c_1,c_2,c_3,c_4\}=\{1.15,1,0.15,0.1\}$. 当 $c\in\{c_1,c_2\}$, $1/i<g(i)<1$ 时, 部件间是弱相依的. 当 $c\in\{c_3,c_4\}$ 时, 部件间是强相依的.

令

$$\boldsymbol{Q}=\begin{pmatrix}\boldsymbol{Q}_{EE} & \boldsymbol{Q}_{EO} & \boldsymbol{Q}_{EW} & \boldsymbol{Q}_{E\bar{A}}\\ \boldsymbol{Q}_{OE} & \boldsymbol{Q}_{OO} & \boldsymbol{Q}_{OW} & \boldsymbol{Q}_{O\bar{A}}\\ \boldsymbol{Q}_{WE} & \boldsymbol{Q}_{WO} & \boldsymbol{Q}_{WW} & \boldsymbol{Q}_{W\bar{A}}\\ \boldsymbol{Q}_{\bar{A}E} & \boldsymbol{Q}_{\bar{A}O} & \boldsymbol{Q}_{\bar{A}W} & \boldsymbol{Q}_{\bar{A}\bar{A}}\end{pmatrix}.$$

据 7.2.2 节相关结论, 可得如下转移率:

$$q_{(0,3)}^{(0,3)}=-3\lambda_{21}/g(3),\quad q_{(0,3)}^{(1,2)}=3\lambda_{21}/g(3),\quad q_{(1,2)}^{(0,3)}=\mu_{12},$$

$$q_{(1,2)}^{(1,2)}=-\mu_{12}-\lambda_{10}/g(3)-2\lambda_{21}/g(3),$$

$$q_{(1,2)}^{(0,2)}=\lambda_{10}/g(3),\quad q_{(1,2)}^{(2,1)}=2\lambda_{21}/g(3),\quad q_{(0,3)}^{(1,2)}=3\lambda_{21}/g(3),$$

$$q_{(0,2)}^{(0,3)}=\mu_{02},\quad q_{(0,2)}^{(1,1)}=2\lambda_{21}/g(2),$$

$$q_{(0,2)}^{(0,2)}=-\mu_{02}-2\lambda_{21}/g(2),\quad q_{(2,1)}^{(1,2)}=2\mu_{12},\quad q_{(2,1)}^{(1,1)}=2\lambda_{10}/g(3),$$

$$q_{(2,1)}^{(3,0)}=\lambda_{21}/g(3),$$

$$q_{(2,1)}^{(2,1)}=-2\mu_{12}-2\lambda_{10}/g(3)-\lambda_{21}/g(3),\quad q_{(1,1)}^{(0,1)}=\lambda_{10}/g(2),$$

$$q_{(1,1)}^{(2,0)}=\lambda_{21}/g(2),\quad q_{(1,1)}^{(1,2)}=\mu_{02},$$

$$q_{(1,1)}^{(0,2)}=\mu_{12},\quad q_{(1,1)}^{(1,1)}=-\mu_{02}-\mu_{12}-\lambda_{10}/g(2)-\lambda_{21}/g(2),$$

$$q_{(0,1)}^{(0,2)}=2\mu_{02},\quad q_{(0,1)}^{(1,0)}=\lambda_{21}/g(1),$$

$$q_{(0,1)}^{(0,1)}=-2\mu_{02}-\lambda_{21}/g(1),\quad q_{(3,0)}^{(2,1)}=3\mu_{12},\quad q_{(3,0)}^{(3,0)}=-3\mu_{12},$$

$$q_{(2,0)}^{(1,1)}=2\mu_{12},\quad q_{(2,0)}^{(1,0)}=2\lambda_{10}/g(2),$$

$$q_{(2,0)}^{(2,0)}=-\mu_{02}-2\mu_{12}-2\lambda_{10}/g(2),\quad q_{(2,0)}^{(2,1)}=\mu_{02},$$

$$q_{(1,0)}^{(1,0)}=-2\mu_{02}-\mu_{12}-\lambda_{10}/g(1),$$

$$q_{(1,0)}^{(1,1)}=2\mu_{02}, q_{(1,0)}^{(0,1)}=\mu_{12},\quad q_{(1,0)}^{(0,0)}=\lambda_{10}/g(1),\quad q_{(0,0)}^{(0,1)}=3\mu_{02},$$

$$q_{(0,0)}^{(0,0)}=-3\mu_{02}.$$

其他 $\boldsymbol{Q}$ 中没有列出的元素为 0.

7.5.2 可用度及访问各个状态集的概率

由式 (7.5), 由 Matlab 软件可得 $\boldsymbol{p}^*(s)$. 再做拟变换可得 $\boldsymbol{p}(t)$. 由式 (7.6)—(7.8) 可得瞬时可用度 $A(t)$, 系统在时刻 t 访问状态集 E, O, W 的概率 $\boldsymbol{p}_E(t), \boldsymbol{p}_O(t), \boldsymbol{p}_W(t)$. 他们的图像见图 7.1—图 7.4. 他们的稳态概率值, $A(\infty)$, $E(\infty)$, $O(\infty)$, $W(\infty)$ 见表 7.2.

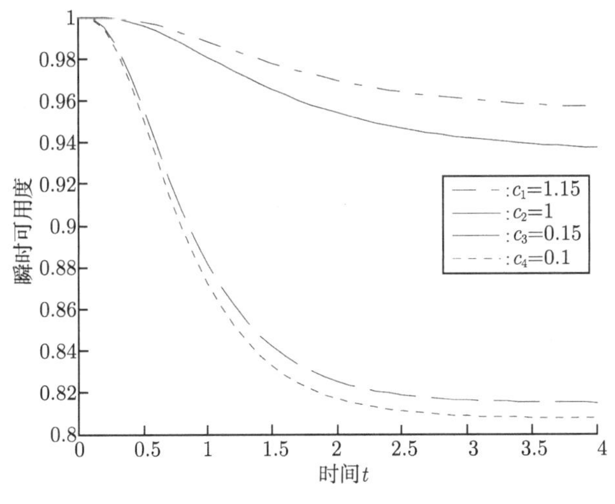

图 7.1 瞬时可用度

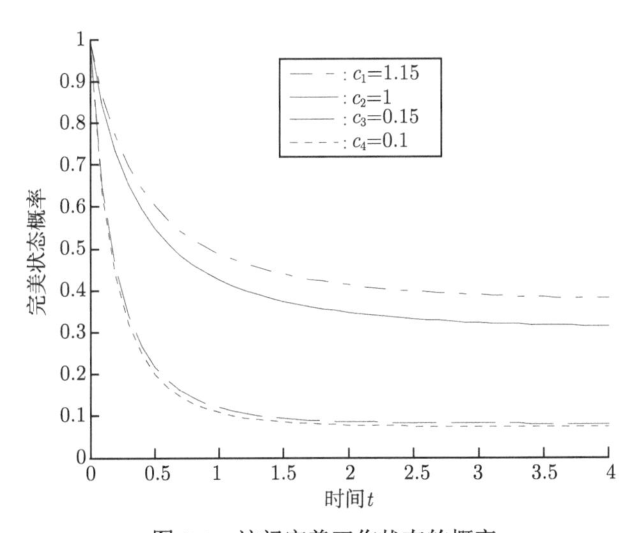

图 7.2 访问完美工作状态的概率

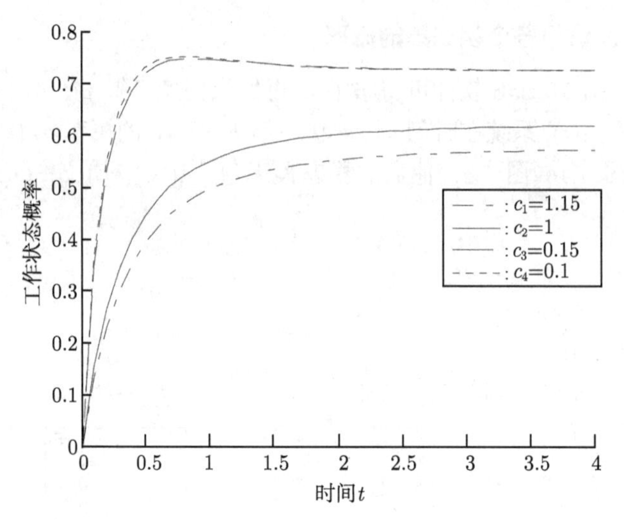

图 7.3　访问工作状态的概率

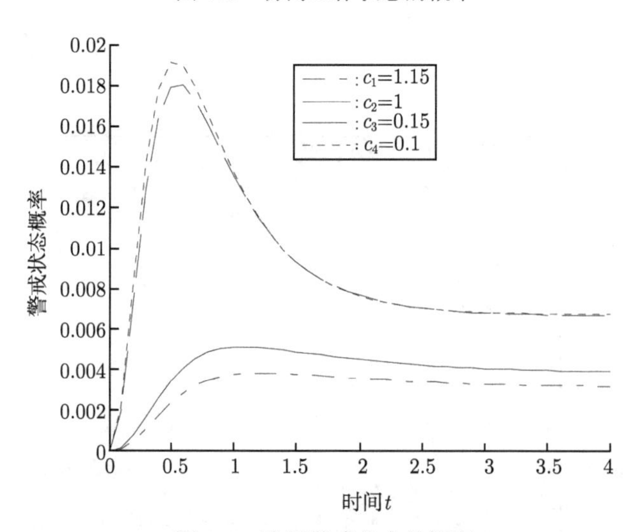

图 7.4　访问警戒状态的概率

表 7.2　系统访问特殊状态集的稳态概率

	$A(\infty)$	$E(\infty)$	$O(\infty)$	$W(\infty)$
$c_1 = 1.15$	0.9541	0.3803	0.5761	0.0032
$c_2 = 1.0$	0.9345	0.3142	0.6212	0.039
$c_3 = 0.15$	0.8150	0.0816	0.7266	0.0067
$c_4 = 0.1$	0.8077	0.0745	0.7266	0.0067

从上面数值算例的结果, 可以得到一些有意义的结论. 表 7.2 的二、三列及图 7.1, 图 7.2 表明稳态可用度及系统访问完美工作状态集的概率随着部件间相依程度的增强而减小. 而表 7.2 的三、四列及图 7.3, 图 7.4 表明系统访问工作和警戒状态的概率随着部件间相依程度的增强而减小. 图 7.1— 图 7.4 表明, 和系统访问工作状态集、警戒状态的概率相比较, 稳态可用度及系统在完美工作状态的概率对部件间的相依强度更敏感. 上述现象的直观解释如下: 部件间的相依性越强, 系统更有可能处于运行水平较低的状态集.

7.5.3 首次故障前时间及一个周期中系统在可接受状态集的逗留时间

由式 (7.13) 可得首次故障前时间的概率密度函数 $f_A(t)$, 其图像见图 7.5, 平均值 E^A 见表 7.3.

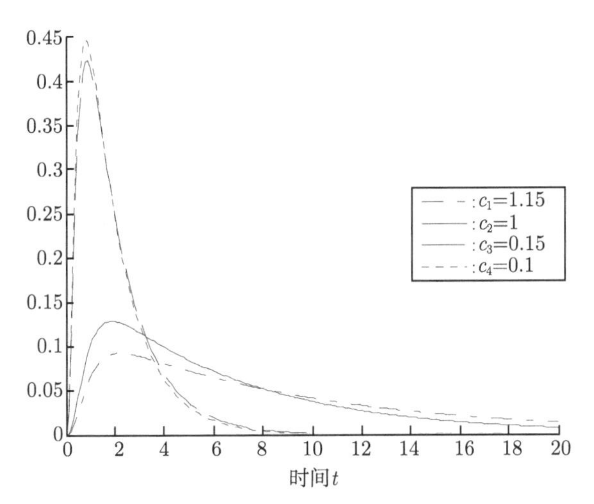

图 7.5 首次故障前时间概率密度函数

表 7.3 平均首次故障前时间及可接受时间

	$c_1 = 1.15$	$c_2 = 1.0$	$c_3 = 0.15$	$c_4 = 0.1$
E^A	9.8517	6.9936	2.0427	1.9304
$\tilde{E}^A$	5.2497	3.6327	1.1595	1.1079

在限制条件 $\boldsymbol{p}(\infty)\boldsymbol{u_S} = 1$ 解方程组 $\boldsymbol{p}(\infty)\boldsymbol{Q} = \boldsymbol{0}$, 可得系统稳态分布. 由式 (7.15) 及式 (7.16), 可得系统一个周期内在可接受状态集逗留时间的概率密度函数, 见图 7.6. 平均值 $\tilde{E}^A$ 见表 7.3.

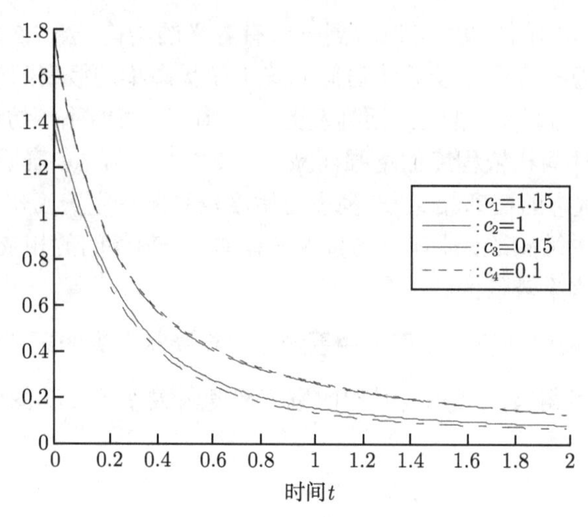

图 7.6　一个周期内可接受时间的概率密度函数

7.6　结　论

本章构建一个冗余相依多状态马尔可夫可修系统模型. 用相依函数定量刻画马尔可夫可修系统的冗余相依性, 用二维向量描述系统的运行过程. 为了缓解状态空间爆炸问题, 运用聚合随机过程得到了系统的可靠性度量指标. 在以后的研究工作中将尝试用更接近实际的相依函数描述部件间的相依性.

参考文献

Ball F, Milne R K, Yeo G F. 2000. Stochastic models for interacting ion channels. IMA Journal of Medicine and Biology, 17(3): 263~293.

Barros A, Berenguer C, Grall A. 2003. Optimization of replacement times using imperfect monitoring information. IEEE Transactions on Reliability, 52(4): 523~533.

Colquhoun D, Hawkes A G. 1982. On the stochastic properties of the bursts of a single ion channel opening and of clusters of bursts. Philosophical Transactions of the Royal Society London B, 300(1098): 1~59.

Cui L R, Li H J, Li J L. 2007. Markov repairable systems with history-dependent up and down states. Stochastic Models, 23(4): 665~681.

Ebeling C E. 1997. An introduction to reliability and maintainability engineering. New York: McGRAW-HILL.

Fricks R M, Trivedi K S. 1997. Modeling failure dependencies in reliability analysis using stochastic petrinets. Proceedings of European Simulation Multiconference.

Fu J C. 1986. Reliability of consecutive k-out-of-n: F systems with $(k-1)$-step Markov dependence. IEEE Transactions on Reliability, 35(5): 602～606.

Ge G P, Wang L S. 1990. Exact reliability formula for consecutive-k out-of-n: F systems with homogeneous Markov dependence. IEEE Transactions on Reliability, 39(5): 600～602.

Kotz S, Lai C D, Xie M. 2003. On the effect of redundancy for systems with dependent components. IIE Transactions, 35(12): 1103～1110.

Levitin G. 2003. Common supply failures in linear multi-state sliding window systems. Reliability Engineering and System Safety, 82(6): 55～62.

Levitin G, Xing L D. 2010. Reliability and performance of multi-state systems with propagated failures having selective effect. Reliability Engineering and System Safety, 95(6): 655～661.

Li C Y, Chen X, Yi X S, Tao J Y. 2010. Heterogeneous redundancy optimization for multi-state series–parallel systems subject to common cause failures. Reliability Engineering and System Safety, 95(3): 202～207.

Papastavridis S, Lambiris M. 1987. Reliability of a consecutive-k-out-of-n: F system for Markov dependent components. IEEE Transactions on Reliability, 36(1): 78～79.

Saqib N, Siddiqi M T. 2008. Aggregation of safety performance indicators to higher-level indicators. Reliability Engineering and System Safety, 93(2): 307～315.

Vaurio J K. 2002. Treatment of general dependencies in system fault-tree and risk analysis. IEEE Transactions on Reliability, 51(3): 278～287.

Wang L Y, Cui L R. 2011. Aggregated semi-Markov repairable systems with history-dependent up and down states. Mathematical and Computer Modelling, 53(5-6): 883～895.

Widder D V. 1946. The Laplace Transform. Princeton: Princeton University Press.

Xiao G, Li Z Z. 2008. Estimation of dependability measures and parameter sensitivities of a consecutive k-out-of-n: Frepairable system with $(k-1)$-step Markov dependence by simulation. IEEE Transactions on Reliability, 57(1): 71～83.

Xing L D, Shrestha A, Dai Y S. 2011. Exact combinatorial reliability analysis of dynamic systems with sequence-dependent failures. Reliability Engineering and System Safety, 96(10): 1375～1385.

Yu H Y, Chu C B, Chatelet E, Yalaoui F. 2007. Reliability optimization of a redundant system with failure dependencies. Reliability Engineering and System Safety, 92(12): 1627～1634.

Yun W Y, Kima G R, Yamamoto H. 2007. Economic design of a circular consecutive k-out-of-n: F system with $(k-1)$-step Markov dependence. IEEE Transactions on Reliability, 92(4): 464～478.

第 8 章 故障相依载荷共享多状态系统可靠性分析

8.1 引 言

工程实际中许多系统的部件间存在不同类型的相依关系. 近年来, 学者们对部件相依系统建模与可靠性评估的兴趣有增无减 (Hoepfer et al., 2009; Zio, 2009). 各个领域的专家学者提出了不同类型的部件相依描述方法, 如共因失效 (Li et al., 2010; Ramirez-Marquez, Coit, 2007)、级联 (传播) 失效 (Maaroufi et al., 2013)、序列相依 (Xing et al., 2011)、马尔可夫相依 (Fu, 1986; Ge, Wang, 1990; Xiao, Li 2008)、经济相依 (Zhou et al., 2013)、历史相依等 (Wang, Cui, 2011; Cui et al., 2007). 同时讨论了部件间有相依关系的不同类型的系统建模与可靠性评估, 如串联系统 (Finkelstein, 2013)、并联系统 (Yu et al., 2007)、串并联系统 (Li et al., 2010)、阶段任务系统 (Xing, Levitin, 2013; Wang et al., 2012) 等. 文献主要应用故障树 (Rausand, Hoyland, 2003)、通用生成函数 (Levitin, 2004)、随机过程 (马氏和半马氏) 及仿真等方法对上述系统的可靠性评估 (Yang et al., 2013)、冗余分配、维修策略优化等问题进行了深入研究.

载荷共享并联系统在工程实际中普遍存在, 如流传输系统、任务传输系统及双壳围压系统 (如坦克、压力容器等)、电厂中承担共同载荷的电力生产系统、有多个处理器的计算机系统、一个悬桥的所有巨缆、由多个活塞和泵组成的液压系统等都是典型的载荷共享系统 (Lisnianski, Levitin, 2003; Kuo, Zuo, 2003). 在载荷共享系统中, 一个部件故障后, 它的载荷将由系统其他工作部件分担 (Barros et al., 2003; Yu et al., 2007). 机械及计算机系统中许多实验表明: 载荷增加将使部件的故障率增加 (Kapur, Lamberson, 1977; Iyer, Rossetti, 1986). 因此, 构建模型定量刻画载荷共享系统部件间的相关性非常重要并且文献中也有大量研究. Amari et al (2008) 及 Jain 和 Gupta (2012) 对近年的研究成果做了精彩的综述.

载荷共享系统建模及可靠性分析基本问题包括分析作用于系统的载荷类型 (如常值的、还是时变的)、载荷在部件间的分配方法 (等值的、局部的、还是单调的)、载荷和部件故障率的关系. Amari et al (2008) 构建 Tampered Failure Rate (TFR) 载荷共享 n 中取 k 系统模型, 给出了在同型和不同型部件两种情形下的可靠度解析. Jain 和 Gupta(2012) 讨论了有共因失效的 M 中取 N 系统的可靠性评估问题. 在部件寿命是指数分布的假设条件下, 运用马氏过程理论, L 变换方法得到了可靠度、故障前时间的平均值及方差的表达式. Hellmich(2013) 运用半马氏理论对载荷共享 n 中取 k 系统模型进行了可靠性分析. 论文假设部件寿命是任意分布并且载荷在部件间是等值分配的.

已有研究主要集中在不可修系统或部件故障率不变的马尔可夫可修系统. Yu et al (2007) 考虑了一个寿命和修理时间都是指数分布的 n 个同型部件组成的冗余系统的可靠性问题. 他们假设冗余系统每个部件的故障率都不大于正常故障率 (只有一个部件工作时的故障率). 每个部件的故障率由正常故障率和系统中工作部件的个数决定. 在他们工作的基础上, 本章提出了一个新的 TFR 载荷共享系统模型. 该系统中所有部件的都是同型可修的. 它们的寿命分布是故障率随系统中故障部件个数改变的指数分布, 每个部件的修理时间为任意分布. 该模型是已有模型的扩展.

8.2 系统假设

8.2.1 故障相依载荷共享系统

故障相依载荷共享系统假设如下:

(1) 考虑一个由 n 个同型部件组成的并联系统. 假设每个部件有两个状态: 工作和故障, 系统有一个修理工并实施 "先到先修" 原则, 并且修复如新. 当 n 个部件都故障时, 系统故障. 每个部件的修理时间用随机变量 Y 表示, 其分布函数为 $S(t)$, 概率密度函数为 $s(t)$. 假定维修时间和寿命相互独立.

(2) 当 n 个部件都工作时, 每个部件的故障率是 λ(基本故障率). 一个部件故障时, 故障部件的载荷将等值分配给其他工作的部件, 其他工作部件的故障率将增加. 若系统中有 $m(1 \leqslant m \leqslant n)$ 个部件工作 (此时系统中有 $n-m$ 个部件故障, 包括正在维修的部件), 假设工作部件的故障率 $\lambda g(m)$, 其中 $g(m) \geqslant$ 是一个不增函数. $g(m)$ 被称作相依函数, 能表征部件间的相依强度. 当工作部件个数固定时, $g(m)$ 的越大, 部件间的相依性越强.

从相依函数的结构来看, 本书提出的模型是 (Amari et al., 2008) 一文中 TFR 载荷共享并联模型的特例. 然而 Amari et al (2008) 考虑的是有任意基础分布的不可修系统模型, 本书考虑的是有基础指数分布的可修系统. 本书的模型比文献中的模型应用范围更广, 也更接近于工程实际.

当所有部件都工作时, 总载荷在 n 个部件间分配, 每个部件的故障率是 λ. 设 z_n 是此情形下每个部件的载荷. 当 $m(1 \leqslant m \leqslant n)$ 个部件工作时, 每个部件承担的载荷是 $\dfrac{n}{m}z_n$. 因此, 如果设 $g(m) = \dfrac{n}{m}$, 部件间的相依被称为线性相依. 同时根据 $g(m)$ 的取值不同, 可把故障相依分为以下几种类型, 如表 8.1 所示 (Yu et al., 2007).

表 8.1 故障相依类型

相依类型	相依函数	故障率$\lambda g(m)$
独立	$g(m)\equiv 1$	$\lambda g(m)=\lambda$
弱相依	$1<g(m)<\dfrac{n}{m}$	$\lambda<\lambda g(m)<\dfrac{n}{m}\lambda$
线性相依	$g(m)=\dfrac{n}{m}$	$\lambda g(m)=\dfrac{n}{m}\lambda$
强相依	$g(m)>\dfrac{n}{m}$	$\lambda g(m)>\lambda\dfrac{n}{m}$

8.2.2 系统对应的半马尔可夫过程

本部分将给出系统对应的半马尔可夫过程以进行可靠性分析. 设 $\{X(t),\ t\geqslant 0\}$ 表示系统中故障部件的个数 (包括正在维修的部件), 则 $\{X(t),\ t\geqslant 0\}$ 是状态空间为 $E=\{0,1,\cdots,n\}$ 上的连续时间随机过程. 过程 $\{X(t),\ t\geqslant 0\}$ 不连续点在一个工作部件故障或修理部件完成时刻. 在上述两种情形下, 过程的跳值都是 1. 在前一情形下, $X(t)$ 的值增加 1, 在后一情形下, $X(t)$ 的值减少 1. 在通常情形下, 系统并不是半马氏过程. 当 n 个部件都工作时, 设 $\{R_l\}$ 为 n 个工作部件中的一个部件故障的时刻. 当有部件维修时, 设 $\{R_l\}$ 为修理完成的时刻. 设 Z_l 为 R_l 时刻系统的状态. 由于工作部件的寿命是指数分布, 系统在修理完成后或 n 个工作部件中一个部件故障后的运行过程独立于之前的演化过程. 根据 Ravichandran(1990) 相关结论, 如果仅考虑 $\{R_l\}$ 时刻系统状态间的转移, $\{X(t),\ t\geqslant 0\}$ 构成一个半马氏过程.

设 $\{(Z_l,R_l)\}=\{(Z_l,R_l),\ l=0,1,\cdots\}$ 是和 $\{X(t),t\geqslant 0\}$ 等价的齐次半马尔可夫过程. $\{X(t),t\geqslant 0\}$ 和 $\{(Z_l,R_l)\}$ 的关系如下 (Ravichandran, 1990; Cinlar, 1975): 过程 $\{X(t),t\geqslant 0\}$ 在时刻 $R_0,\ R_1,\cdots,R_0=0$ 的状态被记录, R_l 时刻的状态为 Z_l. $\{Z_l\}$ 构成一齐次马尔可夫链. 在给定正在访问的状态 Z_{l-1} 及将要访问状态 Z_l 的条件下, 过程 $\{R_l\}$ 的增量 $U_l=R_l-R_{l-1},\ l=1,\cdots$, 即系统在状态 Z_{l-1} 的逗留时间, 与之前的演化过程独立.

8.2.3 过程的半马尔可夫核

对每对 $i,\ j\in\boldsymbol{S}$, 定义条件分布

$$H_{ij}(t)=P\{U_l\leqslant t,Z_l=j\,|Z_{l-1}=i\},\quad t\geqslant 0,$$

其 L-S 变换

$$\hat{H}_{ij}(s)=\int_0^\infty \exp(-st)\mathrm{d}H_{ij}(t),\quad s\geqslant 0,$$

则 $(n+1)\times(n+1)$ 维矩阵 $\boldsymbol{H}(t)=(H_{ij}(t))$ 可以完全确定半马氏过程的性质, 被称为半马尔可夫核.

下面给出 $\boldsymbol{H}(t)$ 的各个元素的表达式. 如果在时刻 R_{l-1} 所有部件都工作 ($Z_{l-1} = 0$), R_l 是 n 工作部件中一个部件故障的时刻. 因两个部件不可能在同一时刻故障, 过程只能从状态 0 转至状态 1, 即

$$H_{01}(t) = n\int_0^t \mathrm{e}^{-(n-1)\lambda u}\mathrm{d}(1-\mathrm{e}^{-\lambda u}) = 1-\mathrm{e}^{-n\lambda t}, \tag{8.1}$$

$$H_{0j}(t) = 0, \quad j\ (j \in E, j \neq 1). \tag{8.2}$$

当 $1 \leqslant i \leqslant n-2$ 时, 在两个相邻维修完成的间隔时间段内, 由于工作的部件可能会故障, 故障部件的个数不减. 但是如果维修完成之前没有部件发生故障, 系统中故障部件的个数将在维修完成后减少 1. 因此, 当 $1 \leqslant i \leqslant n-2, j < i-1$ 时, $H_{ij}(t) = 0$.

当 $1 \leqslant i \leqslant n-2$ 时, 一个部件正在维修. 故障部件的个数可能减至 $i-1$, 保持不变, 或在维修完成的时刻增加至 $j(i \leqslant j \leqslant n)$, 下面分别进行讨论.

情形 1 $i \leqslant j \leqslant n-2$. 设 $\lambda_{n-i} = g(n-i)\lambda$, $L_{n-i}\,(1 \leqslant i \leqslant n)$ 为 $n-i$ 工作都部件中一个部件故障这一段的时间分布, 则 L_{n-i} 分布函数

$$M_{n-i}(t) = (n-i)\int_0^t \mathrm{e}^{-(n-i-1)\lambda_{n-i}u}\mathrm{d}(1-\mathrm{e}^{-\lambda_{n-i}u}) = 1-\mathrm{e}^{-(n-i)\lambda_{n-i}t}, \quad t > 0.$$

因此 L_{n-i} 均值为 $1/(n-i)\lambda_{n-i}$ 的指数分布. $L_{n-i} + L_{n-i-1} + \cdots + L_{n-j}$ 的概率密度函数 (Kecs, 1982) 为

$$\begin{aligned}k_{ij}(t) = {} & (n-i)\mathrm{e}^{-(n-i)\lambda_{n-i}t} * (n-i-1)\lambda_{n-i-1}\mathrm{e}^{-(n-i-1)\lambda_{n-i-1}t} * \cdots * (n-j)\lambda_{n-j} \\ & \times \mathrm{e}^{-(n-j)\lambda_{n-j}t}, \quad i < j \leqslant n-1,\end{aligned}$$

其中 $*$ 为卷积算子. 若初始时刻有 i 个部件故障, 经过 $L_{n-i} + L_{n-i-1} + \cdots + L_{n-j}$ 时间后, 将有 $j+1$ 个部件故障.

若在维修完成之前故障部件个数从 i 连续递增至状态 $j+1$, 系统状态将在维修完成后由 $i\,(1 \leqslant i \leqslant n-2)$ 转移至到状态 $j\ (i \leqslant j \leqslant n-2)$, 因此

$$\begin{aligned}H_{ij}(t) &= P\{Y \leqslant t, L_{n-i} + L_{n-i-1} + \cdots + L_{n-j} \leqslant Y, L_{n-i} \\ &\qquad + L_{n-i-1} + \cdots + L_{n-j} + L_{n-j-1} > Y\} \\ &= \int_0^t P\{L_{n-i} + L_{n-i-1} + \cdots + L_{n-j} \leqslant u, L_{n-i} \\ &\qquad + L_{n-i-1} + \cdots + L_{n-j} + L_{n-j-1} > u\}\mathrm{d}P\{Y \leqslant u\} \\ &= \int_0^t \int_0^u P\{L_{n-j-1} > u-v\}\mathrm{d}K_{ij}(v)\mathrm{d}S(u)\end{aligned}$$

$$= \int_0^t \int_0^u \mathrm{e}^{-(n-j-1)\lambda_{n-j-1}(u-v)} \mathrm{d}K_{ij}(v)\mathrm{d}S(u), \tag{8.3}$$

其中 $K_{ij}(v)$ 是 $L_{n-i} + L_{n-i-1} + \cdots + L_{n-j}$ 的分布函数.

情形 2　$n-1 \leqslant j \leqslant n$. 若 $L_{n-i} + L_{n-i-1} + \cdots + L_{n-(n-1)} < Y$, 所有部件在维修完成前都故障, 系统进入状态 n. 因此, 当 $1 \leqslant i \leqslant n-2$ 时, 有

$$\begin{aligned} H_{in}(t) &= P\{L_{n-i} + L_{n-i-1} + \cdots + L_{n-(n-1)} \leqslant t, L_{n-i} \\ &\quad + L_{n-i-1} + \cdots + L_{n-(n-1)} < Y\} \\ &= \int_0^t P\{Y > u\} \mathrm{d}K_{in-1}(u) \\ &= \int_0^t (1 - S(u)) \mathrm{d}K_{in-1}(u). \end{aligned} \tag{8.4}$$

因为维修时间是任意分布, 系统进入状态 n 的时刻不是更新点. 在维修完成后系统访问状态 $n-1$. 因此, 当 $1 \leqslant i \leqslant n-2$ 时, 有

$$\begin{aligned} H_{in-1}(t) &= P\{Y \leqslant t, L_{n-i} + L_{n-i-1} + \cdots + L_{n-(n-1)} < Y\} \\ &= \int_0^t P\{L_{n-i} + L_{n-i-1} + \cdots + L_{n-(n-1)} < u\} \mathrm{d}\{Y \leqslant u\}, \\ &= \int_0^t K_{in-1}(u) s(u) \mathrm{d}u. \end{aligned} \tag{8.5}$$

情形 3　$j = i-1$. 若维修完成之前没有部件故障, 系统中故障部件的个数将减少 1, 因此, 当 $1 \leqslant i \leqslant n-2$ 时, 有

$$\begin{aligned} H_{ii-1}(t) &= P\{Y \leqslant t, L_{n-i} > Y\} \\ &= \int_0^t P\{L_{n-i} > Y\} \mathrm{d}\{Y \leqslant u\} \\ &= \int_0^t P\{L_{n-i} > u\} s(u) \mathrm{d}u \\ &= \int_0^t \mathrm{e}^{-(n-i)\lambda_{n-i} u} s(u) \mathrm{d}u. \end{aligned} \tag{8.6}$$

同理可得

$$H_{(n-1)(n-2)}(t) = \int_0^t \mathrm{e}^{-\lambda_1 u} \mathrm{d}S(u), \quad H_{(n-1)j}(t) = 0, \quad j \leqslant n-2,$$

$$H_{(n-1)n}(t) = P\{L_1 \leqslant t, L_1 < Y\} = \int_0^t P\{u < Y\} \mathrm{d}M_1(u)$$

$$= \int_0^t (1 - S(u))\lambda_1 \mathrm{e}^{-\lambda_1 u}\mathrm{d}u,$$

$$H_{(n-1)(n-1)}(t) = P\{Y \leqslant t, L_1 < Y\} = \int_0^t P\{L_1 < u\}\mathrm{d}S(u) = \int_0^t (1 - \mathrm{e}^{-\lambda_1 u})s(u)\mathrm{d}u.$$

综上, 有

$$H_{ij}(t) = \begin{cases} 1 - \mathrm{e}^{-n\lambda t}, & i = 0, j = 1, \\ 0, & i = 0, j \neq 1, \\ 0, & 1 \leqslant i \leqslant n-2, j < i-1, \\ \int_0^t \mathrm{e}^{-(n-i)\lambda_{n-i}u}s(u)\mathrm{d}u, & 1 \leqslant i \leqslant n-2, j = i-1, \\ \int_0^t \int_0^u P\{L_{n-j-1} > u - v\}\mathrm{d}K_{ij}(v)\mathrm{d}S(u), & 1 \leqslant i \leqslant n-2, i \leqslant j \leqslant n-2, \\ \int_0^t K_{in-1}(u)s(u)\mathrm{d}u, & 1 \leqslant i \leqslant n-2, j = n-1, \\ \int_0^t (1 - S(u))\mathrm{d}K_{in-1}(u), & 1 \leqslant i \leqslant n-2, j = n, \\ 0, & i = n-1, j < n-2, \\ \int_0^t \mathrm{e}^{-\lambda_1 u}\mathrm{d}S(u), & i = n-1, j = n-2, \\ \int_0^t (1 - \mathrm{e}^{-\lambda_1 u})s(u)\mathrm{d}u, & i = n-1, j = n-1, \\ \int_0^t (1 - S(u))\lambda_1 \mathrm{e}^{-\lambda_1 u}\mathrm{d}u, & i = n-1, j = n. \end{cases}$$

8.3 首次故障前时间

设 $T_i (0 \leqslant i \leqslant n-1)$ 为初始状态为 i 时的首次故障前时间分布. 令

$$\phi_i(t) = P\{T_i \leqslant t \,|\, Z_0 = i\}.$$

把系统在 $(0, t)$ 是否离开状态 i 做为样本空间的划分, 由全概率公式得

$$\phi_0(t) = P\{T_0 \leqslant t,\ Z_1 = 1,\ U_1 \leqslant t \,|\, Z_0 = 0\} + P\{T_0 \leqslant t,\ Z_1 = 1,\ U_1 > t \,|\, Z_0 = 0\}.$$

由于当 $U_1 > t$ 时, $T_0 \leqslant t$ 是不可能事件, 上式可化为

$$\phi_0(t) = P\{T_0 \leqslant t,\ Z_1 = 1,\ U_1 \leqslant t \,|\, Z_0 = 0\}. \tag{8.7}$$

而 Z_1 是更新点, 由式 (8.7) 可得

$$\phi_0(t) = \int_0^t P\{T_0 \leqslant t-u\,|Z_0=1\}\mathrm{d}H_{01}(u) = H_{01}(t)*\phi_1(t). \tag{8.8}$$

当 $1 \leqslant i \leqslant n-2$ 时, 系统或在更新时刻访问状态 $j\ (i \leqslant j \leqslant n-2)$ 和 $i-1$, 或访问状态 n, 因此

$$\phi_i(t) = \sum_{j=i}^{n-2} H_{ij}(t)*\phi_j(t) + H_{ii-1}(t)*\phi_{i-1}(t) + H_{in}(t), \quad 1 \leqslant i \leqslant n-2. \tag{8.9}$$

同理可得

$$\phi_{n-1}(t) = H_{(n-1)(n-2)}(t)*\phi_{n-2}(t) + H_{(n-1)n}(t). \tag{8.10}$$

在式 (8.8)—(8.10) 两边做 L-S 变换得

$$\begin{cases} \hat{\phi}_0(s) = \hat{H}_{01}(s)\hat{\phi}_1(s), \\ \hat{\phi}_i(s) = \displaystyle\sum_{j=i}^{n-2} \hat{H}_{ij}(s)\hat{\phi}_j(s) + \hat{H}_{ii-1}(s)\hat{\phi}_{i-1}(s) + \hat{H}_{in}(s), \quad 1 \leqslant i \leqslant n-2, \\ \hat{\phi}_{n-1}(s) = \hat{H}_{(n-1)(n-2)}(s)\hat{\phi}_{n-2}(s) + \hat{H}_{(n-1)n}(s). \end{cases}$$

其中$\hat{\phi}_l(s) = \displaystyle\int_0^\infty \mathrm{e}^{-st}\mathrm{d}\phi_l(t)$ 是 $\phi_l(t)(0 \leqslant l \leqslant n-1)$ 的 L-S 变换. 解上述线性方程组, 可得 $\hat{\phi}_l(s)$. 然后做逆 L-S 变换变换可得 $\phi_l(t)$.

设 E_l 为初始状态为 l 时的平均故障前时间, 则

$$E_l = \int_0^\infty t\mathrm{d}\phi_l(t), \quad 0 \leqslant l \leqslant n-1.$$

由 L-S 变换的性质 (Widder, 1946), 可得

$$E_l = -\frac{\mathrm{d}}{\mathrm{d}s}\hat{\phi}_l(s)\bigg|_{s=0}.$$

8.4 系统可用度

设 B 为系统可用状态集. 根据假设 $B = \{0, 1, \cdots, n-1\}$. 给定初始状态 i, 系统的瞬时可用度 $A_i(t)$ 为在时刻 t 访问 B 中状态的概率, 可表示为

$$A_i(t) = P\{X(t) \in B\,|Z_0 = i\}, \quad i \in B.$$

把系统在 $(0,t)$ 是否离开状态 0 做为样本空间的划分, 由全概率公式得

$$A_0(t) = P\{X(t)\in B, U_1 \leqslant t\,|Z_0=0\} + P\{X(t)\in B, U_1 > t\,|Z_0=0\}\,.$$

时间 $U_1 > t$ 发生意味着系统在 $(0,t)$ 内一直处于状态 0, 因此在时刻 t 处于工作状态. 由式 (8.1) 和式 (8.2), 上式的第二项为 $1 - H_{01}(t)$. 同时, 第一项可化为

$$\int_0^t P\{X(t)\in B\,|Z_1=1,\, U_1=u,\; Z_0=0\}\mathrm{d}H_{01}(u)\,. \tag{8.11}$$

由系统的半马尔可夫性, 式 (8.11) 可以表示为

$$\int_0^t P\{X(t-u)\in B\,|Z_0=1\}\mathrm{d}H_{01}(u) = H_{01}(t) * A_1(t).$$

因此

$$A_0(t) = H_{01}(t) * A_1(t) + 1 - H_{01}(t). \tag{8.12}$$

当 $1 \leqslant i \leqslant n-2$ 时, 有

$$A_i(t) = \sum_{j=i-1}^{n-1} H_{ij}(t) * A_j(s) + \left(1 - \sum_{j=i-1}^{n-2} H_{ij}(t) - H_{in}(t))\right). \tag{8.13}$$

式 (8.13) 的第一项对应与系统在 t 前的更新点访问工作状态情形下的可用度, 第二项对应系统 $(0,t)$ 内一直在工作状态 i 或没有转移到故障状态的概率.

类似地, 可得

$$A_{n-1}(t) = \sum_{j=n-2}^{n-1} H_{(n-1)j}(t) * A_j(t) + \left(1 - H_{(n-1)n}(t) - H_{(n-1)(n-2)}(t)\right). \tag{8.14}$$

在式 (8.12)—(8.14) 两边做 L 变换可得

$$\begin{cases} A_0^*(s) = \hat{H}_{01}(s)A_1^*(s) + \dfrac{1}{s}[1 - \hat{H}_{01}(s)], \\ A_i^*(s) = \displaystyle\sum_{j=i-1}^{n-1} \hat{H}_{ij}(s)A_j^*(s) + \frac{1}{s}\left(1 - \sum_{j=i-1}^{n-2} \hat{H}_{ij}(s) - \hat{H}_{in}(s)\right), \quad 1 \leqslant i \leqslant n-2, \\ A_{n-1}^*(s) = \hat{H}_{(n-1)(n-2)}(s)A_{n-2}^*(s) + \hat{H}_{(n-1)(n-1)}(s)A_{n-1}^*(s) \\ \qquad + \dfrac{1}{s}\left(1 - \hat{H}_{(n-1)(n-2)}(s) - \hat{H}_{(n-1)n}(s)\right). \end{cases}$$

其中

$$A_l^*(s) = \int_0^{+\infty} \mathrm{e}^{-st} A_l(t)\mathrm{d}t$$

为 $A_l(t)(0 \leqslant l \leqslant n-1)$ 的 L 变换. 解上述线性方程组可得 $A_l^*(s)$. 再做逆 L 变换可得 $A_l(t)$. 由 L 变换的性质, 稳态可用度为

$$A = \lim_{t\to\infty} A_l(t) = \lim_{s\to 0} sA_l^*(s), \quad 0 \leqslant l \leqslant n-1.$$

8.5 数值算例

8.5.1 系统描述及半马氏核

本部分将通过一个数值算例说明结论的应用. 考虑一个四部件的故障相依载荷共享系统. 当所有部件都工作时, 每个部件的寿命分布是参数为 $\lambda = 1/4$ 的指数分布. 每个部件的修理时间为 Erlang 分布, 其概率密度函数为 $s(t) = 9t\mathrm{e}^{-3t}$, 分布函数为 $S(t) = 1-(1+3t)\mathrm{e}^{-3t}$.

相依函数 $g(m) = \mathrm{e}^{(4-m)c}$, $c \geqslant 0$, 其中 $m \in \{1,2,3,4\}$ 为工作部件个数. 由表 8.1, 可得

(1) $c=0,\ g(m)=\mathrm{e}^{(4-m)c}=1$, 部件间独立;

(2) $0<c<\dfrac{\ln 4-\ln m}{4-m},\ g(m)=\mathrm{e}^{(4-m)c}<\dfrac{4}{m}$, 部件间弱相依;

(3) $c>\dfrac{\ln 4-\ln m}{4-m}$, 部件间强相依.

由于

$$\min_{m=1,2,3}\left\{\frac{\ln 4-\ln m}{4-m}\right\}=0.29, \quad \max_{m=1,2,3}\left\{\frac{\ln 4-\ln m}{4-m}\right\}=0.47,$$

本算例中令 $c\in\{0,0.1,0.5\}$. 当 $c=0.1$, $1<g(m)<\dfrac{4}{m}$ 时, 部件间弱相依. 而当 $c=0.5$ 时, 部件间是强相依的.

由 8.3 节的结论, 可得系统的状态转移图如图 8.1.

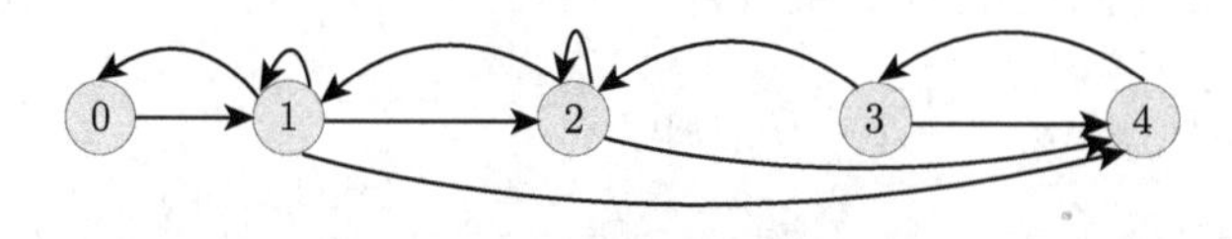

图 8.1　系统状态转移图

图 8.1 状态间的转移过程可做如下解释:

(1) 系统在状态 0 时, 所有的部件都处于工作状态, 当四个工作部件中的一个故障时, 系统状态将被记录. 由于在同一时刻, 不可能两个部件同时发生故障, 因此系统只能访问状态 1, 不可能访问状态 2, 3 和 4.

(2) 系统在状态 1 时, 一个部件处于故障状态且正在维修, 其余三个部件处于工作状态. 如果在维修完成之前, 没有部件故障, 系统将转移至状态 0. 如果三个

工作部件中的一个故障而其余两个一直处于工作状态, 系统将在维修完成后处于状态 1. 类似地, 如果三个故障部件中两个在维修完成前故障, 而一个一直处于工作状态, 系统将在维修完成后处于状态 2. 如果在维修完成之前三个部件都故障, 系统将转移至状态 4. 因此系统不能由状态 1 直接转移至状态 3, 而是在维修完成后, 经状态 4 转移至状态 3.

(3) 系统在状态 2 时, 两个部件工作, 两个部件故障, 其中一个故障部件在维修. 如果在维修完成之前, 没有部件故障, 系统将转移至状态 1. 如果两个工作部件中的一个在维修完成前故障, 系统将在维修完成后转移至状态 2. 如果两个工作部件在维修完成前故障, 系统将直接转移至状态 4. 维修完成后, 系统再由状态 4 转移至状态 3.

(4) 系统在状态 3 时, 3 个部件处于故障状态, 一个部件处于工作状态. 如果在故障部件维修完成之前, 工作部件的状态不发生改变, 系统在维修完成后转移至状态 2, 否则将状态至状态 4.

由上述分析可得下列分布函数:

$$H_{01}(t) = 1 - \mathrm{e}^{-t},$$

$$\begin{aligned}H_{10}(t) &= P\{L_{4-1} > Y, Y \leqslant t\} \\ &= \int_0^t P\{L_{4-1} > u\}\mathrm{d}S(u) \\ &= \int_0^t \mathrm{e}^{-3\lambda_3 u} 9u\mathrm{e}^{-3u}\mathrm{d}u,\end{aligned}$$

$$\begin{aligned}K_{12}(t) &= P\{L_{4-1} + L_{4-2} \leqslant t\} \\ &= \int_0^t P\{L_{4-2} \leqslant t-u\}\mathrm{d}M_{4-1}(u) \\ &= \int_0^t (1-\mathrm{e}^{-2\lambda_2(t-u)})3\lambda_3\mathrm{e}^{-3\lambda_3 u}\mathrm{d}u,\end{aligned}$$

$$\begin{aligned}K_{13}(t) &= P\{L_{4-1} + L_{4-2} + L_{4-3} \leqslant t\} \\ &= \int_0^t P\{L_{4-3} \leqslant t-u\}\mathrm{d}K_{12}(u) \\ &= \int_0^t (1-\mathrm{e}^{-\lambda_1(t-u)})k_{12}(u)\mathrm{d}u,\end{aligned}$$

$$\begin{aligned}H_{11}(t) &= P\{Y \leqslant t, L_{4-1} \leqslant Y,\ L_{4-1} + L_{4-2} > Y\} \\ &= \int_0^t \int_0^u P\{L_{4-2} > u-v\}\mathrm{d}M_3(v)\mathrm{d}S(u)\end{aligned}$$

$$=\int_0^t\int_0^u 3\lambda_3 e^{-3\lambda_3 v}e^{-2\lambda_2(u-v)}9ue^{-3u}dvdu,$$

$$H_{12}(t)=P\{Y\leqslant t, L_{4-1}+L_{4-2}\leqslant Y,\ L_{4-1}+L_{4-2}+L_{4-3}>Y\}$$

$$=\int_0^t\int_0^u P\{L_{4-3}>u-v\}dK_{12}(v)dS(u)$$

$$=\int_0^t\int_0^u k_{12}(v)e^{-\lambda_1(u-v)}9ue^{-3u}dvdu,$$

$$H_{13}(t)=P\{Y\leqslant t, L_{4-1}+L_{4-2}+L_{4-3}<Y\}$$

$$=\int_0^t P\{L_{4-1}+L_{4-2}+L_{4-3}\leqslant u\}dS(u)$$

$$=\int_0^t K_{13}(u)9ue^{-3u}du,$$

$$H_{14}(t)=P\{L_{4-1}+L_{4-2}+L_{4-3}\leqslant t,\ L_{4-1}+L_{4-2}+L_{4-3}<Y\}$$

$$=\int_0^t P\{u\leqslant Y\}dK_{13}(u)$$

$$=\int_0^t (1+3u)e^{-3u}k_{13}(u)du,$$

$$H_{21}(t)=P\{Y\leqslant t, L_{4-2}>Y\}$$

$$=\int_0^t P\{L_{4-2}>u\}dS(u)$$

$$=\int_0^t e^{-2\lambda_2 u}9ue^{-3u}du,$$

$$H_{22}(t)=P\{Y\leqslant t, L_{4-2}\leqslant Y,\ L_{4-2}+L_{4-3}>Y\}$$

$$=\int_0^t\int_0^u P\{L_{4-3}>u-v\}dM_2(v)dS(u)$$

$$=\int_0^t\int_0^u 2\lambda_2 e^{-2\lambda_2 v}e^{-\lambda_1(u-v)}9ue^{-3u}dvdu,$$

$$K_{23}(t)=P\{L_{4-2}+L_{4-3}\leqslant t\}$$

$$=\int_0^t P\{L_{4-3}\leqslant t-u\}dM_2(u)$$

$$=\int_0^t 2\lambda_2 e^{-2\lambda_2 u}(1-e^{-\lambda_1(t-u)})du,$$

$$H_{23}(t)=P\{Y\leqslant t, L_{4-2}+L_{4-3}<Y\}$$

$$=\int_0^t P\{L_{4-2}+L_{4-3}<u\}dS(u)$$

$$
\begin{aligned}
&= \int_0^t K_{23}(u) 9u\mathrm{e}^{-3u}\mathrm{d}u,\\
H_{24}(t) &= P\{L_{4-2}+L_{4-3}\leqslant t, L_{4-2}+L_{4-3}<Y\}\\
&= \int_0^t P\{u\leqslant Y\}\mathrm{d}K_{23}(u)\\
&= \int_0^t (1+3u)\mathrm{e}^{-3u}k_{23}(u)\mathrm{d}u,\\
H_{32}(t) &= P\{L_{4-3}>Y, Y\leqslant t\}\\
&= \int_0^t P\{L_{4-3}>u\}\mathrm{d}S(u)\\
&= \int_0^t \mathrm{e}^{-\lambda_1 u}9u\mathrm{e}^{-3u}\mathrm{d}u,\\
H_{33}(t) &= P\{Y\leqslant t, L_{4-3}<Y\}\\
&= \int_0^t P\{L_{4-3}<u\}\mathrm{d}S(u)\\
&= \int_0^t (1-\mathrm{e}^{-\lambda_1 u})9u\mathrm{e}^{-3u}\mathrm{d}u,\\
H_{34}(t) &= P\{L_{4-3}\leqslant t, L_{4-3}<Y\}\\
&= \int_0^t P\{u<Y\}\mathrm{d}M_1(u)\\
&= \int_0^t (1+3u)\mathrm{e}^{-3u}\lambda_1\mathrm{e}^{-\lambda_1 u}\mathrm{d}u.
\end{aligned}
$$

8.5.2 首次故障前时间分布及可用度

由 8.3 节相关结论, 首次故障前时间分布的 L-S 变换满足方程组:

$$
\begin{cases}
\hat{\phi}_0(s) = \hat{H}_{01}(s)\hat{\phi}_1(s),\\
\hat{\phi}_1(s) = \hat{H}_{10}(s)\hat{\phi}_0(s) + \hat{H}_{11}(s)\hat{\phi}_1(s) + \hat{H}_{12}(s)\hat{\phi}_2(s) + \hat{H}_{14}(s),\\
\hat{\phi}_2(s) = \hat{H}_{21}(s)\hat{\phi}_1(s) + \hat{H}_{22}(s)\hat{\phi}_2(s) + \hat{H}_{24}(s),\\
\hat{\phi}_3(s) = \hat{H}_{32}(s)\hat{\phi}_2(s) + \hat{H}_{34}(s).
\end{cases}
$$

解上述方程并用 Matlab 做逆 L-S 变换, 可得已知初始状态时的首次故障前密度函数. 它们的图像如图 8.2—图 8.4 所示. 平均首次故障前时间见表 8.2.

根据上述结果, 可以得到一些结论. 图 8.2—图 8.4 及表 8.2 表明, 故障部件个数越多, 首次故障前时间越短; 部件独立系统的首次故障前时间远远大于相依系统; 相依性越强, 首次故障前时间越短.

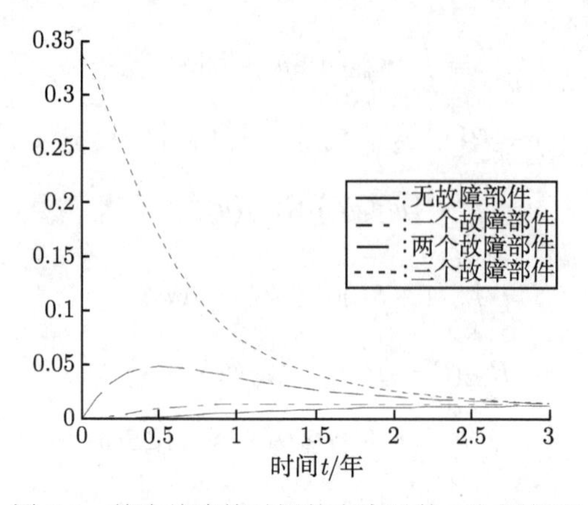

图 8.2　首次故障前时间的密度函数 (独立情形)

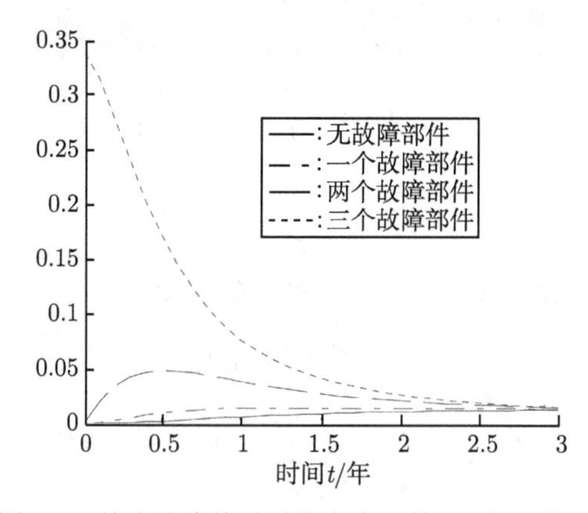

图 8.3　首次故障前时间的密度函数 (弱相依情形)

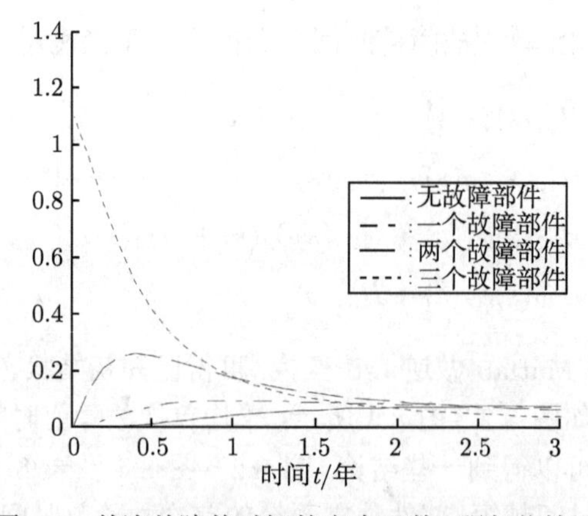

图 8.4　首次故障前时间的密度函数 (强相依情形)

表 8.2 平均首次故障前时间

	$c=0$	$c=0.1$	$c=0.5$
E_0	129. 6070	74. 8458	11. 4524
E_1	128. 6070	73. 8458	10. 4524
E_2	124. 3256	70. 0439	8. 1368
E_3	106. 5259	57. 1642	4. 7327

根据 8.4 节的相关结论, 瞬时可用度的 L 变换满足下列方程组:

$$\begin{cases} A_0^*(s)=\hat{H}_{01}(s)A_1^*(s)+\dfrac{1}{s}\left(1-\hat{H}_{01}(s)\right), \\ A_1^*(s)=\displaystyle\sum_{j=0}^{3}\hat{H}_{1j}(s)A_j^*(s)+\dfrac{1}{s}\left(1-\sum_{j=0}^{2}\hat{H}_{1j}(s)-\hat{H}_{14}(s)\right), \\ A_2^*(s)=\displaystyle\sum_{j=1}^{3}\hat{H}_{2j}(s)A_j^*(s)+\dfrac{1}{s}\left(1-\sum_{j=1}^{2}\hat{H}_{2j}(s)-\hat{H}_{14}(s)\right), \\ A_3^*(s)=\hat{H}_{32}(s)A_2^*(s)+\hat{H}_{33}(s)A_3^*(s)+\dfrac{1}{s}\left(1-\hat{H}_{32}(s)-\hat{H}_{34}(s)\right). \end{cases}$$

解上述方程并做逆 L 变换, 可得瞬时可用度 $A_i(t)$. 它们的图像如图 8.5—图 8.7 所示. 稳态值见表 8.3.

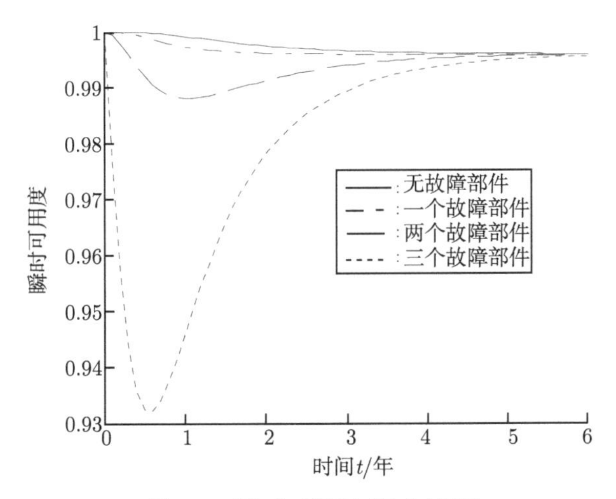

图 8.5 瞬时可用度 (独立情形)

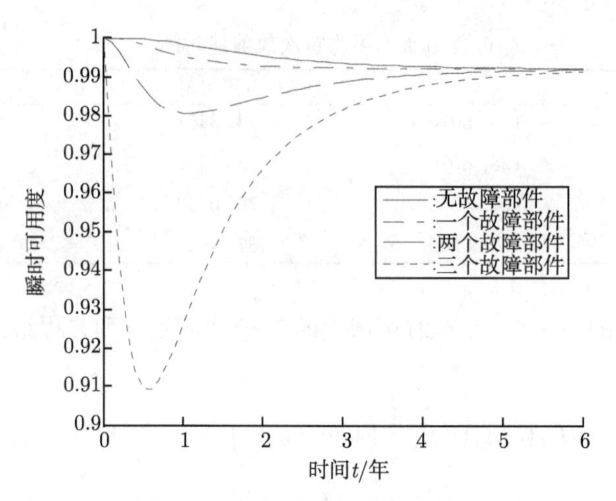

图 8.6　瞬时可用度 (弱相依情形)

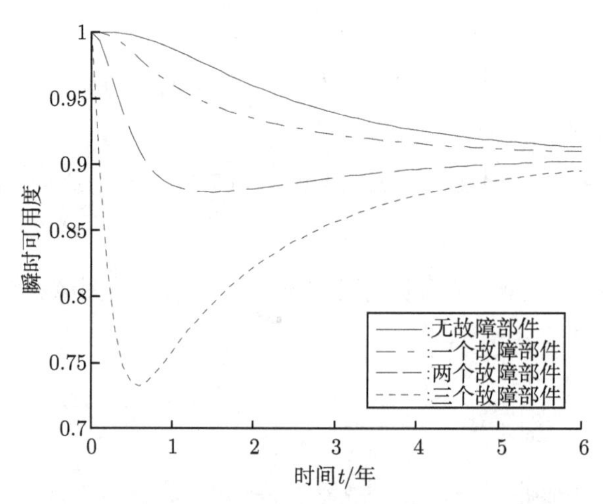

图 8.7　瞬时可用度 (强相依情形)

表 8.3　稳态可用度

	$c=0$	$c=0.1$	$c=0.5$
A	0. 9958	0. 9922	0. 9062

图 8.5—图 8.7 和表 8.3 表明相依程度越强, 可用度越低, 并且随着故障部件个数的增加, 瞬时可用度摆动幅度越大, 趋于稳态所需时间越长.

8.5.3　寿命和修理时间都是指数情形下的系统可靠性分析

本部分将考虑寿命和修理时间都是指数分布情形下故障相依载荷共享系统的

可靠性分析问题. 在此情形下, 系统可用马氏过程描述.

假设每个部件的修理时间是维修率为 2 的指数分布, 则

$$S(t)=1-\mathrm{e}^{-2t},\quad s(t)=2\mathrm{e}^{-2t}.$$

在 8.5.1 节和 8.5.2 节的各个表达式中, 分别用 $1-\mathrm{e}^{-2t}$ 和 $2\mathrm{e}^{-2t}$ 代替 $1-(1+3t)\mathrm{e}^{-3t}$ 及 $9t\mathrm{e}^{-3t}$, 可得到已知初始状态下的首次故障前时间分布. 它们的值在表 8.4 和表 8.5 中列出.

表 8.4 马尔可夫可修系统首次故障前平均时间

	$c=0$	$c=0.1$	$c=0.5$
E_0	171	101. 0256	16. 3106
E_1	170	100. 0256	15. 3106
E_2	166	96. 4062	12. 8845
E_3	148	82. 9157	8. 5786

表 8.5 马尔可夫可修系统稳态可用度

	$c=0$	$c=0.1$	$c=0.5$
A	0. 9958	0. 9940	0. 9449

马尔可夫可修系统对应的状态转移矩阵 (Yu et al., 2007) 为

$$\begin{aligned}\boldsymbol{Q}&=\begin{pmatrix}-1&1&0&0&0\\2&-2-3\lambda_3&3\lambda_3&0&0\\0&2&-2-2\lambda_2&2\lambda_2&0\\0&0&2&-2-\lambda_1&\lambda_1\\0&0&0&2&-2\end{pmatrix}\\&=\left(\begin{array}{cccc|c}-1&1&0&0&0\\2&-2-3\lambda_3&3\lambda_3&0&0\\0&2&-2-2\lambda_2&2\lambda_2&0\\0&0&2&-2-\lambda_1&\lambda_1\\\hline0&0&0&2&-2\end{array}\right)\\&=\left(\begin{array}{c|c}\boldsymbol{B}&\boldsymbol{D}\\\hline\boldsymbol{E}&\boldsymbol{F}\end{array}\right),\end{aligned}$$

其中 $\lambda_i=\dfrac{1}{4}\mathrm{e}^{(n-i)c}, i=1,2,3.$

已知初始分布时, 平均首次故障前时间

$$(E_0,E_1,E_2,E_3)=-\boldsymbol{B}^{-1}\boldsymbol{e}_4,$$

其中 $\boldsymbol{e}_4$ 是所有分量都是 1 的 4 维列向量. 令 $c = 0, 0.1, 0.5$, 可以得到独立、弱相依、强相依情形下的平均首次故障前时间, 和表 8.4 中的结果相符.

类似地, 令 $\boldsymbol{P} = (p_0, p_1, p_2, p_3, p_4)$ 为系统的稳态分布, 解下列方程组可得 $\boldsymbol{P}$.

$$\begin{cases} \boldsymbol{PQ} = (0, 0, 0, 0, 0), \\ p_0 + p_1 + p_2 + p_3 + p_4 = 1. \end{cases}$$

系统的稳态可用度 $A = p_0 + p_1 + p_2 + p_3$, 和表 8.5 中的结果也相同.

8.6 结 论

本部分提出了一个故障相依载荷共享系统模型. 它和传统的马尔可夫可修系统不同. 主要表现在两个方面：一是每个部件的维修时间是任意的; 二是寿命分布的故障率随故障部件个数的变化而变化. 用马尔可夫更新理论得到了首次故障前时间分布及可用度. 同时考虑寿命和维修时间都是指数分布情形下的可靠性度量. 通过一个数值算例说明了结论的应用.

未来研究中可考虑构建更加接近实际的相依部件模型, 如影响可选择的级联故障系统, 既有整体又有故障可选择的级联故障系统等, 也可以尝试引进其他更符合实际的相依函数.

参考文献

Amari V S, Krishna M B, Pham H. 2008. Tampered failure rate load-sharing systems: status and perspectives. Handbook of Performability Engineering. London: Springer: 291~308.

Barros A, Berenguer C, Grall A. 2003. Optimization of replacement times using imperfect monitoring information. IEEE Transactions on Reliability, 52(4): 523~533.

Cinlar E. 1975. Markov renewal theory: A survey. Management Science, 21 (7): 727~752.

Cui L R, Li H J, Li J L. 2007. Markov repairable systems with history-dependent up and down states. Stochastic Models, 23(4), 665~681.

Finkelstein M. 2013. On dependent items in series in different environments. Reliability Engineering and System Safety, 109: 119~122.

Fu J C. 1986. Reliability of consecutive-k-out-of-n : F systems with $(k-1)$-step Markov dependence. IEEE Transactions on Reliability, 35(5): 602~606.

Ge G P, Wang L S. 1990. Exact reliability formula for consecutive k-out-of-n: F systems with homogeneous Markov dependence. IEEE Transactions on Reliability, 39(5): 600~602.

Hellmich M. 2013. Semi-Markov embeddable reliability structures and applications to load-sharing k-out-of-n systems. International Journal of Reliability, Quality and Safety Engineering, 20(2), 1350007: 1~21.

Hernandez-Fajardo I, Duenas-Osorio L. 2013. Probabilistic study of cascading failures in complex interdependent lifeline systems. Reliability Engineering and System Safety, 111: 260~272.

Hoepfer V M, Saleh J H, Marais K B. 2009. On the value of redundancy subject to common-cause failures: Toward the resolution of an on-going debate. Reliability Engineering and System Safety, 94(12): 1904~1916.

Iyer R K, Rossetti D P. 1986. A measurement-based model for workload dependency of CPU errors. IEEE Transactions on Computer, C-35(6): 511~519.

Jain M, Gupta R. 2012. Load sharing M-out-of-N: G system with non-identical components subject to common cause failure. Int. J. Mathematics in Operational Research, 4(5): 586~605.

Kapur K C, Lamberson L R. 1977. Reliability in engineering design. New York: Wiley.

Kecs W. 1982. The Convolution Product and Some Applications. Bucharest, Romania: Editura Academiei.

Kuo W, Zuo M J. 2003. Optimal reliability modeling. New York: Wiley.

Levitin G. 2004. A universal generating function approach for the analysis of multi-state systems with dependent elements. Reliability Engineering and System Safety, 84(3): 285~292.

Levitin G, Xing L D. 2010. Reliability and performance of multi-state systems with propagated failures having selective effect. Reliability Engineering and System Safety, 95(6): 655~661.

Li C Y, Chen X, Yi X S, Tao J Y. 2010. Heterogeneous redundancy optimization for multi-state series-parallel systems subject to common cause failures. Reliability Engineering and System Safety, 95(3): 202~207.

Lisnianski A, Levitin G. 2003. Multi-state system reliability, assessment, optimization and application. Singapore: Singapore: World Scientific Publishing Co. Pte. Ltd.

Maaroufi G, Chelbi A, Rezg N. 2013. Optimal selective renewal policy for systems subject to propagated failures with global effect and failure isolation phenomena. Reliability Engineering and System Safety, 114: 61~70.

Ramirez-Marquez J E, Coit D W. 2007. Optimization of system reliability in the presence of common cause failures. Reliability Engineering and System Safety, 92(10): 1421~1434.

Rausand M, Hoyland A. 2003. System Reliability Theory. New York: John Wiley & Sons, Inc.

Ravichandran N. 1990. Stochastic methods in reliability theory. New York: John Wiley & Sons, Inc.

Wang L Y, Cui L R. 2011. Aggregated semi-Markov repairable systems with history-dependent up and down states. Mathematical and Computer Modelling, 53(5-6): 883～895.

Wang C N, Xing L D, Levitin G. 2012. Competing failure analysis in phased-mission systems with functional dependence in one of phases. Reliability Engineering and System Safety, 108: 90～99.

Widder D V. 1946. The Laplace Transform. Princeton: Princeton University Press.

Xiao G, Li Z Z. 2008. Estimation of dependability measures and parameter sensitivities of a consecutive k-out-of-n: Frepairable system with $(k-1)$-step Markov dependence by simulation. IEEE Transactions on Reliability, 57(1): 71～83.

Xing L D, Levitin G. 2013. BDD-based reliability evaluation of phased-mission systems with internal/external common-cause failures. Reliability Engineering and System Safety, 112: 145～153.

Xing L D, Shrestha A, Dai Y S. 2011. Exact combinatorial reliability analysis of dynamic systems with sequence-dependent failures. Reliability Engineering and System Safety, 96(10): 1375～1385.

Yang Q Y, Zhang N L, Hong Y L. 2013. Reliability analysis of repairable systems with dependent component failures under partially perfect repair. IEEE Transactions on Reliability, 62(2): 490～498.

Yu H Y, Chu C B, Chatelet E, Yalaoui F. 2007. Reliability optimization of a redundant system with failure dependencies. Reliability Engineering and System Safety, 92(12): 1627～1634.

Zhou Y F, Zhang Z S, Lin T R, Ma L. 2013. Maintenance optimization of a multi-state series——parallel system considering economic dependence and state-dependent inspection intervals. Reliability Engineering and System Safety, 111: 248～259.

Zio E. 2009. Old problems and new challenges. Reliability Engineer and System Safety, 94(2): 125～141.

第 9 章　空间相依圆形马尔可夫可修系统可靠性分析

9.1　引　　言

2009 年, 国际著名学者 Zio 教授, 在可靠性领域著名期刊 *Reliability Engineering and System Safety* 中的《可靠性工程: 老问题和新挑战》一文中指出:“系统状态之间以及各个部件的状态之间存在的相依性, 是多状态系统建模困难的原因所在” (Zio, 2009). 用什么样的方法以及如何精细描述和刻画部件之间的相依关系, 已经成为当今多状态系统可靠性建模与评估研究的热点问题. 目前关于部件相依的研究主要集中在共因失效系统 (Li et al., 2010; Wang, Xie, 2008)、马氏相依系统 (Xiao, Li, 2008; Yun et al., 2008)、冗余相依系统 (Yu et al., 2007; Wang et al., 2013)、序列相依系统 (Xing et al., 2011)、历史相依系统 (Cui et al., 2007; Wang, Cui, 2011) 等方面.

一些多状态系统的部件按照需求构成一定的拓扑结构 (如线、圆、二维网格等), 并且每个部件的运行依赖于空间上与其相邻的部件 (“邻居”). 如大型温控系统通常由多个风机盘管承担室内的温度调节负荷, 每个风机盘管装有温控器. 当区域呈长方形且面积不大时, 把风机盘管排成 1 排, 系统呈线形拓扑结构; 当区域呈圆形且面积不大时, 通常把风机盘管排成 1 圈, 系统呈圆形拓扑结构; 当区域呈长方形且面积较大时, 通常把风机盘管排成若干行, 系统呈二维点阵拓扑结构. 通常状态下, 风机盘管处于中档运行状态. 如某个风机盘管发生故障, 停止运行, 相邻区域的温控器因感应到室内温度达不到要求, 向与之相连的风机盘管发出信号, 相邻区域的风机盘管将加快风机转速, 处于高档风速运行状态. 从上述分析可知, 大型温控系统每个部件的运行主要和其 “邻居” 有相依关系, 而不是和系统中所有部件相关, 本书称这类系统为部件空间相依系统 (王丽英, 司书宾, 2007).

据我们所知, 文献中还没有关于部件空间相依系统可靠性方面的研究, 但这种空间相依关系广泛存在于供应链、道路交通网络等系统中, 有重要的研究意义. 本书给出了空间相依圆形马尔可夫可修系统的数学定义. 对四部件和五部件空间相依圆形马尔可夫可修系统进行了可靠性分析. 通过数值算例对空间相依和部件独立圆形马尔可夫可修系统的可用度进行了比较分析.

9.2 模型假设

9.2.1 基本模型

空间相依圆形马尔可夫可修系统的假设如下:

(1) 系统由 n 个同型部件和 n 个修理工组成. n 个同型部件排列成圆形. 每个部件有两种状态: 正常和故障. 设 n 个部件的编号分别为 $1,2,\cdots,n$, 则部件 $k(k\in\{1,2,\cdots,n\})$ 的 "邻居" 为部件 $k+1$ 和 $k-1$. 为统一起见, 令 $0=n$, $n+1=1$.

(2) 系统中每个部件的运行依赖于它的两个 "邻居". 当两个 "邻居" 中有 $l(0\leqslant l\leqslant 2)$ 处于故障状态时, 部件的寿命 Y_l 的分布为 $1-\mathrm{e}^{-\lambda_l t}(t\geqslant 0)$, 其中 $0<\lambda_0<\lambda_1<\lambda_2$.

(3) 在初始时刻系统是新的. 每个部件有专用的修理工, 一旦发生故障, 即刻进行维修且修复如新, 修复时间为 $1-\mathrm{e}^{-\mu t}(t\geqslant 0,\mu>0)$. 假定所有随机变量相互独立. 当所有部件都处于故障状态时, 系统处于故障状态.

当 $n=2$ 或 3 时, 每个部件都是其他部件的 "邻居", 本模型转化为 (Yu et al., 2007) 提出的故障相依冗余系统. 空间相依可修系统的状态即和每个部件的状态有关, 又与部件之间的拓扑结构有关, 较为复杂. 本书仅对四部件和五部件空间相依圆形马尔可夫可修系统的可靠性进行分析.

9.2.2 四部件和五部件空间相依圆形马尔可夫可修系统状态

为了区分系统的不同状态, 定义状态 1: 部件正常; 状态 0: 部件故障. 用 $\boldsymbol{X}^{(4)}(t)=(X_1(t),\cdots,X_4(t))(t\geqslant 0)$ 表示四部件空间相依圆形马尔可夫可修可修系统时刻 t 的状态, 其中 $X_i(t)(i\in\{1,2,3,4\})$ 表示时刻 t 部件 i 所处的状态, 即

$$X_i(t)=\begin{cases}0, & \text{元件 } i \text{ 故障},\\ 1, & \text{元件 } i \text{ 正常}.\end{cases}$$

根据上述假设系统有 2^4 个基本状态. 但由于部件是同型的, 并且系统的圆形结构具有对称性, 一些基本状态可以合并为一个状态. 合并情况如下: $(0,1,1,1),(1,0,1,1),(1,1,0,1),(1,1,1,0)$ 都表示有一个部件故障, 用 $(0,1,1,1)$ 表示; $(0,0,1,1),(1,0,0,1),(0,1,1,0),(1,1,0,0)$ 都表示有两个相邻部件故障, 用 $(0,0,1,1)$ 表示; $(0,1,0,1),(1,0,1,0)$ 都表示有两个部件故障, 并且这两个故障部件之间有一个正常部件, 用 $(0,1,0,1)$ 表示; $(1,0,0,0),(0,1,0,0),(0,0,1,0),(0,0,0,1)$ 都表示有三个部件故障, 用 $(0,0,0,1)$ 表示; 总之, 系统有 6 个不同的状态. 如图 9.1 所示.

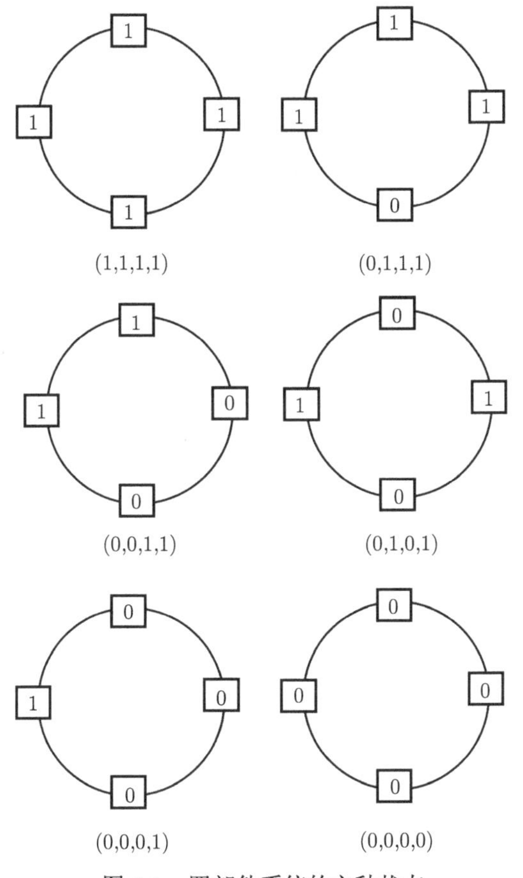

图 9.1　四部件系统的六种状态

类似地, 令 $\boldsymbol{X}^{(5)}(t)=(X_1(t),\cdots,X_5(t))(t\geqslant 0)$ 表示五部件空间相依圆形马尔可夫可修系统时刻 t 的状态, 其中 $X_i(t)(i\in\{1,2,3,4,5\})$ 表示时刻 t 部件 i 所处的状态.

系统的 2^5 个基本状态, 可以做以下合并: $(0,1,1,1,1)$ 表示一个部件故障, 它代表 $(0,1,1,1,1)$,$(1,0,1,1,1)$,$(1,1,0,1,1)$,$(0,1,1,1,1)$,$(1,1,1,0,1)$, $(1,1,1,1,0)$ 五个基本状态; $(0,0,1,1,1)$ 表示两个相邻部件故障, 它代表 $(0,0,1,1,1)$,$(1,0,0,1,1)$,$(1,1,0,0,1)$, $(1,1,1,0,0)$,$(0,1,1,1,0)$ 五个基本状态; $(0,1,0,1,1)$ 表示两个部件故障, 并且这两个故障部件之间有一个正常部件, 它代表 $(0,1,0,1,1)$,$(1,0,1,0,1)$,$(1,1,0,1,0)$,$(0,1,1,0,1)$,$(1,0,1,1,0)$ 五个基本状态; $(0,0,0,1,1)$ 表示三个相邻部件故障, 它代表 $(0,0,0,1,1)$,$(1,0,0,0,1)$,$(1,1,0,0,0)$,$(0,1,1,0,0)$,$(0,0,1,1,0)$ 五个基本状态; $(0,0,1,0,1)$ 表示三个部件故障, 其中两个故障部件是相邻的, 另一个故障部件和两个相邻故障部件之间有一个正常部件, 它代表 $(0,0,1,0,1)$,$(1,0,0,1,0)$,$(0,1,0,0,1)$,

$(1,0,1,0,0)$,$(0,1,0,1,0)$ 五个基本状态; $(0,0,0,0,1)$ 表示有四个部件故障, 它代表 $(0,0,0,0,1)$,$(1,0,0,0,0)$,$(0,1,0,0,0)$,$(0,0,1,0,0)$$(0,0,0,1,0)$ 五个基本状态. 系统的 8 个不同状态如图 9.2 所示.

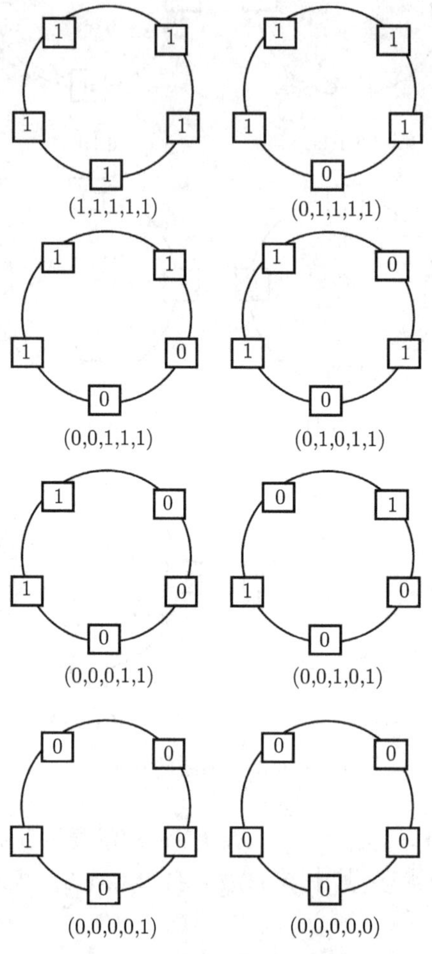

图 9.2　五部件系统的八种状态

由于部件的寿命和修理时间都是指数分布, 并且是相互独立的, $\boldsymbol{X}^{(4)}(t) = (X_1(t),\cdots,X_4(t))$ 和 $\boldsymbol{X}^{(5)}(t) = (X_1(t),\cdots,X_5(t))$ 都是时齐马尔可夫过程. 他们的状态空间分别为

$$S_1 = \{(1,1,1,1),(0,1,1,1),(0,0,1,1),(0,1,0,1),(0,0,0,1),(0,0,0,0)\},$$

$$\begin{aligned} S_2 =&\{(1,1,1,1,1),(0,1,1,1,1),(0,0,1,1,1),(0,1,0,1,1),(0,0,0,1,1),\\ &(0,0,1,0,1),(0,0,0,0,1),(0,0,0,0,0)\}. \end{aligned}$$

他们的工作状态集分别为

$$W_1 = \{(1,1,1,1),(0,1,1,1),(0,0,1,1),(0,1,0,1),(0,0,0,1)\},$$
$$W_2 = \{(1,1,1,1,1),(0,1,1,1,1),(0,0,1,1,1),(0,1,0,1,1),(0,0,0,1,1),$$
$$(0,0,1,0,1),(0,0,0,0,1)\}.$$

9.3 四部件和五部件空间相依圆形马尔可夫可修系统状态转移分析

本部分将对四部件和五部件空间相依圆形马尔可夫可修系统状态转移过程进行分析.

首先考虑四部件空间相依圆形马尔可夫可修系统. 当系统的四个部件都处于正常状态时, 每个部件的寿命 Y_0 的分布为 $1-\mathrm{e}^{-\lambda_0 t}$, 并且四个部件中的一个部件故障时, 系统将有一个部件故障, 因此系统在 Δt 时间内可从状态 $(1,1,1,1)$ 转移至状态 $(0,1,1,1)$, 转移概率为 $4\lambda_0\Delta t$. 由于部件的修复时间为 $1-\mathrm{e}^{-\mu t}$, 系统在 Δt 时间内可从状态 $(0,1,1,1)$ 转移至状态 $(1,1,1,1)$, 转移概率为 $\mu\Delta t$.

当系统中一个部件故障时, 有两个部件和故障部件相邻, 其故障率为 λ_1, 剩余一个部件的两个 "邻居" 都是工作部件, 其故障率为 λ_0, 因此在 Δt 时间内, 系统可从状态 $(0,1,1,1)$ 转移至状态 $(0,0,1,1)$ 和状态 $(0,1,0,1)$, 概率分别为 $2\lambda_1\Delta t$ 和 $\lambda_0\Delta t$. 两个故障部件中的一个修复以后, 系统将有一个部件故障, 因此在 Δt 时间内, 系统可由状态 $(0,0,1,1)$ 和状态 $(0,1,0,1)$ 转移至 $(0,1,1,1)$, 转移概率为 $2\mu\Delta t$.

当系统处于状态 $(0,0,1,1)$ 时, 正常部件的 "邻居" 有一个正常, 一个故障, 其寿命的分布为 $1-\mathrm{e}^{-\lambda_1 t}$, 因此在 Δt 时间内, 系统可转移至状态 $(0,0,0,1)$, 转移概率 $2\lambda_1\Delta t$. 当系统处于状态 $(0,1,0,1)$ 时, 正常部件的两个 "邻居" 处于故障状态, 其寿命分布为 $1-\mathrm{e}^{-\lambda_2 t}$, 因此在 Δt 时间内, 系统可转移至状态 $(0,0,0,1)$, 转移概率为 $2\lambda_2\Delta t$.

当系统处于状态 $(0,0,0,1)$ 时, 若在 Δt 时间内, 和正常部件相邻的两个故障部件中的一个修复, 系统将转移至状态 $(0,0,1,1)$, 转移概率为 $2\mu\Delta t$ 和正常部件不相邻的部件修复时, 系统将转移至状态 $(0,1,0,1)$, 转移概率为 $\mu\Delta t$.

当系统处于状态 $(0,0,0,1)$ 时, 正常部件的两个邻居都是故障部件, 其寿命的分布为 $1-\mathrm{e}^{-\lambda_2 t}$, 因此在 Δt 时间内, 系统可转移至状态 $(0,0,0,0)$, 转移概率为 $\lambda_2\Delta t$.

当四个故障部件中的一个在 Δt 时间内修复时, 系统由状态 $(0,0,0,0)$ 转移至状态 $(0,0,0,1)$, 转移概率为 $4\mu\Delta t$.

综上, 系统在 Δt 时间内的状态转移过程如图 9.3 所示. 为了简便, 在图 9.3 中略去了系统停留在原状态的概率.

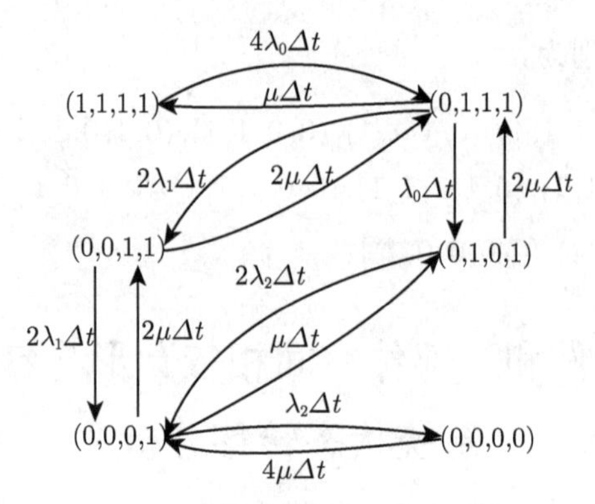

图 9.3　四部件系统状态转移图

把系统的状态作如下排序：$(1,1,1,1)$,$(0,1,1,1)$, $(0,0,1,1)$, $(0,1,0,1)$, $(0,0,0,1)$, $(0,0,0,0)$, 则由图 9.3 可得系统的转移率矩阵：

$$
\boldsymbol{Q}_1=\begin{pmatrix}
-4\lambda_0 & 4\lambda_0 & 0 & 0 & 0 & 0\\
\mu & -\mu-2\lambda_1-\lambda_0 & 2\lambda_1 & \lambda_0 & 0 & 0\\
0 & 2\mu & -2\mu-2\lambda_1 & 0 & 2\lambda_1 & 0\\
0 & 2\mu & 0 & -2\mu-2\lambda_2 & 2\lambda_2 & 0\\
0 & 0 & 2\mu & \mu & -3\mu-\lambda_2 & \lambda_2\\
0 & 0 & 0 & 0 & 4\mu & -4\mu
\end{pmatrix}.
$$

类似地, 可对五部件空间相依圆形马尔可夫可修系统进行状态转移分析, 其状态转移如图 9.4 所示.

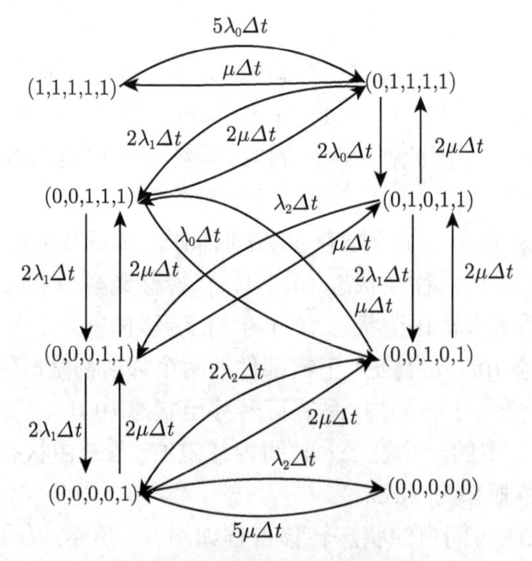

图 9.4　五部件系统状态转移图

把系统状态做如下排序：(1,1,1,1,1), (0,1,1,1,1),(0,0,1,1,1),(0,1,0,1,1),(0,0,0,1,1),(0,0,1,0,1),(0,0,0,0,1),(0,0,0,0,0), 由图 9.4 可得五部件空间相依圆形马尔可夫可修系统的转移率矩阵:

$$
\boldsymbol{Q}_2=\begin{pmatrix}
-5\lambda_0 & 5\lambda_0 & 0 & 0 & 0 & 0 & 0 & 0\\
\mu & -\mu-2\lambda_0-2\lambda_1 & 2\lambda_1 & 2\lambda_0 & 0 & 0 & 0 & 0\\
0 & 2\mu & -2\mu-\lambda_0-2\lambda_1 & 0 & 2\lambda_1 & \lambda_0 & 0 & 0\\
0 & 2\mu & 0 & -2\mu-\lambda_2-2\lambda_1 & \lambda_2 & 2\lambda_1 & 0 & 0\\
0 & 0 & 2\mu & \mu & -3\mu-2\lambda_1 & 0 & 2\lambda_1 & 0\\
0 & 0 & \mu & 2\mu & 0 & -3\mu-2\lambda_2 & 2\lambda_2 & 0\\
0 & 0 & 0 & 0 & 2\mu & 2\mu & -4\mu-\lambda_2 & \lambda_2\\
0 & 0 & 0 & 0 & 0 & 0 & 5\mu & -5\mu
\end{pmatrix}
$$

9.4 四部件和五部件空间相依圆形马尔可夫可修系统可用度

假设 $\boldsymbol{P}_1(t)$, $\boldsymbol{P}_2(t)$ 分别表示四部件和五部件空间相依圆形马尔可夫可修系统 t 时刻的状态概率向量, 则它们满足微分方程组 (曹晋华, 程侃, 2006):

$$
\frac{\mathrm{d}\boldsymbol{P}_i(t)}{\mathrm{d}t}=\boldsymbol{P}_i(t)\boldsymbol{Q}_i,\quad i=1,2. \tag{9.1}
$$

由于在初始时刻系统是新的, 上述微分方程的初始条件为

$$
\boldsymbol{P}_1(0)=(1,0,0,0,0,0),
$$
$$
\boldsymbol{P}_2(0)=(1,0,0,0,0,0,0,0).
$$

对式 (9.1) 两边做 L 变换, 得

$$\boldsymbol{P}_i^*(s) = \boldsymbol{P}_i(0)(s\boldsymbol{I} - \boldsymbol{Q}_i)^{-1}, \tag{9.2}$$

其中 $\boldsymbol{P}_i^*(s)$ 为 $\boldsymbol{P}_i(t)$ 的拉普拉斯变换.

用 $A_1(t)$ 和 $A_2(t)$ 分别表示四部件和五部件空间相依圆形马尔可夫系统在 t 时刻的瞬时可用度, 即系统处于工作状态的概率. 由式 (9.2) 和系统假设可得 $A_i(t)(i=1,2)$ 的 L 变换为

$$A_i^*(s) = \boldsymbol{P}_i(0)(s\boldsymbol{I} - \boldsymbol{Q}_i)^{-1}\boldsymbol{\mu}_i, \tag{9.3}$$

其中 $\boldsymbol{\mu}_1 = (1,1,1,1,1,0)^{\mathrm{T}}, \boldsymbol{\mu}_2 = (1,1,1,1,1,1,1,0)^{\mathrm{T}}$. 对 $A_i^*(s)$ 做逆 L 变换可得 $A_i(t)$.

为求系统的稳态可用度分别解方程组

$$\begin{cases} \boldsymbol{\pi}_1\boldsymbol{Q}_1 = (0,0,0,0,0,0), \\ \boldsymbol{\pi}_1\boldsymbol{e}_1 = 1, \end{cases} \tag{9.4}$$

和

$$\begin{cases} \boldsymbol{\pi}_2\boldsymbol{Q}_2 = (0,0,0,0,0,0,0,0), \\ \boldsymbol{\pi}_2\boldsymbol{e}_2 = 1, \end{cases} \tag{9.5}$$

其中 $\boldsymbol{e}_1$ 和 $\boldsymbol{e}_2$ 为所有分量都为 1 的 6 维和 8 维列向量. 四部件和五部件空间相依圆形马尔可夫可修系统的稳态可用度 $A_1 = \boldsymbol{\pi}_1\boldsymbol{\mu}_1, A_2 = \boldsymbol{\pi}_2\boldsymbol{\mu}_2$.

9.5 数值算例

考虑一个由四个部件和四个修理工组成的空间相依圆形马尔可夫可修系统. 假设每个部件的修理时间分布为 $1-\mathrm{e}^{-1/2t}(t \geqslant 0)$. 当一个部件的两个 “邻居” 中有 0, 1 和 2 处于故障状态时, 其寿命分布分别为 $1-\mathrm{e}^{-1/4t}, 1-\mathrm{e}^{-t}$ 和 $1-\mathrm{e}^{-2t}, t \geqslant 0$. 把 $\mu = 1/2, \lambda_0 = 1/4, \lambda_1 = 1, \lambda_2 = 2$ 代入相关表达式, 用 Matlab 软件做 L 变换和逆 L 变换可得系统的瞬时可用度 $A_1(t)$, 其图像如图 9.5 所示. 把方程组 (9.4) 的解代入 A_1 的表达式, 可得稳态可用度为 0.6732.

为了进行对比分析, 考虑部件的寿命和修复时间分别为 $1-\mathrm{e}^{-1/4t}$ 和 $1-\mathrm{e}^{-1/2t}$ $(t \geqslant 0)$ 的四部件独立圆形马尔可夫可修系统. 用类似于四部件并联马尔可夫可修系统可靠性分析的方法, 可得其瞬时可用度 $\tilde{A}_1(t)$, 其图像如图 9.5 所示, 稳态可用度 $\tilde{A}_1 = 0.9877$.

类似地, 考虑由五个部件和五个修理工组成的空间相依和独立圆形马尔可夫可修系统, 并假设部件的寿命和修复时间与相应的四部件系统相同. 用类似于四部件

系统可靠性分析的方法可得他们的瞬时可用度 $A_2(t)$ 和 $\tilde{A}_2(t)$, 其图像如图 9.6 所示. 他们的稳态可用度 $A_2 = 0.7510$, $\tilde{A}_2 = 0.9959$.

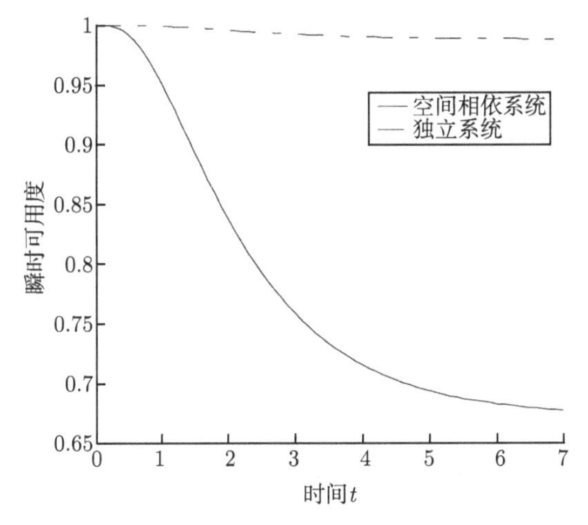

图 9.5 四部件独立和空间相依圆形系统瞬时可用度曲线

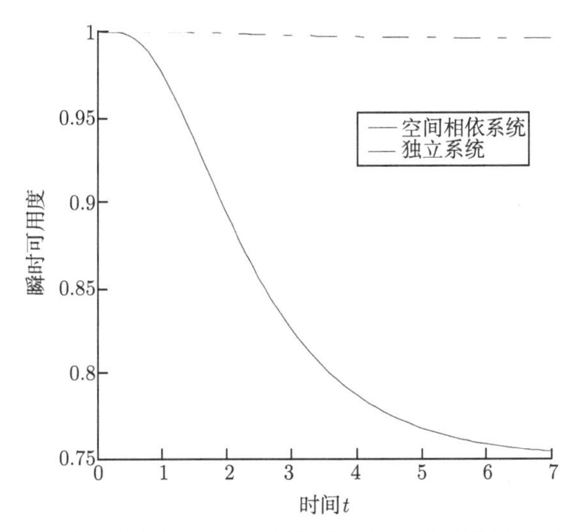

图 9.6 五部件独立和空间相依圆形马尔可夫可修系统瞬时可用度曲线

四部件和五部件的空间相依与独立圆形马尔可夫可修系统可用度曲线对比表明: 在部件寿命和修复时间分别相同的条件下, 空间相依圆形马尔可夫可修系统的可用度低于部件独立圆形马尔可夫可修系统, 并且空间相依系统需要更长的时间才能趋于稳态; 四部件和五部件空间相依圆形马尔可夫可修系统可用度曲线对比表明: 在部件寿命和修复时间分别相同的条件下, 四部件空间相依圆形马尔可夫可修系统的可用度更低一些.

9.6 结　　论

本书建立了空间相依圆形马尔可夫可修系统模型. 运用概率分析、拉普拉斯变换方法和马尔可夫过程理论对四部件和五部件空间相依圆形马尔可夫可修系统进行了可靠性分析, 得到了它们的瞬时可用度和稳态可用度. 数值算例表明：空间相依系统的可用度低于部件独立系统. 本书首次考虑了拓扑结构对部件间相依关系的影响, 有重要的理论和应用价值.

本书仅对四部件和五部件空间相依圆形马尔可夫可修系统进行了可靠性分析. 在进一步的研究中, 可考虑 n 部件空间相依圆形马尔可夫可修系统的可靠性度量问题. 也可考虑其他结构下 (如线、二维点阵等) 的空间相依系统建模与可靠性研究问题.

参考文献

曹晋华, 程侃. 2006. 可靠性数学引论. 北京：高等教育出版社.

王丽英, 司书宾. 空间相依圆形马尔可夫可修系统可靠性分析. 西北工业大学学报, 2014, 32(6): 923~928.

王正, 谢里阳. 2008. 失效相关的 k/n 系统动态可靠性模型. 机械工程学报, 44(6): 72~78.

Cui L R, Li H J, Li J L. 2007. Markov repairable systems with history-dependent up and down states. Stochastic Models, 23(4): 665~681.

Li C Y, Chen X, Yi X S, Tao J Y. 2010. Heterogeneous redundancy optimization for multi-state-series-parallel systems subject to common cause failures. Reliability Engineering and System Safety, 95(3): 202~207.

Wang L Y, Cui L R. 2011. Aggregated semi-Markov repairable systems with history-dependent up and down states. Mathematical and Computer Modeling, 53(5-6): 883~895.

Wang L Y, Jia X J, Zhang J. 2013. Reliability evaluation for Multi-state Markov repairable systems with redundant dependencies. Quality Technology & Quantitative Management, 10(3): 277~289.

Xiao G, Li Z Z. 2008. Estimation of dependability measures and parameter sensitivities of a consecutive k-out-of n: F repairable system with $(k-1)$-step Markov dependence by simulation. IEEE Transactions on Reliability, 57(1): 71~83.

Xing L D, Shrestha A, Dai Y S. 2011. Exact combinatorial reliability analysis of dynamic systems with sequence-dependent failures. Reliability Engineering and System Safety, 96(10): 1375~1385.

Yu H Y, Chu C B, Chatelet E, Yalaoui F. 2007. Reliability optimization of a redundant system with failure dependencies. Reliability Engineering and System Safety, 92(12): 1627~1634.

Yun W Y, Kima G R, Yamamoto H. 2007. Economic design of a circular consecutive-k-out-of-n: F system with $(k-1)$-step Markov dependence. IEEE Transactions on Reliability, 92(4): 464~478.

Zio E. 2009. Reliability Engineer: Old problems and new challenges. Reliability Engineer and System Safety, 94(2):125~141.

第10章 空间相依星形马尔可夫可修系统可靠性分析

10.1 引 言

在多状态系统中, 一个部件的故障可能会导致载荷的重新分配 (Yu et al., 2007). 许多工程实践研究表明载荷是影响故障率的主要因素, 并且载荷的增加会导致故障率的增加 (Kapur, Lamberson, 1977; Iyer, Rossetti, 1986; Barros et al., 2003; Amari et al., 2008). 因此如何描述部件间的相依性是一个重要的问题. 文献中提出了许多相依模型, 如马氏相依 (Fu, 1986; Xiao, Li, 2008; Yun et al., 2008)、冗余相依 (Kotz et al., 2003; Wang et al., 2013)、共因失效 (Jain, Gupta, 2012; Li et al., 2010; Ramirez-Marquez, Coit, 2007)、序列相依 (Xing et al., 2011)、全部及有选择的传染故障模型 (Levitin, Xing, 2010; Maaroufi et al., 2013)、关联故障 (Fiondella, Xing, 2015)、经济相依 (Zhou et al., 2013) 及历史相依等 (Wang, Cui, 2011).

最近王丽英和司书宾 (2014) 基于大型智能空调系统过程提出一个空间相依圆形系统模型. 大型智能空调系统通常由几个子系统 (部件) 组成, 这些部件排成一个圈形. 当一个部件故障时, 它的左右两个邻居 “感知” 温度的变化并且承担一定的载荷. 因此载荷将在故障部件的 “邻居中”, 不是在所有工作部件重新分配. 这种相依和已文献中的相依不同, 称之为 “空间” 相依.

在可靠性工程实际中, 部件间的相依关系可能是线形、网格形、星形等. 本章将考虑星形系统的可靠性分析问题. 在星型系统中, 一个部件被其他一些部件包围. 星形系统也广泛存在与仓库存储系统中. 在这类系统中, 一个大的仓库通常被几个小仓库包围, 当大仓库存储量不足时, 周围的小型仓库补足. 小型仓库存储量不足时, 大仓库及周围小型仓库将进行补足. 这种现象在局域网中也很常见.

10.2 模 型 假 设

空间相依 n 元星形马尔可夫可修系统的假设如下:

(1) 系统由 $n-1$ 个 A 型同型部件, 1 个 B 型部件以及 n 个修理工组成, 其中 $n-1$ 个 A 型部件排列成多边形, B 型部件排到 A 型部件中心. 每个部件有两种状态: 正常和故障. 设 n 个 A 型部件的编号分别为 $1, 2, n-1$, 1 个 B 型部件的编号

为 n. 部件 $k \in \{1, 2, \cdots, n\}$ 的“邻居”为部件 $k+1$, $k-1$ 和 n, 而每一个部件都是 B 型部件的“邻居”.

(2) 系统中每个 A 型部件运行依赖于它的三个“邻居”. 当三个“邻居”中有 $l(l=0, 1, 2, 3)$ 个处于故障状态时, 部件寿命 Y_l 的分布函数为 $1-\mathrm{e}^{-\lambda_l t}(t \geqslant 0)$, 其中 $0<\lambda_0<\lambda_1<\lambda_2<\lambda_3$.

(3) 系统中 B 型部件运行依赖于它的 $(n-1)$ 个邻居. 用 $m(m \in \{0, 1, 2, \cdots, (n-1)\})$ 表示它的“邻居”故障个数. 当 $m \leqslant (n-1)/2$ 时, B 型部件的寿命分布为 $1-\mathrm{e}^{-\lambda_4 t}$; 当 $m>(n-1)/2$ 时, B 型部件的寿命分布为 $1-\mathrm{e}^{-\lambda_5 t}(t \geqslant 0)$, 其中 $0<\lambda_4<\lambda_5$.

(4) 初始时刻系统是新的, 每个部件都处于完好运行状态, 每个部件有专用的修理工, 一旦发生故障, 就能立刻进行维修且修复如新, 修复时间分布为 $1-\mathrm{e}^{-\mu t}(\mu>0)$. 假定所有随机变量相互独立.

(5) 当中心部件工作或中心部件故障且周边故障部件总个数 $m \leqslant (n-1)/2$ 时, 系统输出能满足顾客需求, 处于工作状态.

空间相依可修系统的状态既和每个部件的状态有关, 又与部件之间的拓扑结构有关, 较为复杂. 本章仅对六部件空间相依星形马尔可夫可修系统的可靠性进行分析.

10.3 六部件空间相依星形系统状态及状态间分析

10.3.1 系统状态

在本节中, 我们把和其他部件都相依的中间位置的部件叫做中心部件, 在空间上处于中心部件周围的部件叫做周边部件.

为了区分系统的不同状态, 我们定义 $\boldsymbol{X}^{(n)}(t)=(X_n(t): X_1(t), X_2(t), \cdots, X_{n-1}(t))$ $(t \geqslant 0)$ 为 n 部件系统在时刻 t 的状态, 其中 $X_n(t)$ 表示中心部件的状态, $X_1(t), X_2(t), \cdots, X_{n-1}(t)$ 表示 $n-1$ 个周边部件的表示状态.

令 $\boldsymbol{X}^{(6)}(t)=(X_6(t); X_1(t), X_2(t), \cdots, X_5(t))\,(t \geqslant 0)$ 表示系统在时刻 t 的状态, 其中 $X_i(t)=1(i=1, 2, \cdots, 6)$ 表示部件 i 在时刻 t 所处的状态. 由模型假设可知每个部件有故障和正常两种状态, 因此系统有 2^6 种基本状态. 又因为系统结构是对称的, 并且 A 型部件是同型的, 所以一些状态可以进行合并. 合并情况如下:

状态 0: $(1:1,1,1,1,1)$, 表示所有部件都正常;

状态 1: $(1:0,1,1,1,1)$, $(1:1,0,1,1,1)$, $(1:1,1,0,1,1)$, $(1:1,1,1,0,1)$, $(1:1,1,1,1,0)$, 表示中心部件工作, 一个周边部件故障;

状态 2: $(0:1,1,1,1,1)$, 表示中心部件故障, 所有周边部件工作;

状态 3: $(0:0,1,1,1,1)$, $(0:1,0,1,1,1)$, $(0:1,1,0,1,1)$, $(0:1,1,1,0,1)$, $(0:1,1,1,1,0)$, 表示中心部件及一个周边部件故障;

状态 4: $(1:0,0,1,1,1)$, $(1:1,1,0,0,1)$, $(1:1,1,1,0,0)$, $(1:0,1,1,1,0)$, 表示中心部件工作, 两个互为 “邻居” 的周边部件故障;

状态 5: $(1:0,1,0,1,1)$, $(1:1,0,1,0,1)$, $(1:1,1,0,1,0)$, $(1:0,1,1,0,1)$, $(1:1,0,1,1,0)$, 表示中心部件工作, 两个周边部件故障, 并且在这两个故障周边部件之间有一个正常部件;

在状态 4, 5 中, 把部件 n 的状态改为 1 可得状态 0 可得状态 6 和 7. 类似地可定义状态 8—15.

系统的 16 个不同状态, 如图 10.1 所示.

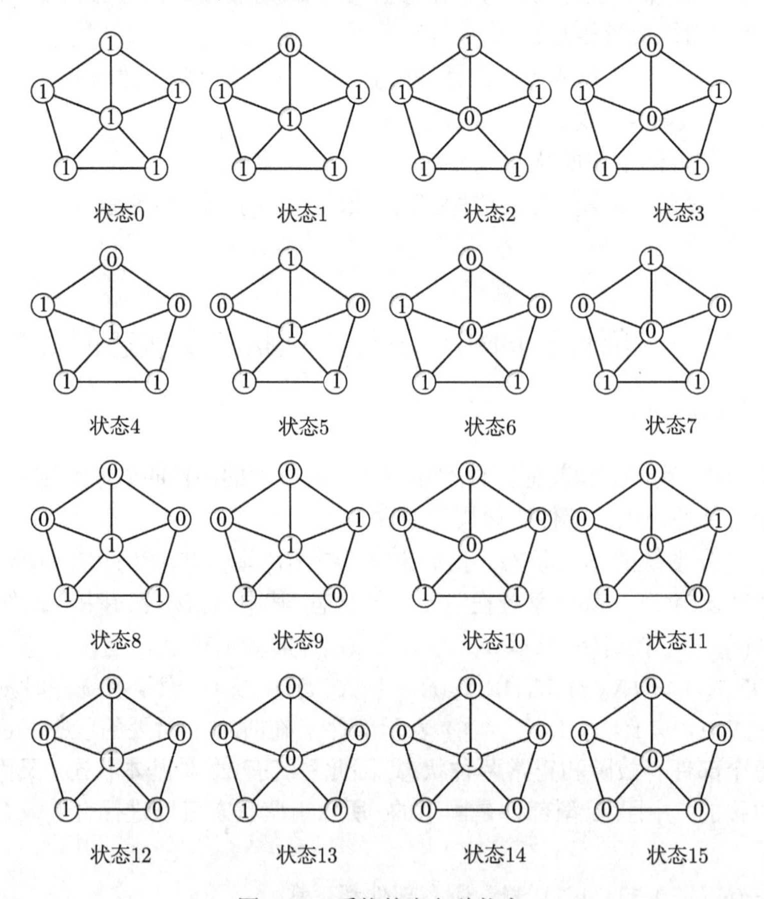

图 10.1 系统的十六种状态

由于部件的寿命和修理时间都是指数分布, 并且是相互独立的, $\boldsymbol{X}^{(6)}(t)=(X_6(t):$

$X_1(t), X_2(t), \cdots, X_5(t))(t \geqslant 0)$ 是时齐马尔可夫过程. 它的状态空间为 $S = \{(1:1,1,1,1,1),(1:0,1,1,1,1),(0:1,1,1,1,1),(0:0,1,1,1,1),(1:0,0,1,1,1),(1:0,1,0,1,1),(0:0,0,1,1,1),(0:0,1,0,1,1),(1:0,0,0,1,1),(1:0,0,1,0,1),(0:0,0,0,1,1),(0:0,0,1,0,1),(1:0,0,0,0,1),(0:0,0,0,0,1),(1:0,0,0,0,0),(0:0,0,0,0,0)\}$.

根据模型假设, 系统工作状态集为 $W = \{(1:1,1,1,1,1)\ (1:0,1,1,1,1),(0:1,1,1,1,1),(0:0,1,1,1,1),(1:0,0,1,1,1),(1:0,1,0,1,1),(0:0,0,1,1,1),(0:0,1,0,1,1),(1:0,0,0,1,1),(1:0,0,1,0,1),(0:0,0,1,0,1),(1:0,0,0,0,1),(1:0,0,0,0,0)\}$.

10.3.2 系统状态转移分析

本部分将对六部件空间相依星形马尔可夫可修系统状态转移的过程进行分析.

当系统处于状态 0 时, 所有部件均正常. 五个正常周边部件的寿命分布为 $1-\mathrm{e}^{-\lambda_0 t}$, 中心部件的寿命分布为 $1-\mathrm{e}^{-\lambda_4 t}$. 在 Δt 时间内, 五个正常周边部件中的任意一个故障时, 系统可转至状态 1, 转移概率为 $5\lambda_0\Delta t$; 中心部件故障时, 系统可转至状态 2, 转移概率为 $\lambda_4\Delta t$.

当系统处于状态 1 时, 中心部件正常, 一个周边部件故障. 故障部件的修复时间分布为 $1-\mathrm{e}^{-\mu t}$, 中心部件的寿命分布为 $1-\mathrm{e}^{-\lambda_4 t}$, 有两个正常周边部件的周边"邻居"一个正常, 一个故障, 寿命分布为 $1-\mathrm{e}^{-\lambda_1 t}$, 有两个正常周边部件的周边"邻居"都处于正常状态, 寿命分布为 $1-\mathrm{e}^{-\lambda_0 t}$. 在 Δt 时间内, 故障周边部件进行修复时, 系统可转至状态 0, 转移概率为 $\mu\Delta t$; 中心部件故障时, 系统可转至状态 3, 转移概率为 $\lambda_4\Delta t$; 周边"邻居"一个正常, 一个故障的两个正常周边部件中的任意一个故障时, 系统可转至状态 4, 转移概率为 $2\lambda_1\Delta t$; 周边"邻居"都处于正常状态的两个正常周边部件中的任意一个故障时, 系统可转至状态 5, 转移概率为 $2\lambda_0\Delta t$.

当系统处于状态 2 时, 中心部件故障, 所有周边部件正常. 故障部件的修复时间分布为 $1-\mathrm{e}^{-\mu t}$, 五个正常周边部件的寿命分布为 $1-\mathrm{e}^{-\lambda_1 t}$. 在 Δt 时间内, 中心部件进行修复时, 系统可转至状态 0, 转移概率为 $\mu\Delta t$; 五个正常周边部件中的任意一个故障时, 系统可转至状态 3, 转移概率为 $5\lambda_1\Delta t$.

当系统处于状态 3 时, 中心部件和一个周边部件故障. 故障部件的修复时间分布为 $1-\mathrm{e}^{-\mu t}$, 有两个正常周边部件的周边"邻居"一个正常, 一个故障, 寿命分布为 $1-\mathrm{e}^{-\lambda_2 t}$, 有两个正常周边部件的周边"邻居"都处于正常状态, 寿命分布为 $1-\mathrm{e}^{-\lambda_1 t}$. 在 Δt 时间内, 中心部件进行修复时, 系统可转至状态 1, 转移概率为 $\mu\Delta t$; 唯一故障的周边部件进行修复时, 系统可转至状态 2, 转移概率为 $\mu\Delta t$; 周边"邻居"一个正常, 一个故障的两个正常周边部件中的任意一个故障时, 系统可转至状态 6, 转移概率为 $2\lambda_2\Delta t$; 周边"邻居"都处于正常状态的两个正常周边部件中的任意一个故障时, 系统可转至状态 7, 转移概率为 $2\lambda_1\Delta t$.

当系统处于状态 4 时, 中心部件正常, 两个周边部件故障. 故障部件的修复时间分布为 $1-\mathrm{e}^{-\mu t}$, 中心部件的寿命分布为 $1-\mathrm{e}^{-\lambda_4 t}$, 有两个正常周边部件的周边 "邻居" 一个正常, 一个故障, 寿命分布为 $1-\mathrm{e}^{-\lambda_1 t}$, 有一个正常周边部件的周边 "邻居" 都处于正常状态, 寿命分布为 $1-\mathrm{e}^{-\lambda_0 t}$. 在 Δt 时间内, 两个故障周边部件中的任意一个进行修复时, 系统可转至状态 1, 转移概率为 $2\mu\Delta t$; 中心部件故障时, 系统可转至状态 6, 转移概率为 $\lambda_4\Delta t$; 周边 "邻居" 一个正常、一个故障的两个正常周边部件中的任意一个故障时, 系统可转至状态 8, 转移概率为 $2\lambda_1\Delta t$; 周边 "邻居" 都处于正常状态的一个正常周边部件故障时, 系统可转至状态 9, 转移概率为 $\lambda_0\Delta t$.

当系统处于状态 5 时, 中心部件正常, 两个周边部件故障. 故障部件的修复时间分布为 $1-\mathrm{e}^{-\mu t}$, 中心部件的寿命分布为 $1-\mathrm{e}^{-\lambda_4 t}$, 有一个正常周边部件的两个周边 "邻居" 均处于故障状态, 寿命分布为 $1-\mathrm{e}^{-\lambda_2 t}$, 有两个正常周边部件的周边 "邻居" 一个正常, 一个故障, 寿命分布为 $1-\mathrm{e}^{-\lambda_1 t}$. 在 Δt 时间内, 两个故障周边部件的修复中的任意一个进行修复, 系统可转至状态 1, 转移概率为 $2\mu\Delta t$; 中心部件故障时, 系统可转至状态 7, 转移概率为 $\lambda_4\Delta t$; 周边 "邻居" 均处于故障状态的正常周边部件故障时, 系统可转至状态 8, 转移概率为 $\lambda_2\Delta t$; 周边 "邻居" 一个正常, 一个故障的两个正常周边部件中的任意一个故障时, 系统可转至状态 9, 转移概率为 $2\lambda_1\Delta t$.

当系统处于状态 6 时, 中心部件和两个周边部件故障. 故障部件的修复时间分布为 $1-\mathrm{e}^{-\mu t}$, 有两个正常周边部件的周边 "邻居" 一个正常, 一个故障, 寿命分布为 $1-\mathrm{e}^{-\lambda_2 t}$, 有一个正常周边部件的周边 "邻居" 都处于正常状态, 其寿命分布为 $1-\mathrm{e}^{-\lambda_1 t}$. 在 Δt 时间内, 两个故障周边部件中的任意一个进行修复时, 系统可转至状态 3, 转移概率为 $2\mu\Delta t$; 故障中心部件进行修复时, 系统可转至状态 4, 转移概率为 $\mu\Delta t$; 周边 "邻居" 一个正常、一个故障的两个正常周边部件中的任意一个故障时, 系统可转至状态 10, 转移概率为 $2\lambda_2\Delta t$; 周边 "邻居" 都处于正常状态的一个正常周边部件故障时, 系统可转至状态 11, 转移概率为 $\lambda_1\Delta t$.

当系统处于状态 7 时, 中心部件和两个周边部件故障. 故障部件的修复时间分布为 $1-\mathrm{e}^{-\mu t}$, 有一个正常周边部件的周边 "邻居" 均处于故障状态, 寿命分布为 $1-\mathrm{e}^{-\lambda_3 t}$, 有两个正常周边部件的周边 "邻居" 一个正常, 一个故障, 寿命分布为 $1-\mathrm{e}^{-\lambda_2 t}$. 在 Δt 时间内, 两个故障周边部件中任意一个进行修复时, 系统可转至状态 3, 转移概率为 $2\mu\Delta t$; 故障中心部件进行修复时, 系统可转至状态 5, 转移概率为 $\mu\Delta t$; 周边 "邻居" 均处于故障状态的一个正常周边部件故障时, 系统可转至状态 10, 转移概率为 $\lambda_3\Delta t$; 周边 "邻居" 一个正常、一个故障的两个正常周边部件中的任意一个故障时, 系统可转至状态 11, 转移概率为 $2\lambda_2\Delta t$.

当系统处于状态 8 时, 中心部件正常, 三个周边部件故障. 故障部件的修复时

间分布为 $1-\mathrm{e}^{-\mu t}$, 中心部件的寿命分布为 $1-\mathrm{e}^{-\lambda_5 t}$, 有两个正常周边部件的周边"邻居"一个正常, 一个故障, 寿命分布为 $1-\mathrm{e}^{-\lambda_1 t}$. 在 Δt 时间内, 周边"邻居"一个正常、一个故障的两个故障周边部件中的任意一个进行修复时, 系统可转至状态 4, 转移概率为 $2\mu\Delta t$; 周边"邻居"均处于故障状态的一个故障周边部件进行修复时, 系统可转至状态 5, 转移概率为 $\mu\Delta t$; 中心部件故障时, 系统可转至状态 10, 转移概率为 $\lambda_5\Delta t$; 周边"邻居"一个正常、一个故障的两个正常周边部件中的任意一个故障时, 系统可转至状态 12, 转移概率为 $2\lambda_1\Delta t$.

当系统处于状态 9 时, 中心部件正常, 三个周边部件故障. 故障部件的修复时间分布为 $1-\mathrm{e}^{-\mu t}$, 中心部件的寿命分布为 $1-\mathrm{e}^{-\lambda_5 t}$, 有两个正常周边部件的周边"邻居"均处于故障状态, 寿命分布为 $1-\mathrm{e}^{-\lambda_2 t}$. 在 Δt 时间内, 周边"邻居"均处于正常状态的一个故障周边部件进行修复时, 系统可转至状态 4, 转移概率为 $\mu\Delta t$; 周边"邻居"一个正常、一个故障的两个故障周边部件中的任意一个进行修复时, 系统可转至状态 5, 转移概率为 $2\mu\Delta t$; 中心部件故障时, 系统可转至状态 11, 转移概率为 $\lambda_5\Delta t$; 周边"邻居"均处于故障状态的两个正常周边部件中的任意一个故障时, 系统可转至状态 12, 转移概率为 $2\lambda_2\Delta t$.

当系统处于状态 10 时, 中心部件和三个周边部件故障. 系统处于故障状态, 因而不能向其他故障部件个数更多的状态进行转移, 但是可以进行部件修复, 故障部件的修复时间分布为 $1-\mathrm{e}^{-\mu t}$. 在 Δt 时间内, 周边"邻居"一个正常、一个故障的两个故障周边部件中的任意一个进行修复时, 系统可转至状态 6, 转移概率为 $2\mu\Delta t$; 周边"邻居"均处于故障状态的一个故障周边部件进行修复时, 系统可转至状态 7, 转移概率为 $\mu\Delta t$; 故障中心部件进行修复时, 系统可转至状态 8, 转移概率为 $\mu\Delta t$.

当系统处于状态 11 时, 中心部件和三个周边部件故障. 系统处于故障状态, 因而不能向其他故障部件个数更多的状态进行转移, 但是可以进行部件修复, 故障部件的修复时间分布为 $1-\mathrm{e}^{-\mu t}$. 在 Δt 时间内, 周边"邻居"均处于正常状态的一个故障周边部件进行修复时, 系统可转至状态 6, 转移概率为 $\mu\Delta t$; 周边"邻居"一个正常、一个故障的两个故障周边部件中的任意一个进行修复时, 系统可转至状态 7, 转移概率为 $2\mu\Delta t$; 故障中心部件进行修复时, 系统可转至状态 9, 转移概率为 $\mu\Delta t$.

当系统处于状态 12 时, 中心部件正常, 四个周边部件故障. 故障部件的修复时间分布为 $1-\mathrm{e}^{-\mu t}$, 中心部件的寿命分布为 $1-\mathrm{e}^{-\lambda_5 t}$, 有一个正常周边部件的周边"邻居"均处于故障状态, 则其寿命分布为 $1-\mathrm{e}^{-\lambda_2 t}$. 在 Δt 时间内, 周边"邻居"一个正常、一个故障的两个故障周边部件中的任意一个进行修复时, 系统可转至状态 8, 转移概率为 $2\mu\Delta t$; 周边"邻居"均处于故障状态的两个故障周边部件中的任意一个进行修复时, 系统可转至状态 9, 转移概率为 $2\mu\Delta t$; 中心部件故障时, 系统可转至状态 13, 转移概率为 $\lambda_5\Delta t$; 周边"邻居"均处于故障状态的一个正常周边部件故障时, 中心部件故障时, 系统可转至状态 14, 转移概率为 $\lambda_2\Delta t$.

当系统处于状态 13 时, 中心部件和四个周边部件故障. 系统处于故障状态, 因而不能向其他故障部件个数更多的状态进行转移, 但是可以进行部件修复, 故障部件的修复时间分布为 $1-\mathrm{e}^{-\mu t}$. 在 Δt 时间内, 周边 "邻居" 有一个正常、一个故障的两个故障周边部件中的任意一个修复时, 系统可转至状态 10, 转移概率为 $2\mu\Delta t$; 周边 "邻居" 均处于故障状态的两个故障周边部件中的任意一个进行修复时, 系统可转至状态 11, 转移概率为 $2\mu\Delta t$; 故障中心部件进行修复时, 系统可转至状态 12, 转移概率为 $\mu\Delta t$.

当系统处于状态 14 时, 中心部件正常, 五个周边部件故障. 故障部件的修复时间分布为 $1-\mathrm{e}^{-\mu t}$, 中心部件的寿命分布为 $1-\mathrm{e}^{-\lambda_5 t}$. 在 Δt 时间内, 五个故障周边部件中的任意一个修复时, 系统可转至状态 12, 转移概率为 $5\mu\Delta t$; 中心部件故障时, 系统可转至状态 15, 转移概率为 $\lambda_5\Delta t$.

当系统处于状态 15 时, 中心部件和五个周边部件故障. 系统处于完全故障状态, 只可以进行部件修复, 故障部件的修复时间分布为 $1-\mathrm{e}^{-\mu t}$. 在 Δt 时间内, 五个故障周边部件中的任意一个修复时, 系统可转至状态 12, 转移概率为 $5\mu\Delta t$; 故障中心部件进行修复时, 系统可转至状态 14, 转移概率为 $\mu\Delta t$.

综上, 系统在 Δt 时间内的状态转移过程如图 10.2 所示. 为了简便, 在图 10.2 中略去了系统停留在原状态的概率.

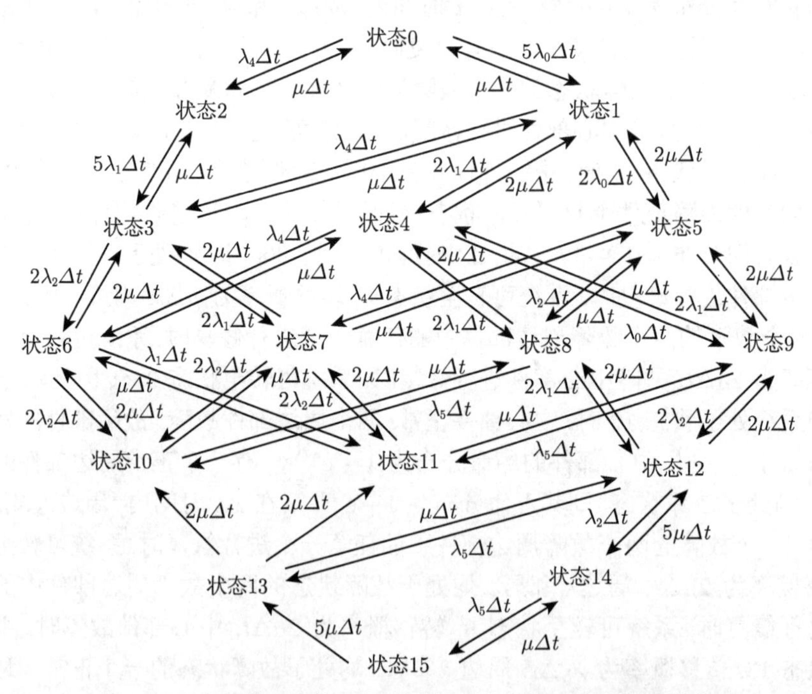

图 10.2 六部件空间相依星型马尔可夫可修系统状态转移图

把系统状态做如下排序：状态 0, 状态 1, 状态 2, 状态 3, 状态 4, 状态 5, 状态 6, 状态 7, 状态 8, 状态 9, 状态 10, 状态 11, 状态 12, 状态 13, 状态 14, 状态 15. 由图 10.2 可得系统的转移率矩阵为

$$\boldsymbol{Q}=\begin{pmatrix} \boldsymbol{A} & \boldsymbol{B} \\ \boldsymbol{C} & \boldsymbol{D} \end{pmatrix},$$

其中

$$\boldsymbol{A}=\begin{pmatrix}
-5\lambda_0-\lambda_4 & 5\lambda_0 & \lambda_4 & 0 & 0 & 0 & 0 & 0 \\
\mu & -\mu-\lambda_4-2\lambda_0 & 0 & \lambda_4 & 2\lambda_1 & 2\lambda_0 & 0 & 0 \\
\mu & 0 & -\mu-5\lambda_1 & 5\lambda_1 & 0 & 0 & 0 & 0 \\
0 & \mu & \mu & -2\mu-2\lambda_2-2\lambda_1 & 0 & 0 & 2\lambda_2 & 2\lambda_1 \\
0 & 2\mu & 0 & 0 & -2\mu-\lambda_4-2\lambda_1-\lambda_0 & 0 & \lambda_4 & 0 \\
0 & 2\mu & 0 & 0 & 0 & -2\mu-\lambda_4-2\lambda_1-\lambda_2 & 0 & \lambda_4 \\
0 & 0 & 0 & 2\mu & \mu & 0 & -3\mu-2\lambda_2-\lambda_1 & 0 \\
0 & 0 & 0 & 2\mu & 0 & \mu & 0 & -3\mu-\lambda_3-2\lambda_2
\end{pmatrix},$$

$$\boldsymbol{B}=\begin{pmatrix}
0 & 0 & 0 & 0 & 0 & 0 & 0 & 0 \\
0 & 0 & 0 & 0 & 0 & 0 & 0 & 0 \\
0 & 0 & 0 & 0 & 0 & 0 & 0 & 0 \\
0 & 0 & 0 & 0 & 0 & 0 & 0 & 0 \\
2\lambda_1 & \lambda_0 & 0 & 0 & 0 & 0 & 0 & 0 \\
\lambda_2 & 2\lambda_1 & 0 & 0 & 0 & 0 & 0 & 0 \\
0 & 0 & 2\lambda_2 & \lambda_1 & 0 & 0 & 0 & 0 \\
0 & 0 & \lambda_3 & 2\lambda_2 & 0 & 0 & 0 & 0
\end{pmatrix},$$

$$\boldsymbol{C}=\begin{pmatrix}
0 & 0 & 0 & 0 & 2\mu & \mu & 0 & 0 \\
0 & 0 & 0 & 0 & \mu & 2\mu & 0 & 0 \\
0 & 0 & 0 & 0 & 0 & 0 & 2\mu & \mu \\
0 & 0 & 0 & 0 & 0 & 0 & \mu & 2\mu \\
0 & 0 & 0 & 0 & 0 & 0 & 0 & 0 \\
0 & 0 & 0 & 0 & 0 & 0 & 0 & 0 \\
0 & 0 & 0 & 0 & 0 & 0 & 0 & 0 \\
0 & 0 & 0 & 0 & 0 & 0 & 0 & 0
\end{pmatrix}$$

$$
\boldsymbol{D}=\begin{pmatrix}
-3\mu-\lambda_5-2\lambda_1 & 0 & \lambda_5 & 0 & 2\lambda_1 & 0 & 0 & 0 \\
0 & -3\mu-\lambda_5-2\lambda_2 & 0 & \lambda_5 & 2\lambda_2 & 0 & 0 & 0 \\
\mu & 0 & -4\mu & 0 & 0 & 0 & 0 & 0 \\
0 & \mu & 0 & -4\mu & 0 & 0 & 0 & 0 \\
2\mu & 2\mu & 0 & 0 & -4\mu-\lambda_5-\lambda_2 & \lambda_5 & \lambda_2 & 0 \\
0 & 0 & 2\mu & 2\mu & \mu & -5\mu & 0 & 0 \\
0 & 0 & 0 & 0 & 5\mu & 0 & -5\mu-\lambda_5 & \lambda_5 \\
0 & 0 & 0 & 0 & 0 & 5\mu & \mu & -6\mu
\end{pmatrix}.
$$

10.4 系统可用度

定义 $\boldsymbol{P}(t)=((P_0(t),P_1(t),\cdots,P_{15}(t))$ 为六部件空间相依星形马尔可夫可修系统在 t 时刻的状态概率向量, 则它满足微分方程组

$$
\frac{\mathrm{d}\boldsymbol{P}(t)}{\mathrm{d}t}=\boldsymbol{P}(t)\boldsymbol{Q}, \tag{10.1}
$$

其中 $\boldsymbol{Q}$ 为六部件空间相依马尔可夫可修系统转移矩阵.

由于在初始时刻系统是新的, 上述微分方程的初始条件为

$$
\boldsymbol{P}(0)=(1,0,0,0,0,0,0,0,0,0,0,0,0,0,0,0).
$$

对方程组 (10.1) 两边做 L 变换, 得

$$
\boldsymbol{P}^*(s)=\boldsymbol{P}(0)(s\boldsymbol{I}-\boldsymbol{Q})^{-1}, \tag{10.2}
$$

其中 $\boldsymbol{P}^*(s)$ 为 $\boldsymbol{P}(t)$ 的 L 变换.

用 $A(t)$ 表示六部件空间相依星形马尔可夫系统在 t 时刻的瞬时可用度, 即系统处于工作状态的概率. 由式 (10.2) 和系统假设可得 $A(t)$ 的 L 变换为

$$
A^*(s)=\boldsymbol{P}(0)(s\boldsymbol{I}-\boldsymbol{Q})^{-1}\boldsymbol{\mu}, \tag{10.3}
$$

其中 $\boldsymbol{\mu}=(1,1,1,1,1,1,1,1,1,1,0,0,1,0,1,0)^{\mathrm{T}}$. 对 $A^*(s)$ 做逆 L 变换可得 $A(t)$.

系统的稳态可用度满足以下方程

$$\begin{cases}\boldsymbol{\pi Q}=(0,0,0,0,0,0,0,0,0,0,0,0,0,0,0,0,0,0,0,0,0,0,0,0,0),\\ \boldsymbol{\pi e}=1,\end{cases}\tag{10.4}$$

其中 $\boldsymbol{e}$ 为所有分量都为 1 的 16 维列向量, $\boldsymbol{Q}$ 为六部件空间相依马尔可夫可修系统转移矩阵, π 表示系统不同状态的稳态概率. 六部件空间相依星形马尔可夫可修系统的稳态可用度 $A=\pi\boldsymbol{\mu}$.

10.5 数 值 算 例

10.5.1 可用度分析

对六部件空间相依星形马尔可夫可修系统作如下假设: 当一个周边部件的三个"邻居"中有 0, 1, 2 和 3 个处于故障状态时, 其寿命分布分别为 $1-\mathrm{e}^{-1/8t}$, $1-\mathrm{e}^{-1/4t}$, $1-\mathrm{e}^{-1/2t}$ 和 $1-\mathrm{e}^{-t}$; 中心部件的"邻居"故障个数小于等于 2 个时, 其寿命分布为 $1-\mathrm{e}^{-3/2t}$, 中心部件的"邻居"故障个数大于 2 个时, 其寿命分布为 $1-\mathrm{e}^{-2t}$, 且每个部件的修理时间分布为 $1-\mathrm{e}^{-3/4t}$. 我们把 $\lambda_0=1/4,\lambda_1=2/3,\lambda_2=3/4,\lambda_3=1,\lambda_4=1/8,\lambda_5=1/5$ 和 $\mu=1/2$ 代入 $\boldsymbol{Q}$ 的表达式, 由式 (10.3), 用 Matlab 软件做 L 变换和逆 L 变换, 可得系统的瞬时可用度. 为了进行对比分析, 考虑六部件独立星形马尔可夫可修系统, 用类似方法可得其瞬时可用度. 两种系统瞬时可用度曲线如图 10.3 所示. 解方程组 (10.4) 可得相依系统和独立系统的稳态可用度分别为 $A=0.8591$, $A'=0.9986$.

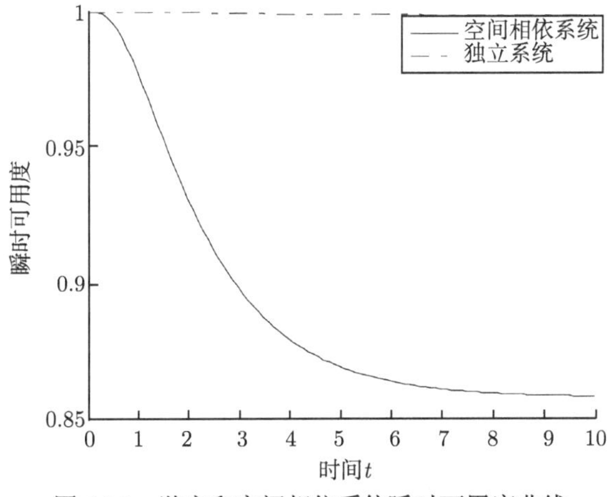

图 10.3 独立和空间相依系统瞬时可用度曲线

六部件的空间相依与独立系统可用度曲线对比表明：在部件寿命和修复时间分别相同的条件下，部件空间相依系统的稳态可用度要低于部件空间独立的稳态可用度，并且空间相依系统趋于稳定所需的时间较长.

10.5.2 系统访问四种状态集的概率

为了进一步研究系统特性，我们把系统的 16 种状态分为以下为四类：安全状态集、劣化状态集、警戒状态集和故障状态集. 四类状态集的定义如下.

安全状态：设系统中部件故障个数 $g \leqslant 2$ 时，系统处于安全状态. 根据定义，状态 0，状态 1，状态 2，状态 3，状态 4，状态 5 构成安全状态集.

劣化状态：状态 8，状态 9，状态 12.

警戒状态：状态 6，状态 7，状态 14.

故障状态：状态 10，状态 11，状态 13，状态 15.

由式 (10.2) 可得系统处于完全状态集、劣化状态集、警戒状态集和故障状态集的瞬时概率的 L 变换分别为

$$\boldsymbol{S}^*(s) = \boldsymbol{P}(0)(s\boldsymbol{I} - \boldsymbol{Q})^{-1}\boldsymbol{\mu}_1, \tag{10.5}$$

$$\boldsymbol{D}^*(s) = \boldsymbol{P}(0)(s\boldsymbol{I} - \boldsymbol{Q})^{-1}\boldsymbol{\mu}_2, \tag{10.6}$$

$$\boldsymbol{W}^*(s) = \boldsymbol{P}(0)(s\boldsymbol{I} - \boldsymbol{Q})^{-1}\boldsymbol{\mu}_3, \tag{10.7}$$

$$\boldsymbol{F}^*(s) = \boldsymbol{P}(0)(s\boldsymbol{I} - \boldsymbol{Q})^{-1}\boldsymbol{\mu}_4, \tag{10.8}$$

其中 $\boldsymbol{\mu}_1=(1,1,1,1,1,1,0,0,0,0,0,0,0,0,0,0)^{\mathrm{T}}$，$\boldsymbol{\mu}_2=(0,0,0,0,0,0,0,0,1,1,0,0,1,0,0,0)^{\mathrm{T}}$，$\boldsymbol{\mu}_3=(0,0,0,0,0,0,1,1,0,0,0,0,0,0,1,0)^{\mathrm{T}}$，$\boldsymbol{\mu}_4=(0,0,0,0,0,0,0,0,0,0,1,1,0,1,0,1)^{\mathrm{T}}$.

用 Matlab 软件做逆 L 变换，可得系统处于上述状态集的瞬时概率，其图像如图 10.4 所示. 系统处于四类状态集的稳态概率 $S = \boldsymbol{\pi}\boldsymbol{\mu}_1 = 0.3759$，$D = \boldsymbol{\pi}\boldsymbol{\mu}_2 = 0.3673$，$W = \boldsymbol{\pi}\boldsymbol{\mu}_3 = 0.1159$，$F = \boldsymbol{\pi}\boldsymbol{\mu}_4 = 0.1409$.

六部件空间相依星形马尔可夫可修系统访问四类状态集的瞬时概率曲线表明：

(1) 系统处于安全状态概率最大，处于劣化状态概率次之，警戒状态概率更小，处于故障状态概率最小；

(2) 在部件寿命和修复时间分别相同的条件下，处于安全状态的瞬时概率先递减，最后趋于稳定，而处于其他状态的瞬时概率先递增，最后趋于稳定.

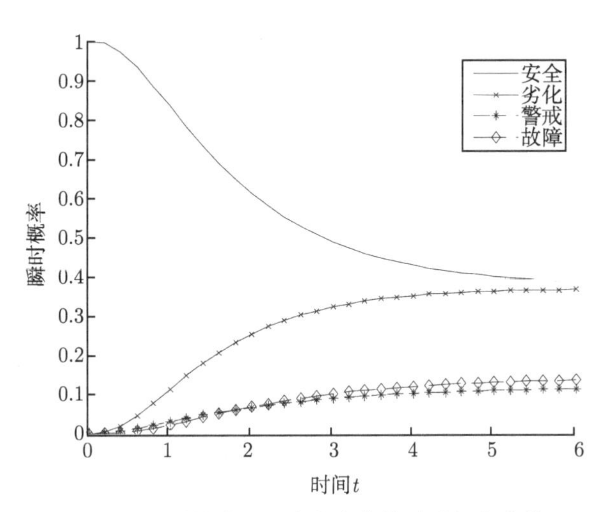

图 10.4 系统访问四类状态集的瞬时概率曲线

10.5.3 系统可靠性对部件故障率的敏感性分析

为了研究部件故障率的变化对系统可靠性的影响, 构造不同转移率矩阵 $\boldsymbol{Q}^{(i)}$ $(i=0,1,2,3,4,5)$. 在 $\boldsymbol{Q}^{(i)}$ 中 λ_i 改变, $\lambda_j(j\neq i)$ 保持不变. 具体的构造方法如下: 令故障率 $\lambda_0/\lambda_1/\lambda_2/\lambda_3/\lambda_4/\lambda_5$ 分别从 0.2/0.68/0.76/1/0.1/0.13 以步长 0.02/0.01/0.02/0.02/0.002/0.01 增加到 0.64/0.76/0.96/1.4/0.124/0.2, 初始值 $\lambda_0=1/4,\lambda_1=2/3,\lambda_2=3/4,\lambda_3=1,\lambda_4=1/8,\lambda_5=1/5$. 用类似于 10.5.2 的方法可得系统处于各类状态集的稳态概率随故障率变化的曲线. 如图 10.5—图 10.10 所示.

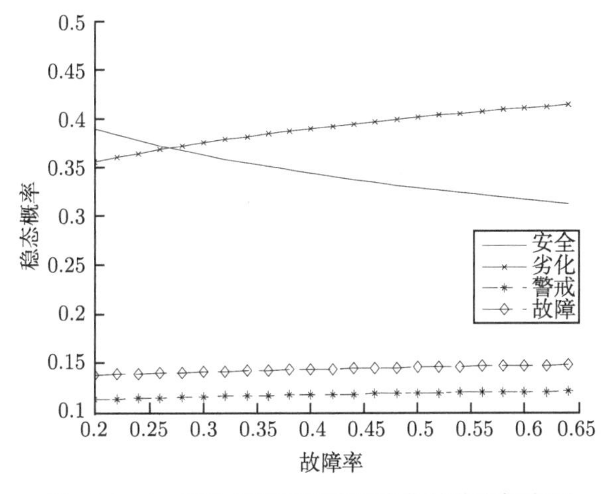

图 10.5 λ_0 变化情形下四类状态集的稳态概率图

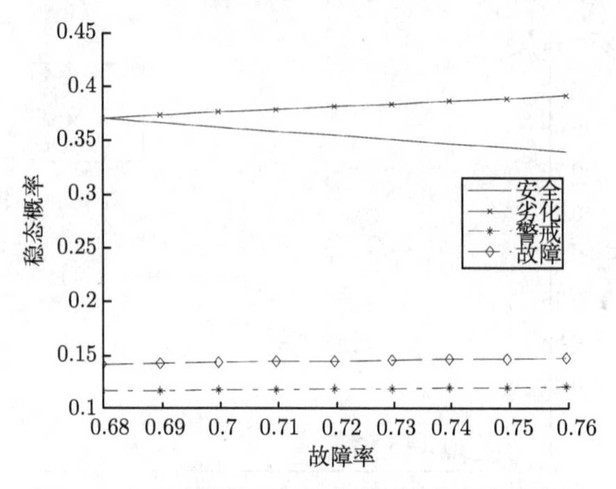

图 10.6　λ_1 变化情形下四类状态集的稳态概率图

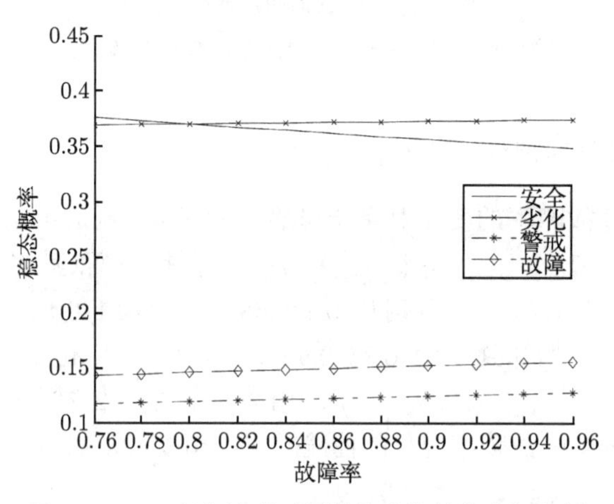

图 10.7　λ_2 变化情形下四类状态集的稳态概率图

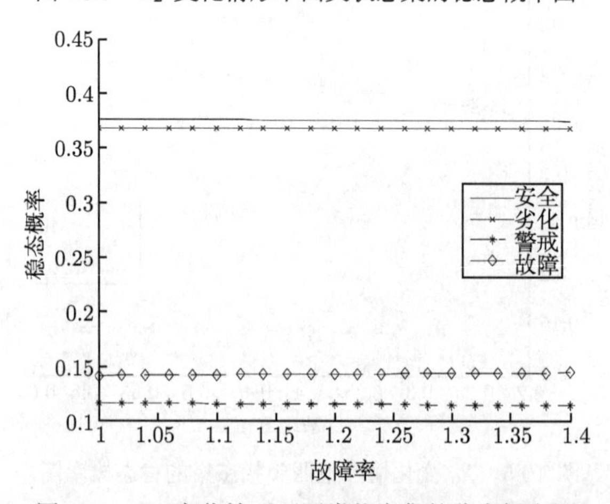

图 10.8　λ_3 变化情形下四类状态集的稳态概率图

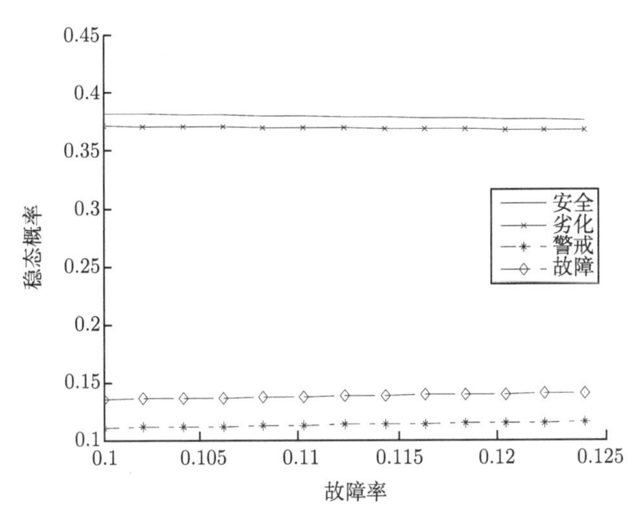

图 10.9 λ_4 变化情形下四类状态集的稳态概率图

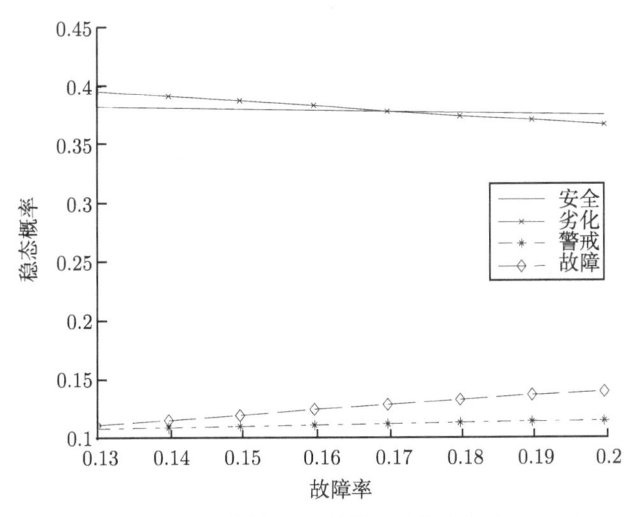

图 10.10 λ_5 变化情形下四类状态集的稳态概率图

由图 10.5— 图 10.10 可得

(1) 系统处于安全状态集的稳态概率对 λ_0, λ_1 和 λ_2 的变化较为敏感, 对 λ_3, λ_4 和 λ_5 的变化不敏感, 它随 λ_0, λ_1 和 λ_2 的增大而减小;

(2) 系统处于劣化状态集的稳态概率对 λ_0, λ_1 和 λ_5 的变化较为敏感, 对 λ_2, λ_3 和 λ_4 的变化不敏感, 它随 λ_0, λ_1 的增大而增大, 随 λ_5 的增大而减小;

(3) 系统处于警戒状态集的稳态概率对 λ_0, λ_1, λ_2, λ_3, λ_4 和 λ_5 的变化都不敏感;

(4) 系统处于故障状态集的概率对 λ_5 的变化稍显敏感, 对 λ_0, λ_1, λ_2, λ_3 和 λ_4

的变化都不敏感, 它随 λ_5 的增大而缓慢增大.

10.6 结　论

本章建立了空间相依星形马尔可夫可修系统模型, 运用概率分析、L 变换方法、马尔可夫过程理论对系统进行了可靠性分析, 得到了他们的瞬时可用度和稳态可用度. 同时对系统处于不同状态集中的稳态概率进行了研究, 分析了它们对不同故障率的敏感程度. 通过数值算例说明了结论的应用.

本章仅对六部件空间相依星型马尔可夫可修系统进行了可靠性分析. 在进一步的研究中, 可考虑 n 部件空间相依星形马尔可夫可修系统的可靠性度量问题. 也可考虑其他结构下 (二维和三维点阵等) 的空间相依系统建模与可靠性研究问题.

参考文献

王丽英, 司书宾. 空间相依圆形马尔可夫可修系统可靠性分析. 西北工业大学学报, 2014, 32(6): 923~928.

Amari V S, Krishna M B, Pham H. 2008. Tampered failure fate load-sharing systems: status and perspectives. Handbook of Performability Engineering. London: Springer: 291~308.

Ball F, Milne R K, Yeo G F. 2002. Multivariable semi-Markov analysis of burst properties of multi-conductance single ion channels. Journal of Applied Probability, 39(1): 179~196.

Barros A, Berenguer C, Grall A. 2003. Optimization of replacement times using imperfect monitoring information. IEEE Transactions on Reliability, 52(4): 523~533.

Fiondella L, Xing L D. 2015. Discrete and continuous reliability models for systems with identically distributed correlated components. Reliability Engineering and System Safety, 133: 1~10.

Fu J C. 1986. Reliability of Consecutive-k-out-of-n:F Systems with $(k-1)$-step Markov Dependence. IEEE Transactions on Reliability, 35(5): 602~606.

Iyer R K, Rossetti D P. 1986. A measurement-based model for workload dependency of CPU errors. IEEE Transactions on Computer, C-35(6): 511~519.

Jain M, Gupta R. 2012. Load sharing M-out of-N: G system with non-identical components subject to common cause failure. Int. J. Mathematics in Operational Research, 4(5): 586~605.

Kapur K C, Lamberson L R. 1977. Reliability in Engineering Design. New York: Wiley.

Kotz S, Lai C D, Xie M. 2003. On the effect of redundancy for systems with dependent components. IIE Transactions, 35(12): 1103~1110.

Levitin G, Xing L D. 2010. Reliability and performance of multi-state systems with propagated failures having selective effect. Reliability Engineering and System Safety, 95(6): 655～661.

Li C Y, Chen X, Yi X S, Tao J Y. 2010. Heterogeneous redundancy optimization for multi-state series——parallel systems subject to common cause failures. Reliability Engineering and System Safety, 95(3): 202～207.

Lisnianski A, Lcvitin G. 2003. Multi-State System Reliability, Assessment, Optimization and Application. Singapore: World Scientific Publishing Co. Pte. Ltd.

Maaroufi G, Chelbi A, Rezg N. 2013. Optimal selective renewal policy for systems subject to propagated failures with global effect and failure isolation phenomena. Reliability Engineering and System Safety, 114(6): 61～70.

Ramirez-Marquez J E, Coit D W. 2007. Optimization of system reliability in the presence of common cause failures. Reliability Engineering and System Safety, 92(10): 1421～1434.

Wang LY, Cui L R. 2011. Aggregated semi-Markov repairable systems with history-dependent up and down states. Mathematical and Computer Modelling, 53(5-6): 883～895.

Wang LY, Si S B. 2014. Reliability analysis of circular Markov repairable systems with spatial dependence. Journal of northwestern polytechnical university, 32(6): 923～928.

Wang L Y, Jia X J, Zhang J. 2013. Reliability evaluation for Multi-State Markov repairable systems with redundant dependencies. Quality Technology and Quantitative Management, 10(3): 277～289.

Widder D V. 1946. The Laplace Transform. Princeton: Princeton University Press.

Xiao G, Li Z Z. 2008. Estimation of dependability measures and parameter sensitivities of a consecutive k-out-of-n:F repairable system with $(k-1)$-step Markov dependence by simulation. IEEE Transactions on Reliability, 57(1): 71～83.

Xing L D, Shrestha A, Dai Y S. 2011. Exact combinatorial reliability analysis of dynamic systems with sequence-dependent failures. Reliability Engineering and System Safety, 96(10): 1375～1385.

Yu H Y, Chu C B, Chatelet E, et al. 2007. Reliability optimization of a redundant system with failure dependencies. Reliability Engineering and System Safety, 92(12): 1627～1634.

Yun W Y, Kima G R, Yamamoto H. 2007. Economic design of a circular consecutive-k-out-of-n:F system with $(k-1)$-step Markov dependence. IEEE Transactions on Reliability, 92(4): 464～478.

Zhou Y F, Zhang Z S, Lin T R, Ma L. 2013. Maintenance optimization of a multi-state series——parallel system considering economic dependence and state-dependent inspection intervals. Reliability Engineering and System Safety, 111: 248～259.

第 11 章 空间相依网格马尔可夫可修系统可靠性分析

本章将考虑空间相依网格马尔可夫可修系统的可靠性分析问题.

11.1 系统假设

11.1.1 六部件空间相依网格马尔可夫可修系统假设

六部件空间相依网格马尔可夫可修系统模型如下:

(1) 六部件网格系统由六个相同的部件组成, 它们排列在两条线上, 每条线上有 3 个部件. 处于第 $i(i=1,2)$ 行第 $k(k=1,2,3)$ 个部件表示为 ik. 部件 ik 的 "邻居" 分别为 $i(k-1)$, $i(k+1)$ 和 $i'k(i' \in \{1,2\}, i' \neq i)$. 值得注意的是, 处于两线的端点处的 4 个部件有 2 个 "邻居", 一个位于同一条线上, 另一个位于另一条线上.

(2) 每个部件有 2 种状态: 工作和故障. 每个部件的运行依赖于它 "邻居" 中的故障部件数和另一条线上的故障部件数. 令 $l(0 \leqslant l \leqslant 3)$ 表示部件的 "邻居" 中的处于故障的部件数, $m(0 \leqslant m \leqslant 3)$ 表示另一条线上的故障部件数. 部件的寿命分布服从参数为 λ 的指数分布, λ 是 l 和 m 的函数, 其定义如下:

$$\lambda = \begin{cases} \lambda_l, & m \leqslant 1, l \leqslant 3, \\ \lambda_{l+1}, & m = 2, l \leqslant 2, \\ \lambda_3, & m = 2, l = 3, \\ \lambda_3, & m = 3, l \leqslant 3, \end{cases} \tag{11.1}$$

其中 $0 < \lambda_0 < \lambda_1 < \lambda_2 < \lambda_3$. 当 $m \leqslant 1$ 时, 部件的故障率变化只依赖于它的 "邻居" 中处于故障状态的部件数. 当 $m = 2$ 时, 部件的故障率变化不仅依赖它的 "邻居" 中的故障部件数, 还依赖于另一条线上的故障部件数. 当 $m = 3$ 时, 部件的故障率是最大的, 为 λ_3.

(3) 初始时刻所有部件都是新的, 故障部件修复后其寿命分布与新部件一样. 每个部件有自己专门的的修理设备. 6 个部件故障后修复时间分布都服从参数为 μ 的指数分布. 假定 6 个部件的寿命分布和故障后修复时间分布是相互独立的.

在本章中没有特殊情况, 我们将会用 "系统" 来表示六部件空间相依网格马尔可夫可修系统.

11.1.2 系统的状态

我们用 $\boldsymbol{X}(t)=\begin{pmatrix} X_{11}(t) & X_{12}(t) & X_{13}(t) & X_{21}(t) & X_{22}(t) & X_{23}(t) \end{pmatrix}$ $(t\geqslant 0)$ 表示系统的状态. 根据部件 ik 处于工作状态或故障状态, 可定义 $X_{ik}(t)=1$ 或 $0(i\in\{1,2\},k\in\{1,2,3\})$. 系统的所有时间变量都相互独立, 且服从指数分布, 因此 $X(t)\,(t\geqslant 0)$ 是个连续时间马尔可夫过程. 它的状态空间是 $\boldsymbol{S}=\{0,1\}^6$. 显然 $\boldsymbol{S}$ 中含有 2^6 个元素, 我们称它们为基本状态. 根据网格结构的对称性, $\boldsymbol{S}$ 可合并至 24 个状态, 称为 $\tilde{\boldsymbol{S}}$. 这 24 个状态如图 11.1 所示.

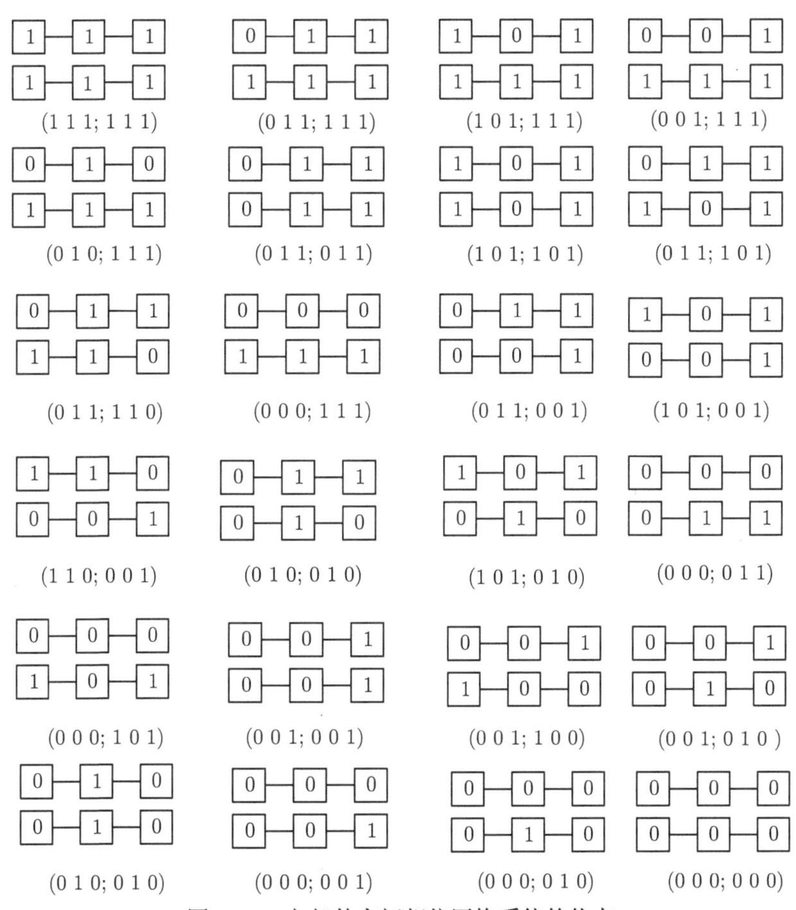

图 11.1 六部件空间相依网格系统的状态

状态 (1 1 1;1 1 1) 表示系统所有部件都处于工作状态.

状态 (0 1 1;1 1 1) 表示一条线上处于端点处的部件是故障部件, 另一条线上 3 个部件是正常部件. 可表示状态 (1 1 0;1 1 1), (1 1 1;0 1 1) 和 (1 1 1;1 1 0).

状态 (1 0 1;1 1 1) 表示一条线上处于中间位置的部件是故障部件, 另一条线上的 3 个部件处于工作状态. 可表示状态 (1 1 1;1 0 1).

状态 (0 0 1;1 1 1) 表示同一条线上的两个相邻部件故障. 可表示状态 (1 0 0;1 1 1), (1 1 1;0 0 1) 和 (1 1 1;1 0 0).

状态 (1 0 1;1 1 1) 表示一条线上位于两端点处 2 个部件处于故障状态, 另一条线上的 3 个部件处于工作状态. 可表示状态 (1 1 1;1 0 1).

状态 (0 1 1;0 1 1) 表示两条线同一侧 2 个端点处的部件处于故障状态, 其他部件处于工作状态. 可表示状态 (1 1 0;1 1 0).

状态 (1 0 1;1 0 1) 表示每条线中间的部件处于故障状态, 其他部件处于工作状态. 状态 (0 1 1;1 0 1) 表示有 2 个位于不同线上的部件处于故障状态, 1 个位于一条线的端点处, 另 1 个位于另一条线的中间. 它可以表示 4 种状态, 其他三个为 (1 1 0;1 0 1), (1 0 1;0 1 1), (1 0 1;1 1 0).

状态 (0 1 1;1 1 0) 表示位于两条线不同侧端点处的 2 个部件处于故障状态, 其余的部件处于工作状态. 可表示状态 (1 1 0; 0 1 1).

状态 (0 0 0;1 1 1) 表示一条线上的 3 个部件处于故障状态, 另一条线上的 3 个部间处于工作状态. 可表示状态 (1 1 1;0 0 0).

状态 (0 1 1;0 0 1) 表示位于一条线上端点处的 1 个部件处于故障状态, 另一条线同一侧的 2 个相邻部件处于故障状态, 其余部件处于工作状态. 此状态可表示 4 种状态, 其他 3 个为 (1 1 0;1 0 0), (0 0 1;0 1 1), (1 0 0;1 1 0).

该系统的其他状态根据 0 和 1 的对称性可被定义. 令 $\tilde{\boldsymbol{X}}(t)$ 是定义在状态空间 $\tilde{S}$ 上的马尔可夫过程, 我们称它为 $\boldsymbol{X}(t)$ 的聚合过程.

11.2 系统的状态转移分析

当系统处于状态 (0 1 1;1 1 1) 时, 可转移到状态 (0 0 1;1 1 1) 或 (0 1 1;0 1 1). 此时与故障部件相邻的工作部件故障. 在这种情况下, 该部件有一个故障的 “邻居”, 转移率为 λ_1. 从状态 (1 1 1;1 1 1) 转移到状态 (0 1 1;1 1 1) 需要四个位于两条线端点处的工作部件中的任意一个故障, 该工作部件没有故障 “邻居”, 因此转移率为 $4\lambda_0$.

当系统处于状态 (0 1 1;0 1 1) 时, 可转移至状态 (0 1 1;0 0 1). 此时与故障部件相邻的两个个工作部件中的任意一个故障, 该工作部件有一个故障 “邻居”, 因此转移率为 $2\lambda_1$. 从状态 (0 1 1;0 1 1) 到状态 (0 1 1;0 1 0) 的转移需要两个位于另一侧两个端点处的工作部件中的任意一个故障, 该工作部件没有故障 “邻居”, 因此转移率为 $2\lambda_0$.

当系统处于状态 (1 0 1;0 1 0), 可转移到状态 (0 0 0;1 0 1). 此时处于一条线的中间位置的工作部件故障, 这种情况下, 该工作部件有三个故障 “邻居”, 因此转移

率为 λ_3.

当系统处于状态 (1 0 1;0 1 0) 时, 可转移到状态 (0 0 1;0 1 0). 此时同一条线上两个端点处的工作部件中任意一个部件故障, 该工作部件有两个故障 “邻居”, 且另一条线上有两个故障部件, 即 $m=2, l=2$, 所以转移率为 $2\lambda_3$.

状态 (0 1 1;0 1 1) 到状态 (0 1 1;1 1 1) 的转移需要把两个故障部件中任意一个维修完成, 转移率为 2μ. 状态 (0 0 1;1 1 1) 转移至状态 (0 1 1;1 1 1) 需要处于中间位置的故障部件维修完成, 转移率为 μ. 状态 (0 1 1;0 1 0) 到状态 (0 1 1;0 1 1) 的转移需要没有故障 “邻居” 的故障部件维修完成, 转移率为 μ. 状态 (0 1 0;0 1 0) 转移至状态 (0 1 1;0 1 0) 需要四个故障部件中任意一个维修完成, 转移率为 4μ.

用同样的方法, 可以分析该系统中其他状态间的转移. 系统 24 个状态间的转移如图 11.2 所示.

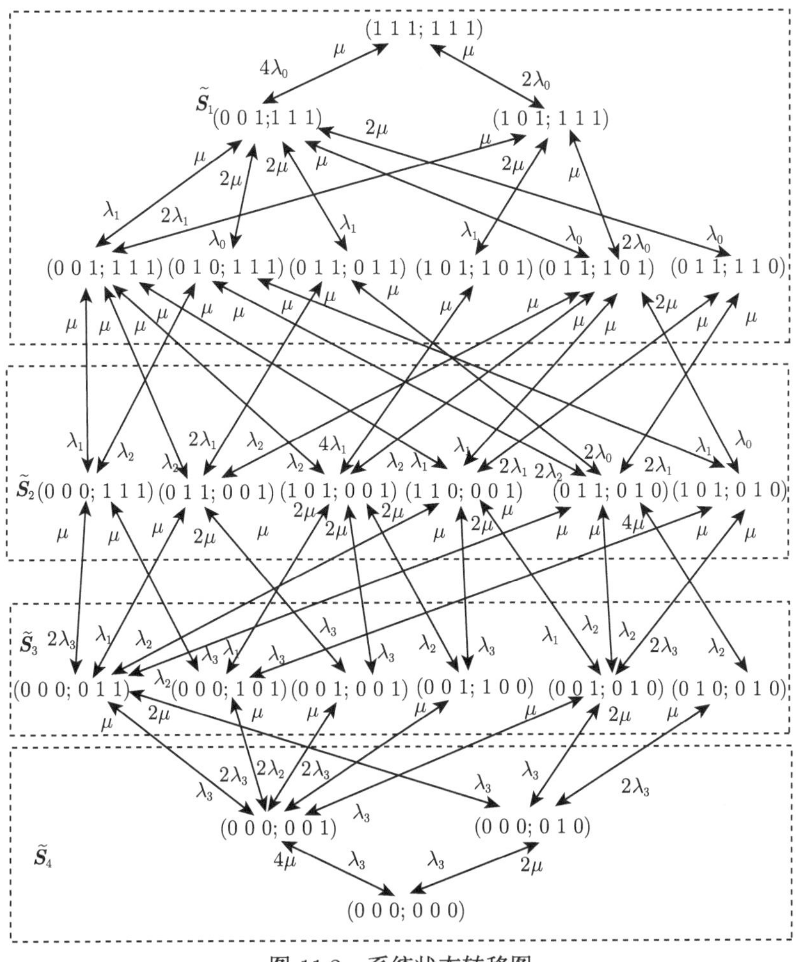

图 11.2 系统状态转移图

从上至下, 从左至右给系统的状态依次编号, 构成 $\{1,2,\cdots,24\}$, 并用 $\tilde{\boldsymbol{S}}$ 表示. 令 $\boldsymbol{Q}=(q_{ij})(i,j\in\tilde{\boldsymbol{S}})$ 为 $\tilde{\boldsymbol{X}}(t)$ 的转移率矩阵. 把 $\tilde{\boldsymbol{S}}$ 分成个子集, 分别为 $\tilde{\boldsymbol{S}}_1=\{1,29\},\tilde{\boldsymbol{S}}_2=\{10,11,\cdots,15\},\tilde{\boldsymbol{S}}_3=\{16,17,\cdots,21\},\tilde{\boldsymbol{S}}_4=\{22,23,24\}$(如图 11.2 所示). 它们的含义如下: 安全状态, 故障部件个数至多为 2 个; 劣化状态, 故障部件数是 3 个; 警戒状态, 该系统的故障部件数是 4 个; 故障状态, 故障部件数大于 4 个.

转移率矩阵 $\boldsymbol{Q}$ 可以表示如下:

$$\boldsymbol{Q}=\begin{pmatrix}\boldsymbol{Q}_{11}&\boldsymbol{Q}_{12}&\boldsymbol{Q}_{13}&\boldsymbol{Q}_{14}\\\boldsymbol{Q}_{21}&\boldsymbol{Q}_{22}&\boldsymbol{Q}_{23}&\boldsymbol{Q}_{24}\\\boldsymbol{Q}_{31}&\boldsymbol{Q}_{32}&\boldsymbol{Q}_{33}&\boldsymbol{Q}_{34}\\\boldsymbol{Q}_{41}&\boldsymbol{Q}_{42}&\boldsymbol{Q}_{43}&\boldsymbol{Q}_{44}\end{pmatrix},$$

其中 $\boldsymbol{Q}_{ii}(i=1,2,3,4)$ 是状态集 $\tilde{\boldsymbol{S}}_i$ 内状态间的转移率矩阵, $\boldsymbol{Q}_{ij}(i\neq j,i,j=1,2,3,4)$ 是从状态集 $\tilde{\boldsymbol{S}}_i$ 到状态集 $\tilde{\boldsymbol{S}}_j$ 状态间的转移率矩阵.

由图 11.2 可得, $\boldsymbol{Q}_{ij}(i,j=1,2,3,4)$ 如下:

$$\boldsymbol{Q}_{11}=\begin{pmatrix}-6\lambda_0&4\lambda_0&2\lambda_0&0&0&0&0&0&0\\\mu&-\mu-3\lambda_0-2\lambda_1&0&\lambda_1&\lambda_0&\lambda_1&0&\lambda_0&\lambda_0\\\mu&0&-\mu-2\lambda_0-3\lambda_1&2\lambda_1&0&0&\lambda_1&2\lambda_0&0\\0&\mu&\mu&-2\mu-2\lambda_1-2\lambda_2&0&0&0&0&0\\0&2\mu&0&0&-2\mu-\lambda_1-3\lambda_2&0&0&0&0\\0&2\mu&0&0&0&-2\mu-2\lambda_0-2\lambda_1&0&0&0\\0&0&2\mu&0&0&0&-2\mu-4\lambda_1&0&0\\0&\mu&\mu&0&0&0&0&-2\mu-\lambda_0-\lambda_1-2\lambda_2&0\\0&2\mu&0&0&0&0&0&0&-2\mu-4\lambda_1\end{pmatrix},$$

$$
\boldsymbol{Q}_{12}=\begin{pmatrix}
0 & 0 & 0 & 0 & 0 & 0\\
0 & 0 & 0 & 0 & 0 & 0\\
0 & 0 & 0 & 0 & 0 & 0\\
\lambda_1 & \lambda_2 & \lambda_2 & \lambda_1 & 0 & 0\\
\lambda_2 & 0 & 0 & 0 & 2\lambda_2 & \lambda_1\\
0 & 2\lambda_1 & 0 & 0 & 2\lambda_0 & 0\\
0 & 0 & 4\lambda_1 & 0 & 0 & 0\\
0 & \lambda_2 & \lambda_2 & \lambda_1 & 0 & \lambda_0\\
0 & 0 & 0 & 2\lambda_1 & 2\lambda_1 & 0
\end{pmatrix},
$$

$$
\boldsymbol{Q}_{21}=\begin{pmatrix}
0 & 0 & 0 & 2\mu & \mu & 0 & 0 & 0 & 0\\
0 & 0 & 0 & \mu & 0 & \mu & 0 & \mu & 0\\
0 & 0 & 0 & \mu & 0 & 0 & \mu & \mu & 0\\
0 & 0 & 0 & \mu & 0 & 0 & 0 & \mu & \mu\\
0 & 0 & 0 & 0 & \mu & \mu & 0 & 0 & \mu\\
0 & 0 & 0 & 0 & \mu & 0 & 0 & 2\mu & 0
\end{pmatrix},
$$

$$
\boldsymbol{Q}_{22}=\begin{pmatrix}
-3\mu-3\lambda_3 & 0 & 0 & 0 & 0 & 0\\
0 & -3\mu-2\lambda_1-\lambda_3 & 0 & 0 & 0 & 0\\
0 & 0 & -3\mu-\lambda_1-\lambda_2-\lambda_3 & 0 & 0 & 0\\
0 & 0 & 0 & -3\mu-2\lambda_2-\lambda_3 & 0 & 0\\
0 & 0 & 0 & 0 & -3\mu-3\lambda_2 & 0\\
0 & 0 & 0 & 0 & 0 & -3\mu-3\lambda_3
\end{pmatrix},
$$

$$
\boldsymbol{Q}_{23}=\begin{pmatrix}
2\lambda_3 & \lambda_3 & 0 & 0 & 0 & 0\\
\lambda_1 & 0 & \lambda_3 & 0 & \lambda_1 & 0\\
0 & \lambda_1 & \lambda_3 & \lambda_2 & 0 & 0\\
\lambda_2 & 0 & 0 & \lambda_3 & \lambda_2 & 0\\
\lambda_2 & 0 & 0 & 0 & \lambda_2 & \lambda_2\\
0 & \lambda_3 & 0 & 0 & 2\lambda_3 & 0
\end{pmatrix},
$$

$$
\boldsymbol{Q}_{32}=\begin{pmatrix}
\mu & \mu & 0 & \mu & \mu & 0\\
\mu & 0 & 2\mu & 0 & 0 & \mu\\
0 & 2\mu & 2\mu & 0 & 0 & 0\\
0 & 0 & 2\mu & 2\mu & 0 & 0\\
0 & \mu & 0 & \mu & \mu & \mu\\
0 & 0 & 0 & 0 & 4\mu & 0
\end{pmatrix},
$$

$$
\boldsymbol{Q}_{33}=\begin{pmatrix}
-4\mu-2\lambda_3 & 0 & 0 & 0 & 0 & 0\\
0 & -4\mu-2\lambda_3 & 0 & 0 & 0 & 0\\
0 & 0 & -4\mu-2\lambda_2 & 0 & 0 & 0\\
0 & 0 & 0 & -4\mu-2\lambda_3 & 0 & 0\\
0 & 0 & 0 & 0 & -4\mu-2\lambda_3 & 0\\
0 & 0 & 0 & 0 & 0 & -4\mu-2\lambda_3
\end{pmatrix},
$$

$$
\boldsymbol{Q}_{34}=\begin{pmatrix}
\lambda_3 & \lambda_3 & 0\\
2\lambda_3 & 0 & 0\\
2\lambda_2 & 0 & 0\\
2\lambda_3 & 0 & 0\\
\lambda_3 & \lambda_3 & 0\\
0 & 2\lambda_3 & 0
\end{pmatrix},\quad
\boldsymbol{Q}_{44}=\begin{pmatrix}
-5\mu-\lambda_3 & 0 & \lambda_3\\
0 & -5\mu-\lambda_3 & \lambda_3\\
4\mu & 2\mu & -6\mu
\end{pmatrix},
$$

$$
\boldsymbol{Q}_{43}=\begin{pmatrix}
\mu & \mu & \mu & \mu & \mu & 0\\
2\mu & 0 & 0 & 0 & 2\mu & \mu\\
0 & 0 & 0 & 0 & 0 & 0
\end{pmatrix}.
$$

其他的没有列出来的子矩阵是零矩阵.

11.3　系统可用度分析

假设 $\boldsymbol{P}(t)$ 表示在 t 时刻状态概率分布, 则 $\boldsymbol{P}(t)$ 是下列微分方程组的解:

$$
\frac{\mathrm{d}\boldsymbol{P}(t)}{\mathrm{d}t}=\boldsymbol{P}(t)\boldsymbol{Q}, \tag{11.2}
$$

初始条件为 $\boldsymbol{P}(0)=(1,0,0,0,0,0,0,0,0,0,0,0,0,0,0,0,0,0,0,0,0,0,0,0)$.

根据初始条件, 对式 (11.2) 的两端做 L 变换得

$$
\boldsymbol{P}^*(s)=\boldsymbol{P}(\boldsymbol{0})(s\boldsymbol{I}-\boldsymbol{Q})^{-1}, \tag{11.3}
$$

其中 $\boldsymbol{P}^*(s)$ 是 $\boldsymbol{P}(t)$ 的 L 变换.

多状态系统的可用状态是性能输出可满足客户需求的状态. 设系统 6 个部件中工作部件大于等于 2 时, 满足客户需求. 因此该系统可用状态是 $\tilde{\boldsymbol{S}}_1\bigcup\tilde{\boldsymbol{S}}_2\bigcup\tilde{\boldsymbol{S}}_3$. 令 $A(t)$ 为系统在 t 时刻处于可用状态的概率, 即系统的瞬时可用度, 根据式 (11.3) 可得 $A(t)$ 的 L 变换为

$$\boldsymbol{A}^*(s)=\boldsymbol{P}(\boldsymbol{0})(s\boldsymbol{I}-\boldsymbol{Q})^{-1}\boldsymbol{\mu}, \tag{11.4}$$

其中 $\boldsymbol{\mu}=(1,1,1,1,1,1,1,1,1,1,1,1,1,1,1,1,1,1,1,1,1,0,0,0)^{\mathrm{T}}$. 反演上式可求得 $A(t)$.

用 $\boldsymbol{\pi}$ 表示该系统的稳态分布. 求解下面的方程组, 可得 $\boldsymbol{\pi}$,

$$\begin{cases}\boldsymbol{\pi Q}=(0,0,0,0,0,0,0,0,0,0,0,0,0,0,0,0,0,0,0,0,0,0,0,0),\\ \boldsymbol{\pi e}=1,\end{cases} \tag{11.5}$$

其中 $\boldsymbol{e}$ 是分量均为 1 的 24 维列向量.

11.4 数值算例

11.4.1 瞬时可用度

考虑一个六部件空间相依网格马尔可夫可修系统, 假设 $\lambda_0=0.2,\lambda_1=0.4,\lambda_2=0.8,\lambda_3=1.5$ 和 $\mu=0.8$. 将这些参数代入相关表达式, 用 Matlab 软件做 L 变换和逆 L 变换, 可得到该系统的瞬时可用度 $A(t)$. 把方程组 (11.5) 的解代入 A 的表达式, 可得到稳态可用度为 $A=0.877\,2$.

为了进行对比, 我们考虑经典的六部件相互独立的并联马尔可夫可修系统. 部件的寿命分布和故障后的维修时间分布分别是参数为 $\lambda_0=0.2$ 和 $\mu=0.8$ 的指数分布. 定义系统状态为故障部件的个数. 易得系统的瞬时可用度 $\bar{A}(t)$, 稳态可用度为 $\bar{A}=0.998\,5$. 两个系统的可用度曲线如图 11.3 所示. 图 11.3 表明六部件空间相依系统的可用度比六部件独立系统的可用度低.

11.4.2 系统访问四类状态集概率

由式 (11.2) 可得该系统处于安全状态集、劣化状态集、警戒状态集和故障状态集的瞬时概率的 L 变换为

$$\boldsymbol{S}^*(s)=\boldsymbol{P}(0)(s\boldsymbol{I}-\boldsymbol{Q})^{-1}\boldsymbol{\mu}_1, \tag{11.6}$$

$$\boldsymbol{D}^*(s)=\boldsymbol{P}(0)(s\boldsymbol{I}-\boldsymbol{Q})^{-1}\boldsymbol{\mu}_2, \tag{11.7}$$

$$\boldsymbol{W}^*(s)=\boldsymbol{P}(0)(s\boldsymbol{I}-\boldsymbol{Q})^{-1}\boldsymbol{\mu}_3, \tag{11.8}$$

$$\boldsymbol{F}^*(s)=\boldsymbol{P}(0)(s\boldsymbol{I}-\boldsymbol{Q})^{-1}\boldsymbol{\mu}_4, \tag{11.9}$$

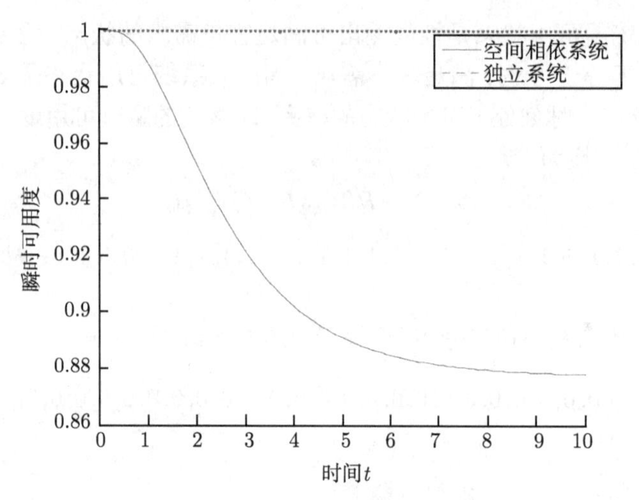

图 11.3　两类六部件系统的瞬时可用度

其中

$$\boldsymbol{\mu}_1 = (1,1,1,1,1,1,1,1,1,0,0,0,0,0,0,0,0,0,0,0,0,0,0,0)^{\mathrm{T}},$$

$$\boldsymbol{\mu}_2 = (0,0,0,0,0,0,0,0,0,1,1,1,1,1,1,0,0,0,0,0,0,0,0,0)^{\mathrm{T}},$$

$$\boldsymbol{\mu}_3 = (0,0,0,0,0,0,0,0,0,0,0,0,0,0,0,1,1,1,1,1,1,0,0,0)^{\mathrm{T}},$$

$$\boldsymbol{\mu}_4 = (0,0,0,0,0,0,0,0,0,0,0,0,0,0,0,0,0,0,0,0,0,1,1,1)^{\mathrm{T}}.$$

用 Matlab 做逆 L 变换可得系统处于安全状态集、劣化状态集、警戒状态集和故障状态集的瞬时概率. 他们的图像如图 11.4 所示. 根据式 (11.5), 可得到系统处于四类状态集的稳态概率

$$\boldsymbol{S} = \boldsymbol{\pi\mu}_1 = 0.568\,7, \quad \boldsymbol{D} = \boldsymbol{\pi\mu}_2 = 0.164\,8,$$

$$\boldsymbol{W} = \boldsymbol{\pi\mu}_3 = 0.143\,6, \quad \boldsymbol{F} = \boldsymbol{\pi\mu}_4 = 0.122\,9.$$

11.4.3　系统可靠性的敏感性分析

为了研究系统的敏感性, 基于 $\boldsymbol{Q}$, 构造了一系列矩阵 $\boldsymbol{Q}^{(i)}(i=0,1,2,3)$. 在 $\boldsymbol{Q}^{(i)}$ 中, 参数 λ_i 改变, 其他的参数 $\lambda_j(j \neq i)$ 保持不变. 具体构造方法如下：令故障率 $\lambda_0/\lambda_4/\lambda_2/\lambda_3$ 从 0.18/0.38/0.78/1.48 分别以步长 0.025/0.05/0.075/0.05 增加到 0.4/0.8/1.5/2. 再利用上面的方法可得到系统访问这四类状态集的稳态概率图像, 如图 (11.5)—图 (11.8).

从图 11.5—图 11.8 中, 可得出结论如下:

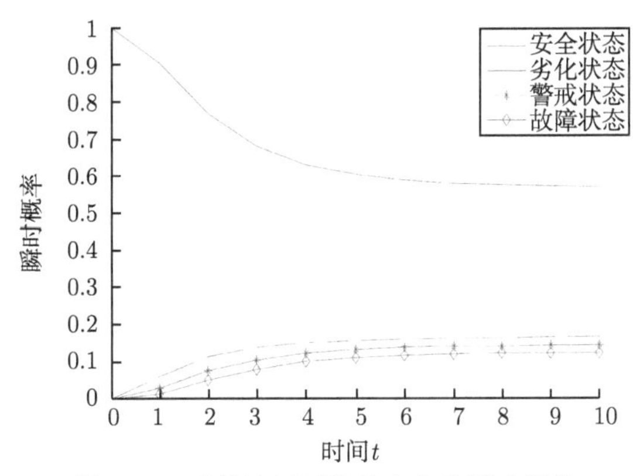

图 11.4 系统访问四类状态集的瞬时概率

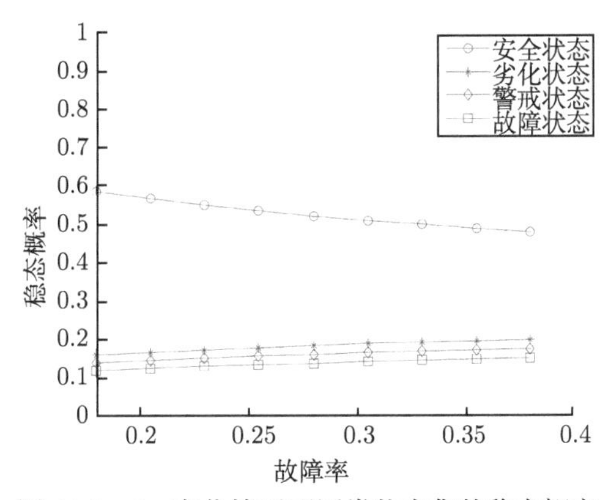

图 11.5 λ_0 变化情形下四类状态集的稳态概率

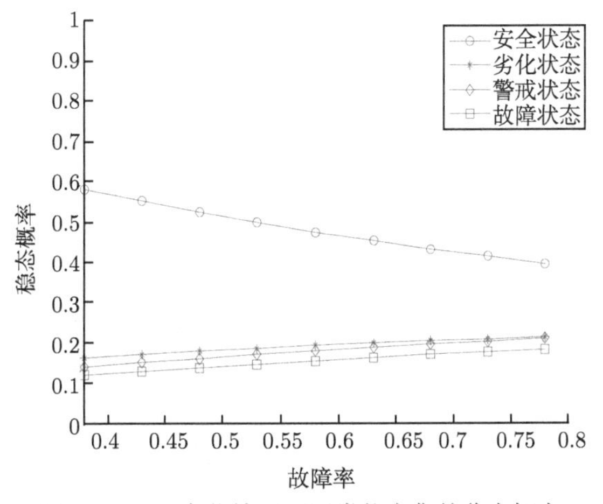

图 11.6 λ_1 变化情形下四类状态集的稳态概率

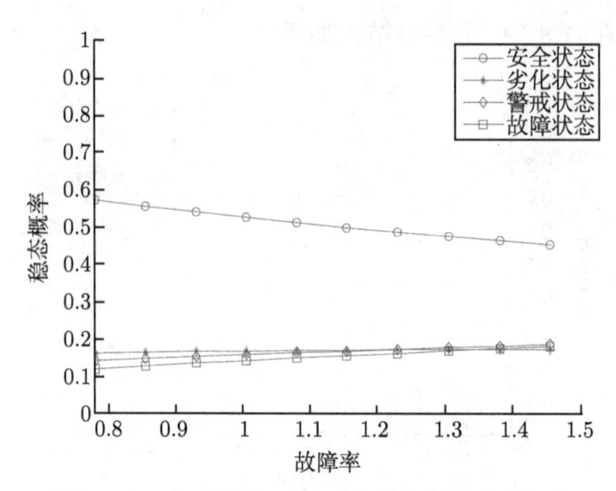

图 11.7　λ_2 变化情形下四类状态集的稳态概率

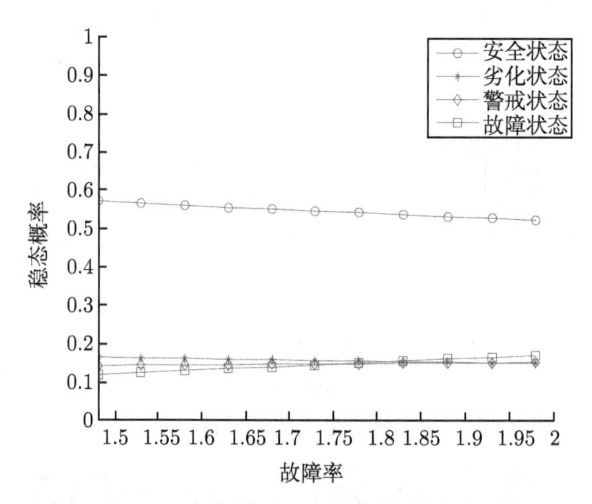

图 11.8　λ_3 变化情形下四类状态集的稳态概率

(1) 系统访问安全状态集的稳态概率对 λ_0, λ_1, λ_2 的变化更敏感些, 对 λ_3 的变化不太敏感. 随着 λ_0, λ_1, λ_2 的变大, 系统访问安全状态集的稳态概率呈下降趋势.

(2) 系统访问劣化状态集的稳态概率对 λ_0, λ_1 的变化更敏感些, 对 λ_2,λ_3 的变化不太敏感. 随着 λ_0, λ_1 的变大, 系统访问劣化状态集的稳态概率呈增长趋势.

(3) 系统访问警戒状态集的稳态概率对 λ_1 的变化更敏感些, 对 λ_0, λ_2,λ_3 的变化不太敏感. 随着 λ_1 的变大, 系统访问劣化状态集的稳态概率呈增长趋势.

(4) 系统访问警戒状态集的稳态概率对 λ_1, λ_2, λ_3 的变化更敏感些, 对 λ_0 的变化不太敏感. 随着 λ_1, λ_2, λ_3 的变大, 系统访问劣化状态集的稳态概率呈增长趋势.

11.5 结　　论

本章提出的网格载荷共享马尔可夫可修系统是传统马尔可夫可修系统的推广. 在该系统中, 部件排列两条线, 构成网格状, 每个部件的故障率依赖于它 "邻居" 中的故障部件数和另一条线上的故障部件数. 运用概率分析及马尔可夫过程理论得到了系统的可用度, 访问安全, 劣化, 警戒及故障状态集的概率. 研究成果可为二维空间相依系统的可靠性分析提供借鉴.

本章的模型相对简单, 未来的研究中将建立更加符合工程实际的模型. 如一般的 $n \times m$ 空间相依网格载荷共享模型, 空间相依半马尔可夫可修系统模型. 其他类型的空间相依系统, 如莲花型、三维等也值得考虑.

参 考 文 献

王丽英, 司书宾. 空间相依圆形马尔可夫可修系统可靠性分析. 西北工业大学学报, 2014, 32(6): 923~928.

Amari S V, Krishna K B, Pham H. 2008. Tampered failure rate load-sharing systems: status and perspectives. Handbook of Performability Engineering. London: Springer: 291~308.

Ball F, Milne R K, Yeo G F. 2002. Multivariable semi-Markov analysis of burst properties of multi-conductance single ion channels. Journal of Applied Probability, 39(1): 179~196.

Barros A, Berenguer C, Grall A. 2003. Optimization of replacement times using imperfect monitoring information. IEEE Transactions on Reliability, 52(4): 523~533.

Iyer R K, Rossetti D P. 1986. A measurement-based model for workload dependency of CPU errors. IEEE Transactions on Computer; 35(6): 511~519.

Jain M, Gupta R. 2012. Load sharing M-out of-N: G system with non-identical components subject to common cause failure. Int. J. Mathematics in Operational Research, 4(5): 586~605.

Kapur K C, Lamberson L R. 1977. Reliability in engineering design. New York: Wiley.

Kuo W, Zuo M J. 2003. Optimal reliability modelling. New York: Wiley.

Levitin G, Xing L D. 2010. Reliability and performance of multi-state systems with propagated failures having selective effect. Reliability Engineering and System Safety, 95(6): 655~661.

Lisnianski A, Levitin G. 2003. Multi-state system reliability, assessment, optimization and application. Singapore: World Scientific Publishing Co. Pte. Ltd.

Maaroufi G, Chelbi A, Rezg N. 2013. Optimal selective renewal policy for systems subject to propagated failures with global effect and failure isolation phenomena. Reliability Engineering and System Safety, 114(6): 61~70.

Saqib N, Siddiqi M T. 2008. Aggregation of safety performance indicators to higher-level indicators. Reliability Engineering and System Safety, 93(2): 307~315.

Wang L Y, Cui L R. 2013. Performance evaluation of aggregated Markov repairable systems with multi-operating levels. Asia-Pacific Journal of Operational Research, 30(4): 1350003-1~27.

Wang L Y, Jia X J, Zhang J. 2013. Reliability evaluation for multi-state Markov repairable systems with redundant dependencies. Quality Technology and Quantitative Management, 10(3): 277~289.

Widder D V. 1946. The Laplace Transform. Princeton: Princeton University Press.

Yu H Y, Chu C B, Chatelet E, Yalaoui F. 2007. Reliability optimization of a redundant system with failure dependencies. Reliability Engineering and System Safety, 92(12): 1627~1634.